全国高职高专教育土建类专业新理念教材

民用建筑施工图识读

主编 徐俊 副主编 酒潇华 主审 王延该

同济大学出版社
TONGJI UNIVERSITY PRESS

内容提要

本书按民用建筑施工图设计专业的划分，把建筑识图的内容进行了有机组织，强调房屋建筑各相关设计内容之间的衔接和呼应。本书在编写时既注意反映附图实例的针对性，又注意反映与附图实例不同的其他各种民用建筑可能出现的施工图纸的一般性，力争突出本书的工程特色。

本书适用于高职高专土建类建筑工程技术、工程监理、工程造价等专业的学生使用，同时可作为成人教育、相关职业岗位培训教材以及有关的工程技术人员的参考或自学用书。

图书在版编目（CIP）数据

民用建筑施工图识读/徐俊主编. —上海：同济大学出版社，2009.10（2018.7重印）
全国高职高专教育土建类专业新理念教材
ISBN 978-7-5608-4166-3

Ⅰ.民… Ⅱ.徐… Ⅲ.民用建筑—建筑工程—工程施工—识图法—高等学校：技术学校—教材 Ⅳ.TU745.5

中国版本图书馆CIP数据核字（2009）第170989号

全国高职高专教育土建类专业新理念教材
民用建筑施工图识读
徐 俊 主编 酒潇华 副主编 王延该 主审
责任编辑 高晓辉 责任校对 杨江淮 封面设计 陈益平

出版发行 同济大学出版社 www.tongjipress.com.cn
（地址：上海市四平路1239号 邮编：200092 电话：021－65985622）
经 销 全国各地新华书店
印 刷 上海同济印刷厂有限公司
开 本 787mm×1092mm 1/16
印 张 11 插页 4
印 数 12401—13500
字 数 299000
版 次 2009年10月第1版 2018年7月第5次印刷
书 号 ISBN 978-7-5608-4166-3

定 价 32.00元

前言

《民用建筑施工图识读》是根据高等职业教育发展的趋势及高等职业教育土建类专业的教学改革需要，“全真模拟、任务驱动”培养模式的要求，编写的实训特色教材。本书在编写过程中，严格执行了全国土建学科高等职业教育教学指导委员会制定的高等职业教育《建筑工程技术专业人才培养方案》及课程教学大纲、国家现行的有关规范、规程、规定和技术标准。本教材适用于高等职业教育建筑工程技术专业及其他相近、相关专业的教学和自学用书，也可以作为职业技术培训和有关工程技术人员的参考用书。

“民用建筑施工图识读”是高等职业教育建筑工程技术、工程监理、工程造价等土建类专业的一门主要专业课，重点介绍民用建筑施工图的主要内容、表达方法和识读要点，并承担着联系、贯通本专业各主干课程中常用的一般知识的任务，使学生达到认识建筑、了解建筑乃至熟悉建筑的目的，对培养学生的专业和岗位职业能力具有重要作用。本书按民用建筑施工图设计专业的划分，对建筑识图的内容进行了有机组织，强调房屋建筑各相关设计内容之间的衔接和呼应，把培养学生的专业素质、岗位职业能力和技术应用能力作为本书的中心内容，教学目的性明确。为了提高本书适用性，在编写时既注意反映了附图实例的针对性，又注意反映了与附图实例不同的其他各种民用建筑可能出现的施工图纸的一般性，力争突出本书的工程特色。本书内容新颖、图文并茂、文字通俗易懂。为了方便教学和学生自学，在每个单元之后均附有单元小结和复习思考题。

本书编写人员均为湖北城市建设职业技术学院的“双师型”教师，也都是湖北华疆城市建筑设计院的设计师。由国家一级注册结构工程师、二级注册建筑师、注册施工图审查工程师徐俊高级工程师主编，并编写了单元1、单元2和单元3；建筑设计师酒潇华副教授任副主编，编写了单元7，并对本书中的插图进行了整理工作；国家注册给排水设备工程师冯晨副教授编写了单元4和单元5；国家注册电气设备工程师丁文华副教授编写了单元6。本书由湖北城市建设职业技术学院建筑工程系王延该高级工程师主审。

由于编者的水平有限，书中难免有错误和缺陷，希望使用本书的师生及其他读者和工程技术人员批评指正，以便适时修改。

编者

2009 年 6 月

目　录

前言

单元1　绪论 1
1.1　房屋建筑工程的分类 2
1.2　课程的主要内容和学习方法 3
单元小结 4
思考题 4

单元2　建筑施工图识读 5
2.1　概述 6
2.2　建筑总平面图 14
2.3　建筑设计说明 16
2.4　建筑平面图 17
2.5　建筑立面图 19
2.6　建筑剖面图 20
2.7　建筑详图 21
单元小结 25
思考题 25

单元3　建筑结构施工图识读 27
3.1　概述 28
3.2　结构设计说明 29
3.3　楼屋面板施工图 30
3.4　柱平法施工图 31
3.5　梁平法施工图 36
3.6　剪力墙平法施工图 43
3.7　基础施工图 51
单元小结 53
思考题 54

单元4　建筑给排水施工图识读 55
4.1　概述 56

4.2 给排水管道布置平面图 58
4.3 给排水管道系统轴测图 60
4.4 建筑给排水施工图的识读 61
单元小结 62
思考题 62

单元5 室内供暖通风工程图识读 63
5.1 概述 64
5.2 室内供暖工程图 64
5.3 通风工程图 70
单元小结 76
思考题 76

单元6 建筑电气施工图识读 77
6.1 概述 78
6.2 电气图纸目录 83
6.3 电气设计说明及材料表 83
6.4 配电系统图 84
6.5 配电平面图 87
6.6 防雷接地施工图 88
6.7 弱电施工图 89
单元小结 93
思考题 94

单元7 建筑工程施工图实例 95
7.1 某多层框架结构住宅 96
7.2 某多层食堂 137

参考文献 175

单元1 绪论

1.1　房屋建筑工程的分类
1.2　课程的主要内容和学习方法
单元小结
思考题

职业能力目标：通过课堂教学，使学生了解房屋建筑工程的类型，掌握建筑工程施工图的主要内容，培养学生对本课程的学习方法。

1.1 房屋建筑工程的分类

房屋建筑是集建筑使用功能、建筑技术、建筑经济、建筑艺术、环境保护、建筑节能、建筑智能化于一体的现代化工业产品，其科技含量高，与人们的生产、生活和社会活动联系密切，不可分割。但由于房屋建筑个体之间存在较大的差异，为了便于描述，人们把房屋建筑分为各种不同的类型。我国常见的分类方式主要有以下几种。

1.1.1 按照房屋建筑的使用性质进行分类

按照房屋建筑的使用性质可将房屋建筑分为三大类：民用建筑、工业建筑和农业建筑。

1. 民用建筑

民用建筑是指供人们居住或进行社会活动等非生产性的房屋建筑。民用建筑分为居住建筑和公共建筑两大类。

(1) 居住建筑。居住建筑是指供人们生活起居用的建筑物。根据其使用群体性质不同可分为住宅建筑、公寓建筑、宿舍建筑和旅馆建筑四类。其中旅馆建筑既是居住建筑也是公共建筑，它包括各种旅馆、宾馆和招待所；住宅建筑是供家庭居住使用的建筑，按层数划分为低层住宅（1~3层）、多层住宅（4~6层）、中高层住宅（7~9层）和高层住宅（≥10层）四类。

(2) 公共建筑。公共建筑是指供人们进行非生产性社会活动的房屋建筑。根据其使用功能可分为以下类型：

办公建筑：如各类办公楼、写字楼。

教学科研建筑：如教学楼、实验楼、图书馆。

托幼建筑：如各种托儿所、幼儿园。

医疗建筑：如各种医院、疗养院、保健中心。

体育建筑：如体育馆、训练馆、体育场。

影视建筑：如电影院、剧院、音乐厅等。

交通建筑：如汽车站、火车站、港口、飞机场等。

商业建筑：如各种商场及其他商业营业性建筑。

饮食建筑：如食堂、餐馆、酒楼、茶楼等。

文化建筑：如文化馆、博物馆、展览馆等。

通讯建筑：如电视台、电信中心等。

纪念建筑：如纪念堂、纪念馆、纪念碑。

宗教建筑：如寺庙、道观、教堂等。

园林建筑：如公园、动物园、植物园等。

综合建筑：同时具备两个或两个以上使用功能的房屋建筑。

2. 工业建筑

工业建筑是指供人们进行生产活动的房屋建筑。工业建筑包括各种厂房、各种仓库及各种生产配套辅助用房，如锅炉房、配电房、动力站等。

3. 农业建筑

农业建筑是指供人们进行农牧业的种植、养殖、贮存等生产活动的房屋建筑，如温室、畜舍、仓库等。

1.1.2 按照房屋建筑的高度或层数进行分类

按照房屋建筑的高度或层数可将房屋建筑分为三大类：多层建筑、高层建筑和超高层建筑。这里房屋高度是指房屋室外设计地面至房屋主要屋面的垂直距离，当为现浇整体式坡屋顶时，应自房屋室外设计地面计至房屋主要屋面山墙高度的一半处；当为装配式坡屋顶或为瓦材屋面时，应自房屋室外设计地面计至房屋主要屋面檐口处。

(1) 多层建筑：是指 10 层以下且房屋高度不超过 28 m 的房屋建筑。

(2) 高层建筑：是指 10 层及 10 层以上或房屋高度不低于 28 m 的房屋建筑。

(3) 超高层建筑：是指房屋高度不低于 100 m 的房屋建筑。

1.1.3 按照承重结构的建筑材料进行分类

按照房屋建筑承重结构的建筑材料可将房屋建筑分为四大类：砌体结构、钢筋混凝土结构、钢结构和木结构房屋。

(1) 砌体结构房屋：由砖、混凝土砌块、石材等块材砌筑而成的结构构件称为砌体，由砌体作为主要竖直承重结构构件的房屋称为砌体结构房屋。

(2) 钢筋混凝土结构房屋：由钢筋和混凝土材料作为主要承重结构构件的房屋。

(3) 钢结构房屋：全部采用钢材作为主要承重结构构件的房屋。

(4) 木结构房屋：全部采用木材或竹材作为主要承重结构构件的房屋称为木结构或竹结构房屋。

1.2 课程的主要内容和学习方法

1.2.1 课程的主要内容

房屋建筑工程施工图的主要内容包括建筑施工图、建筑结构施工图、建筑给排水施工图、建筑暖通空调施工图、建筑电气施工图。

“民用建筑施工图识读”是研究民用建筑工程施工图的表达方法和识读技能的一门课程，在建筑工程类专业的教学体系中占有重要的地位。本书以建筑工程的专业组成为依据分为 7 个单元，包括建筑施工图识读、建筑结构施工图识读、建筑给排水施工图识读、建筑暖通空调施工图识读、建筑电气施工图识读和民用建筑施工图实例。

“民用建筑施工图识读”课程的学习任务有以下几个方面：

(1) 掌握民用建筑工程各专业（建筑、结构、设备）施工图的表达方法。

(2) 熟练掌握民用建筑工程各专业施工图的识读要点。

(3) 能准确领会设计意图，运用工程语言进行有关工程方面的交流。

(4) 能合理地组织并指导工程施工与管理。

1.2.2 课程的特点与学习方法

1. 课程的特点

“民用建筑施工图识读”是系统介绍民用建筑工程各专业（建筑、结构、设备）施工图的识读方法的专业课。除了使学生掌握民用建筑工程施工图的主要内容和识读方法外，也是学生认识建筑、了解建筑乃至熟悉建筑的重要途径。本课程应以“工程制图”、“建筑力学”、“工程测量”、“建筑材料”、“房屋构造”、“建筑结构”、“地基基础”、“建筑设备”等专业课为基础。本课程不仅是学习“建筑施工技术”、“建筑工程计量与计价”、“建筑工程施工组织”等后续专业课程的基础，更是学生参加工作后岗位职业能力和专业技能考核的重要组成部分。只有掌握了课程的主要内容，并有机地运用其他的专业基础知识，才能熟练地掌握工程语言、准确领会设计意图、合理地组织并指导工程施工与管理。

2. 课程的学习方法

本课程涉及的相关知识较多，如画法几何、工程力学、建筑材料、房屋构造、测量放线、建筑结构、工程地质、地基基础、建筑节能、环境保护、建筑防火、建筑抗震、给水排水、暖通空调、建筑电气、建筑智能化等相关专业知识，是一门综合实训性较强的课程。课程的各部分之间既有密切联系，又有相对的独立性；既可结合相关课程按章节分段学习，又可进行综合实训系统学习；在学习时应注意发现各部分内容之间的内在联系，举一反三。

学习本课程应注意掌握以下几点：

（1）注意收集、阅读有关的现行标准、规范、规程与规定，掌握规范的查阅方法以充实自己的工程语言。

（2）注意收集、阅读有关的现行标准图集和通用图，掌握标准图集和通用图与施工图纸的关系及其配套使用方法。

（3）注意发现建筑、结构和设备房屋各部分之间的内在联系，做到准确领会设计意图，能发现矛盾、提出问题。

（4）由简单到复杂，通过多套各种结构形式的施工图阅读，提高建筑工程施工图的识读能力。

单元小结

本单元介绍了房屋建筑工程的主要分类方法及其定义，导出了民用建筑工程是房屋建筑工程的类型之一。重点介绍了“民用建筑施工图识读”的主要内容、课程特点与学习方法。

思考题

1. 按照房屋建筑的使用性质可将房屋建筑分为几类？
2. 哪些建筑是民用建筑？
3. 本课程有哪些主要内容？
4. 本课程的学习任务主要有哪些？
5. 本课程有何特点？应如何学习？

单元2 建筑施工图识读

2.1 概述
2.2 建筑总平面图
2.3 建筑设计说明
2.4 建筑平面图
2.5 建筑立面图
2.6 建筑剖面图
2.7 建筑详图
单元小结
思考题

职业能力目标：通过课堂教学与识图实训，使学生掌握建筑施工图的主要内容、表示方法和建筑施工图的识读要点，培养学生建筑施工图的识读能力。

2.1 概述

建筑施工图是建筑师的语言，是设计者设计意图的体现，也是房屋编制施工组织计划、施工放线、砌筑、门窗安装、室内外装修、监理、经济核算的重要依据。建筑施工图是在满足建筑物的使用功能、美观、防火、节能等要求的基础上，表明房屋建造的规模、外观造型、内部平面布置、细部构造和室内外装修等内容的技术文件。

2.1.1 建筑施工图的主要内容

建筑施工图的主要内容包括首页、图纸目录、建筑总平面图、建筑设计说明、建筑平面图、建筑立面图、建筑剖面图、建筑详图和门窗表。

1. 首页和图纸目录

首页是反映工程项目名称、设计单位、设计单位的行政负责人与技术负责人以及各专业负责人会签的技术文件。图幅一般为 A4。

图纸目录是反映该工程建筑施工图的图纸顺序编号、图纸名称和图幅的技术文件。图幅一般为 A4。

2. 建筑总平面图

建筑总平面图主要反映新建房屋的地理位置、平面形状、朝向、标高、道路、绿化等的占地面积及周边的环境的技术文件，是新建房屋定位、布置施工总平面图的依据，也是室外水、暖、电等设备管线布置的依据。

3. 建筑设计说明

建筑设计说明是统一描述该项工程的设计依据、工程概况、建筑防火、建筑节能、材料要求、构造做法及施工要求等有关建筑方面共性问题的技术文件。

4. 建筑平面图

建筑平面图是反映房屋各层的平面形状、使用功能分区、内部平面布置、标高、门窗平面布置、建筑配件布置、内部交通线路等的技术文件，是施工过程中分层放线定位、砌墙、隔断、门窗与建筑配件安装、室内装修和经济核算的依据，也是室内水、暖、电等设备管线布置的依据。

5. 建筑立面图

建筑立面图是反映建筑物的外观造型、立面上各建筑配件的形状及相互关系、建筑风格、立面装饰要求和构造做法的技术文件。

6. 建筑剖面图

建筑剖面图是反映房屋的内部结构关系、分层情况、层高、楼屋面和地面的构造、各建筑配件在剖面上的形状及相互关系、标高等内容的技术文件，也是施工过程中分层放线定位、砌墙、隔断、门窗与建筑配件安装、室内装修和经济核算的依据。

7. 建筑详图和门窗表

建筑详图亦称为大样图，是反映平、立、剖面图中某一局部的细部尺寸与构造做法及施工要求的技术文件。

门窗详图和门窗表是反映各种门窗的细部尺寸、组合方式以及各种门窗的编号、规格、洞口尺寸、数量、标准图集或通用图集索引的技术文件。

2.1.2 建筑施工图中常用符号及图例

为了使建筑施工图的图面统一而简洁，《房屋建筑制图统一标准》（GB/T 50001—2001）对常用的符号、图例画法做了明确的规定。

1. 剖切符号

剖视的剖切符号应符合下列规定：

（1）剖视的剖切符号应由剖切位置线及投射方向线组成，均应以粗实线绘制。剖切位置线的长度宜为 6 ~ 10 mm；投射方向线应垂直于剖切位置线，长度应短于剖切位置线，宜为 4 ~ 6 mm（图 2-1）。绘制时，剖视的剖切符号不应与其他图线相接触。

（2）剖视剖切符号的编号宜采用阿拉伯数字，按顺序由左至右、由下至上连续编排，并应注写在剖视方向线的端部。

（3）需要转折的剖切位置线，应在转角的外侧加注与该符号相同的编号。

（4）建（构）筑物剖面图的剖切符号宜注在 ±0.00 标高的平面图上。

断面的剖切符号应符合下列规定：

（1）断面的剖切符号应只用剖切位置线表示，并应以粗实线绘制，长度宜为 6 ~ 10 mm。

（2）断面剖切符号的编号宜采用阿拉伯数字，按顺序连续编排，并应注写在剖切位置线的一侧；编号所在的一侧应为该断面的剖视方向（图 2-2）。

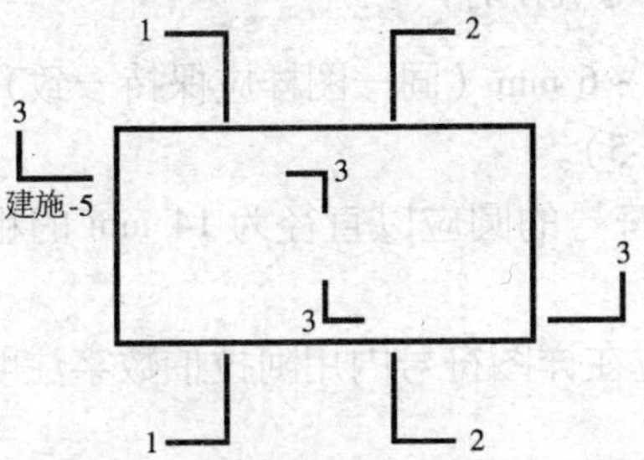

图 2-1 剖视的剖切符号

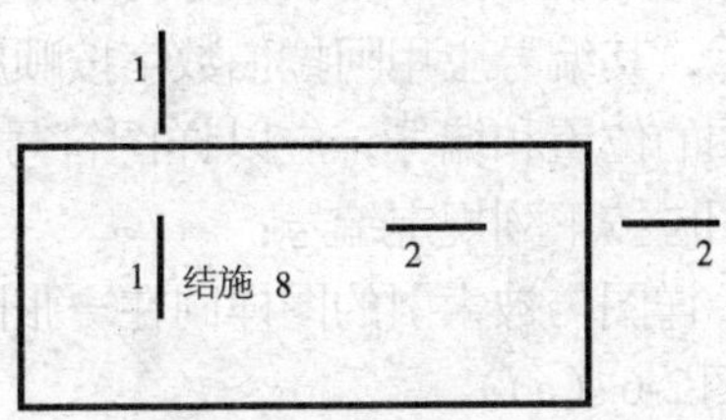

图 2-2 断面剖切符号

剖面图或断面图，如与被剖切图样不在同一张图内，可在剖切位置线的另一侧注明其所在图纸的编号，也可以在图上集中说明。

2. 索引符号与详图符号

图样中的某一局部或构件，如需另见详图，应以索引符号索引（图 2-3（a））。索引符号是由直径为 10 mm 的圆和水平直径组成，圆及水平直径均应以细实线绘制。索引符号应按下列规定编写：

（1）索引出的详图，如与被索引的详图同在一张图纸内，应在索引符号的上半圆中用阿拉伯数字注明该详图的编号，并在下半圆中间画一段水平细实线（图 2-3（b））。

（2）索引出的详图，如与被索引的详图不在同一张图纸内，应在索引符号的上半圆中用阿拉伯数字注明该详图的编号，在索引符号的下半圆中用阿拉伯数字注明该详图所在图纸的编号（图 2-3（c））。数字较多时，可加文字标注。

（3）索引出的详图，如采用标准图，应在索引符号水平直径的延长线上加注该标准图册的编号（图 2-3（d））。

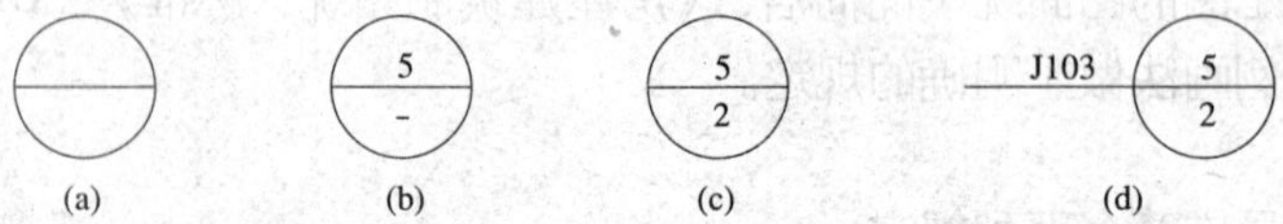

图 2-3　索引符号

索引符号如用于索引剖视详图，应在被剖切的部位绘制剖切位置线，并以引出线引出索引符号，引出线所在的一侧应为投射方向。索引符号的编写同前述索引符号的规定（图 2-4）。

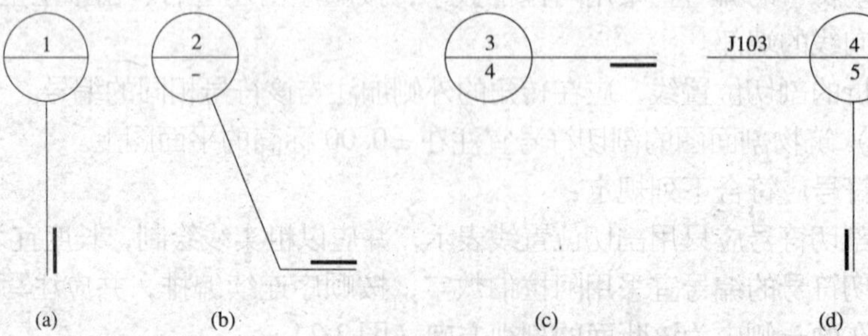

图 2-4　索引剖面详图的索引符号

零件、钢筋、杆件和设备等的编号，以直径为 4 ~ 6 mm（同一图样应保持一致）的细实线圆表示，其编号应用阿拉伯数字按顺序编写（图 2-5）。

详图的位置和编号，应以详图符号表示。详图符号的圆应以直径为 14 mm 的粗实线绘制。详图应按下列规定编号：

（1）详图与被索引的图样同在一张图纸内时，应在详图符号内用阿拉伯数字注明详图的编号（图 2-6（a））。

（2）详图与被索引的图样不在同一张图纸内，应用细实线在详图符号内画一水平直径，在上半圆中注明详图编号，在下半圆中注明被索引的图纸的编号（图 2-6（b））。

图 2-5　零件、钢筋、杆件和设备等的编号

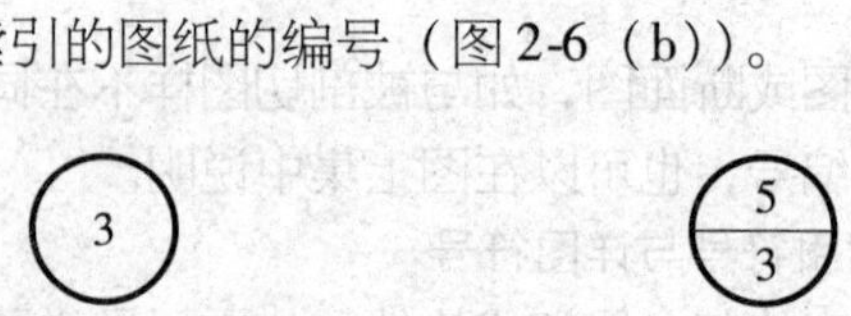

(a) 与被索引图样同在一张图纸内　(b) 与被索引图样不在同一张图纸内

图 2-6　详图符号

3. 引出线

引出线应以细实线绘制，宜采用水平方向的直线、与水平方向成 30°，45°，60°，90°的直线，或经上述角度再折为水平线。文字说明宜注写在水平线的上方（图 2-7（a）），也可注

写在水平线的端部（图 2-7（b））。索引详图的引出线，应与水平直径线相连接（图 2-7（c））。

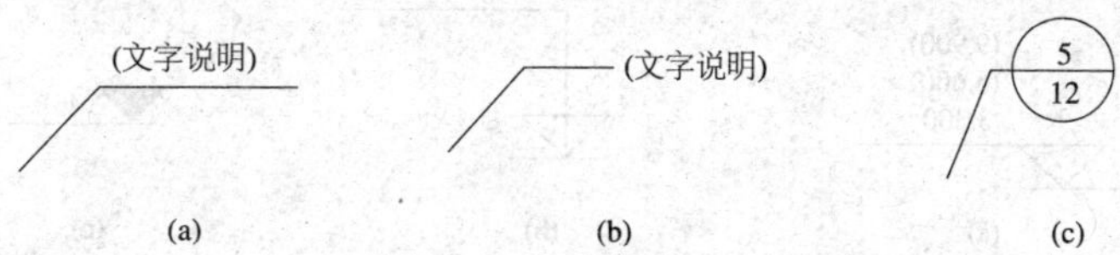

图 2-7　引出线

同时引出几个相同部分的引出线，宜互相平行（图 2-8（a）），也可画成集中于一点的放射线（图 2-8（b））。

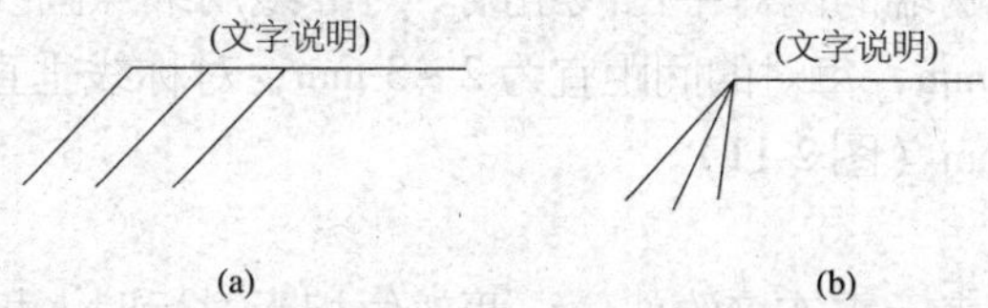

图 2-8　共用引出线

多层构造或多层管道共用引出线，应通过被引出的各层。文字说明宜注写在水平线的上方，或注写在水平线的端部，说明的顺序应由上至下，并应与被说明的层次相互一致；如层次为横向排序，则由上至下的说明顺序应与由左至右的层次相互一致（图 2-9）。

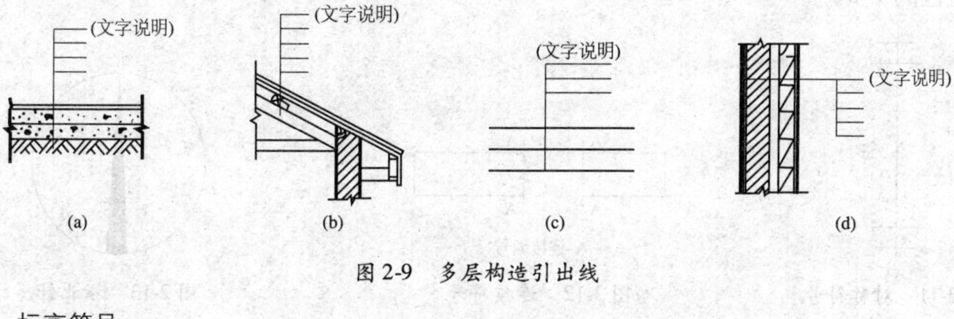

图 2-9　多层构造引出线

4. 标高符号

标高是标注建筑物某一位置高度的一种尺寸形式。标高分为绝对标高和相对标高两种。

（1）绝对标高：以我国青岛黄海海平面的平均高度为零点高程所测定的标高。建筑总平面图、建筑设计说明和建筑底层平面图中的基地高程均为绝对标高。

（2）相对标高：以自行假定的零点高程所测定的标高。房屋建筑施工图中均以底层室内地面为假定的零点高程，俗称正负零，其他各部位所标注的标高均为相对标高。

标高符号为等腰直角三角形，用细实线绘制（图 2-10（a））。如标注位置不够时，可采用引出线标注（图 2-10（b））。总平面图中的基地高程（即室外地坪标高）符号宜用涂黑的三角形表示（图 2-10（c））。

标高的数字以 m 为单位，注写到小数点以后第三位。零点标高注写为 ±0.000，正数标高不注写“+”号，负数标高应注写“-”号。在标准层同一位置需要标注多个不同标高时，可在标高符号引出线上由下到上标注各层标高（图2-10（a））。

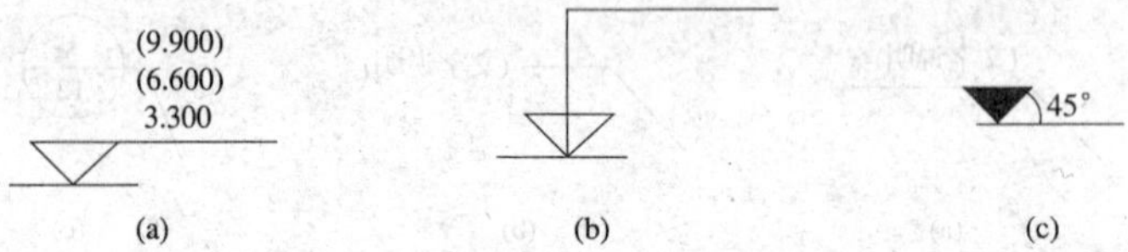

图2-10　标高符号

5. 其他符号

1）对称符号

对称符号由对称线和两端的两对平行线组成。对称线用细点画线绘制；平行线用细实线绘制，其长度宜为6~10 mm，每对的间距宜为2~3 mm；对称线垂直平分于两对平行线，两端超出平行线宜为2~3 mm（图2-11）。

2）连接符号

连接符号应以折断线表示需连接的部位。两部位相距过远时，折断线两端靠图样一侧应标注大写拉丁字母表示连接编号。两个被连接的图样必须用相同的字母编号（图2-12）。

3）指北针

指北针的形状宜如图2-13所示，其圆的直径宜为24 mm，用细实线绘制；指针尾部的宽度宜为3 mm，指针头部应注“北”或“N”字。需用较大直径绘制指北针时，指针尾部宽度宜为直径的1/8。

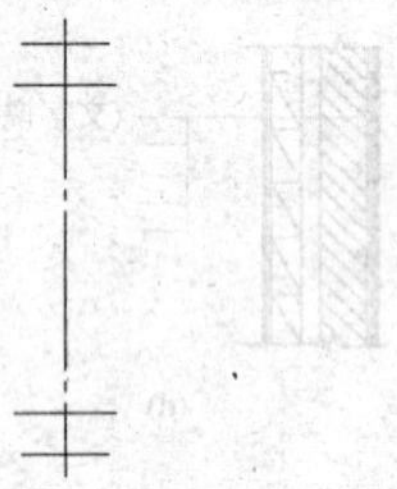

图2-11　对称符号

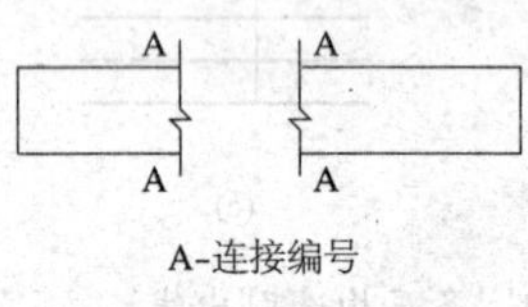

图2-12　连接符号

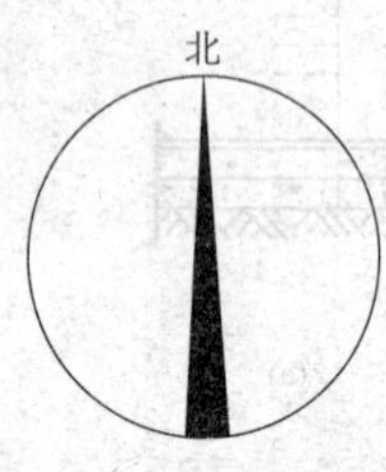

图2-13　指北针

6. 常用构造及配件图例

图例是建筑施工图纸上用图形来表达一定含义的一种符号。绘制房屋建筑施工图常用图例见表2-1所示。

表2-1　常用构件及配件图例

序号	名　称	图　例	备　注
1	墙体	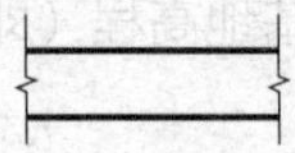	应加注文字或填充图例表示墙体材料，在项目设计图纸说明中列材料图例给予说明

（续表）

序号	名　称	图　例	备　注
2	隔断	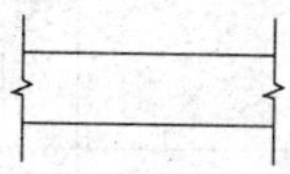	1. 包括板条抹灰、木制、石膏板、金属材料等隔断 2. 适用于到顶与不到顶的隔断
3	楼梯	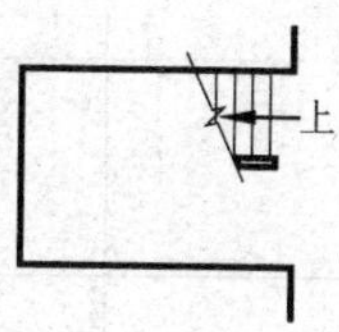 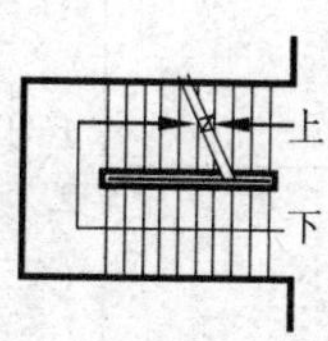 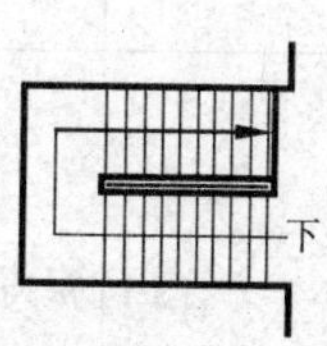	1. 上图为底层楼梯平面，中图为中间层楼梯平面，下图为顶层楼梯平面 2. 楼梯及栏杆扶手的形式和梯段踏步数应按实际情况绘制
4	坡道	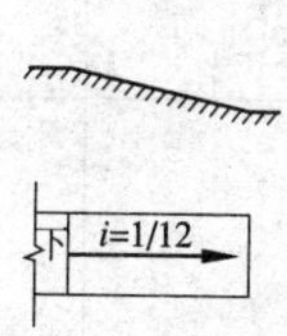 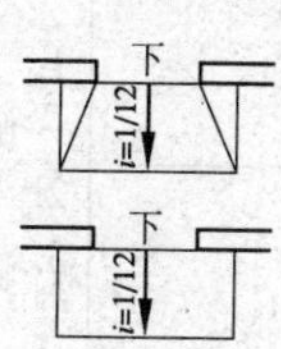	上图为长坡道，下图为门口坡道
5	平面高差	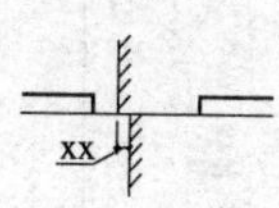	适用于高差小于 100 的两个地面或楼面的相接处

（续表）

序号	名　称	图　例	备　注
6	检查孔	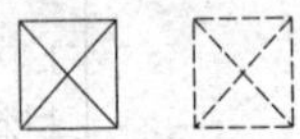	左图为可见检查孔 右图为不可见检查孔
7	孔洞		阴影部分可以涂色代替
8	坑槽	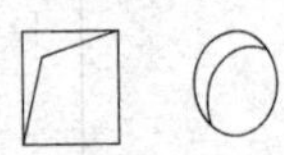	
9	预留洞口	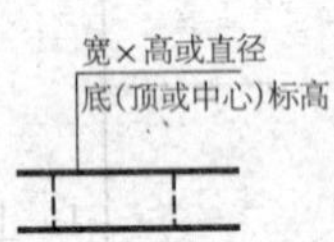	1. 以洞口中心或洞边定位 2. 宜涂色区别墙体和留洞位置
10	墙预留槽	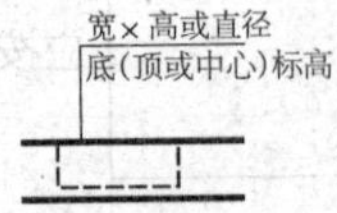	
11	空门洞	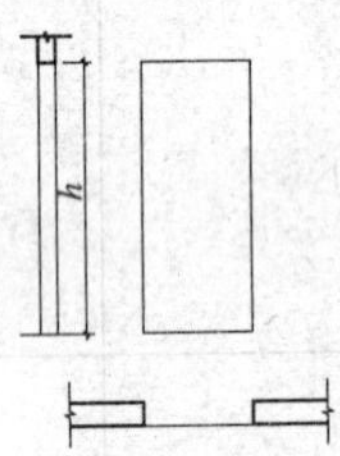	h 为门洞高度
12	单扇平开门	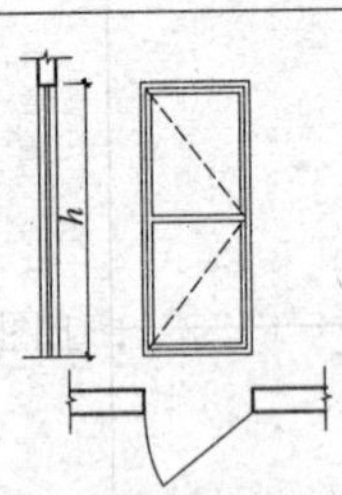	1. 立面图上虚线为开启方向线，交角的一侧为安装铰链的位置 2. 平面图上门开启弧线宜绘出 3. 立面形式应按实际形式绘制
13	双扇平开门	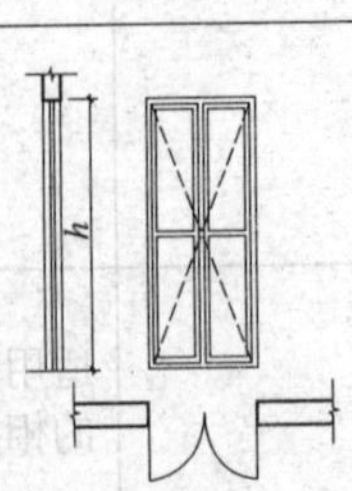	

(续表)

序号	名 称	图 例	备 注
14	推拉门	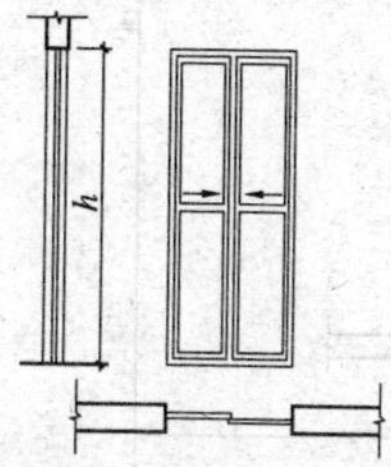	立面形式应按实际形式绘制
15	墙外双扇推拉门	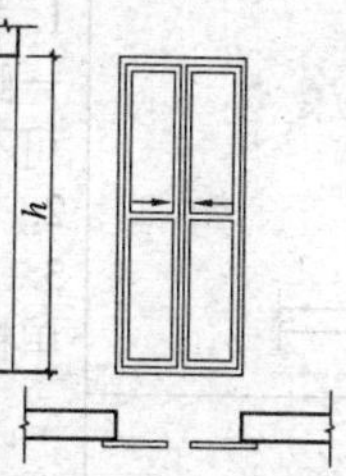	
16	单扇双面弹簧门	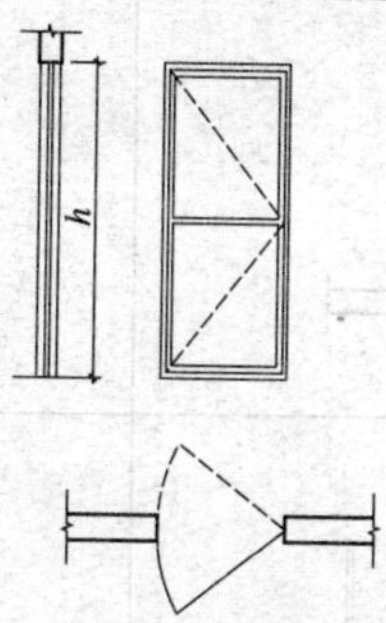	1. 立面图上虚线为开启方向线，交角的一侧为安装铰链的位置。实线部位为外开，虚线部分为内开 2. 平面图上门开启弧线宜绘出 3. 立面形式应按实际形式绘制
17	双扇双面弹簧门	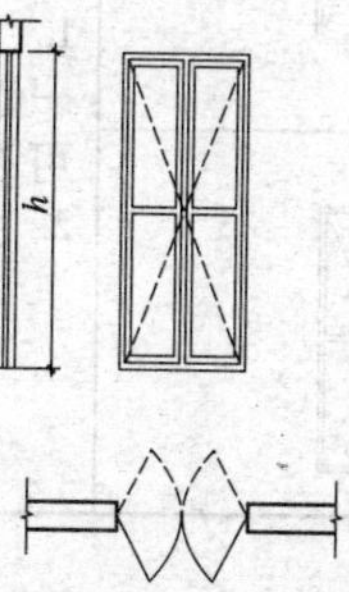	
18	上推拉窗	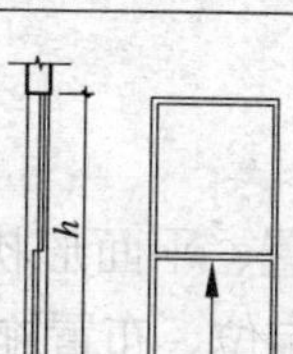	1. 立面形式应按实际形式绘制 2. 小比例绘图时，平、剖面的窗线可用单粗线表示

(续表)

序号	名　称	图　例	备　注
19	单层外开平开窗	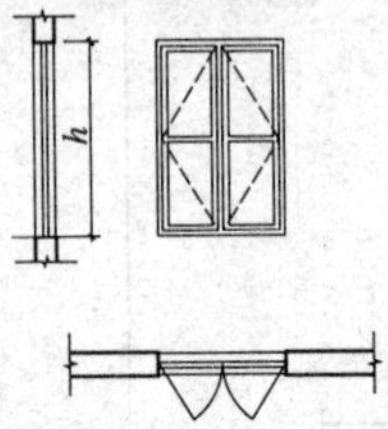	1. 立面图上虚线为开启方向线，交角的一侧为安装铰链的位置。一般设计图中可不表示 2. 立面形式应按实际形式绘制 3. 小比例绘图时，平、剖面的窗线可用单粗线表示
20	单层推拉窗	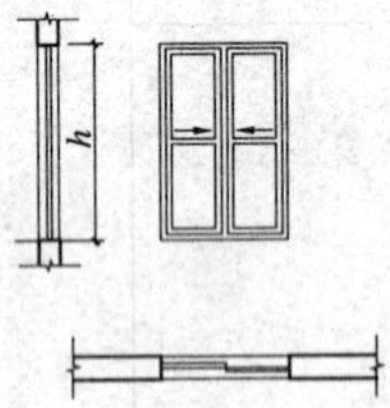	
21	双层内外开平开窗	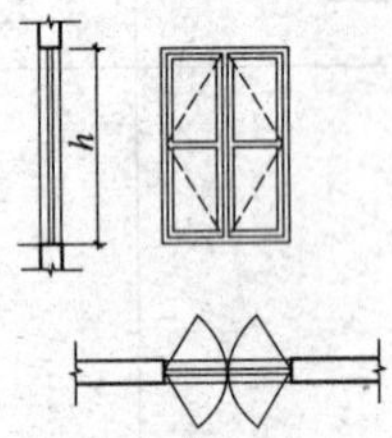	
22	上悬窗	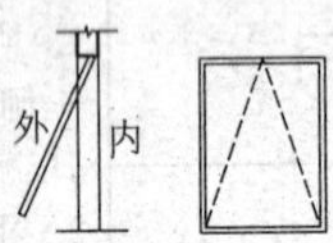	1. 立面图上虚线为开启方向线，交角的一侧为安装铰链的位置。一般设计图中可不表示 2. 立面形式应按实际形式绘制
23	中悬窗	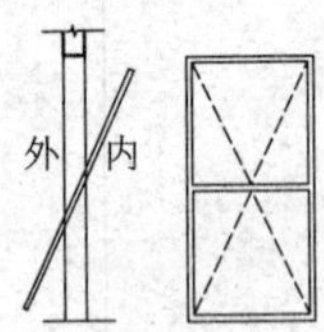	

2.2 建筑总平面图

2.2.1 建筑总平面图的表示方法

建筑总平面图主要反映新建房屋的地理位置、平面形状、朝向、标高、道路、绿化等的占地面积及周边环境的水平投影，是新建房屋定位、布置施工总平面图的依据，也是室外水、暖、电等设备管线布置的依据。

建筑总平面图的制图方法应符合《总图制图标准》（GB/T 50103—2001）对常用的符号、图例画法的规定。建筑总平面图常用图例见表 2-2 所示。

表 2-2　　　　建筑总平面　道路与铁路常用图例

序号	名　称	图　例	备　注
1	新建建筑	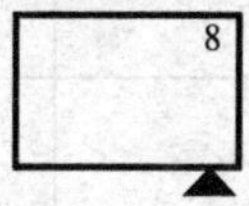	1. 需要时，可用▲表示出入口，可在图形内右上角用点数或数字表示层数 2. 建筑外形用粗实线表示
2	原有建筑	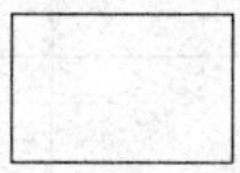	用细实线表示
3	计划扩建的预留地或建筑物		用中粗实线表示
4	拆除的建筑	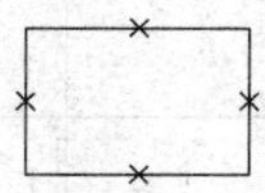	用细实线表示
5	建筑下面的通道	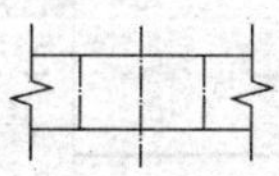	用细实线表示
6	散状材料露天堆场	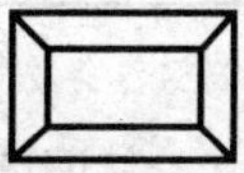	需要时可注明材料名称
7	建筑下面的通道		
8	铺砌场地	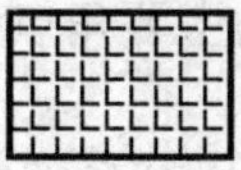	
9	敞篷或敞廊	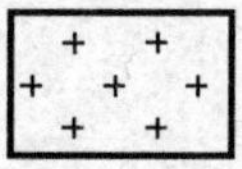	
10	围墙及大门	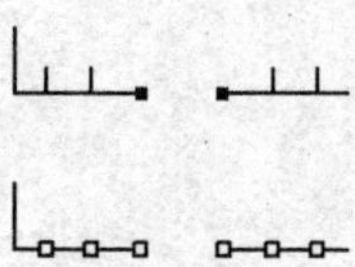	上图为实体性质的围墙，下图为通透性质的围墙，若仅表示围墙时不画大门

（续表）

序号	名 称	图 例	备 注
11	新建的道路	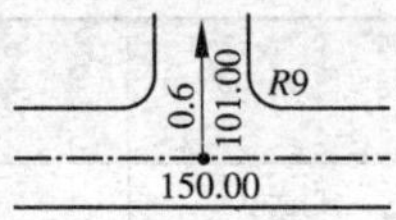	“R9”表示道路转弯半径为 9 m “150.00”表示路面中心控制点标高 “0.6”表示 6% 的纵向坡度 “101.00”表示变坡点间的距离
12	原有道路	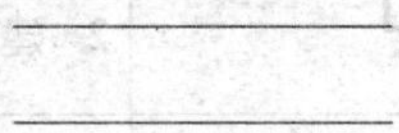	
13	计划扩建道路		
14	拆除道路	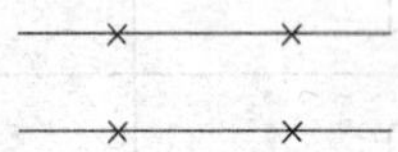	
15	排水明沟	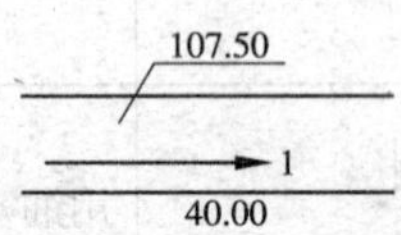	1. 上图用于比例较大的图面，下图用于比例较小的图面 2. “1”表示 1% 的沟底纵向坡度，“40.00”表示变坡点间距离，箭头表示水流方向 3. “107.5”表示坡底标高

2.2.2 建筑总平面图的识读要点

建筑总平面图的实例详见单元 7（建总施 01），其识读应掌握以下主要内容：

（1）熟悉图名、比例、文字说明与主要技术经济指标。

（2）熟悉新建工程的性质和总体布局，即新建工程的使用功能、建筑物层数分布（用 F_i 表示）、地理位置、道路和绿化布置、周边的环境等。

（3）熟悉新建工程的定位尺寸，即建筑物的主要角点坐标、主要尺寸、与道路或基准点的控制尺寸。

（4）熟悉新建工程的基地高程、室外地面标高的分布情况（地形）、±0.000 与室外筑成地面标高的关系。

（5）熟悉新建工程的方位朝向与风玫瑰图。

（6）熟悉新建工程的基地排水方向与排水坡度，窨井布置及其构造做法或详图索引。

2.3 建筑设计说明

2.3.1 建筑设计说明的主要内容

建筑设计说明是统一描述新建工程有关建筑方面共性问题的技术文件，其主要内容包括设计依据、工程概况、建筑防火、建筑节能、无障碍设计、防污染、材料要求、构造做法及施工要求等。建筑设计说明一般作为单位工程建筑施工图的首页（建施01）。

2.3.2 建筑设计说明的识读要点

建筑设计说明的实例详见单元7（建施01），其识读应掌握以下主要内容：

（1）了解新建工程的设计依据，包括建设计划审批文件，建设用地规划设计审批文件，相关的建筑设计规范、标准和规定。

（2）熟悉新建工程的工程概况，包括工程名称、工程地点、使用功能、建筑面积、建筑层数、建筑物高度、建筑防火类别、耐火等级、抗震设防烈度、屋面防水等级、结构类型、基地高程、±0.000与室外筑成地面标高的关系等。

（3）了解新建工程的建筑节能主要参数，熟悉门窗的气密性等级，熟悉门窗和幕墙工程的材料要求与构造做法。

（4）熟悉新建工程的无障碍设计和室内环保设计要求。

（5）熟悉新建工程的墙体、内外墙面、地面、楼面、屋面、天棚的材料要求与构造做法。

（6）熟悉新建工程的设计对施工的要求。

（7）熟悉新建工程的标准图集或通用图集的选用与索引方法，以及对施工图制图的附加说明。

2.4 建筑平面图

2.4.1 建筑平面图的表示方法

建筑平面图是用一个假想的水平剖切平面将房屋沿门窗洞口部位水平切开，移去剖切平面以上部分的水平投影。各层平面应分别表示，但对于内部平面布置完全相同的楼层，可采用一个标准层平面表示。

2.4.2 建筑平面图的主要内容

建筑平面图是反映房屋各层的平面形状、使用功能分区、内部平面布置、标高、门窗平面布置、建筑配件布置、内部交通线路等的技术文件，是施工过程中分层放线定位、砌墙、隔断、门窗与建筑配件安装、室内装修和经济核算的依据，也是室内水、暖、电等设备管线布置的依据，其主要内容包括底层平面图、中间各层或标准层平面图、屋顶平面图。

1. 底层平面图

底层平面图也称为首层平面图或一层平面图，是指标高为±0.000的楼层平面图。其内容包括制图比例、底层的平面形状、使用功能分区、轴网尺寸、内部房间平面布置与细部尺寸、标高变化、门窗平面布置与细部尺寸、主次入口位置与内部交通线路、阳台、台阶平面布置与细部尺寸、残疾人坡道平面布置与细部尺寸、室内无障碍设计要求、室外建筑配件（花池、散水、排水沟）的平面布置与细部尺寸及其详图索引、剖面图的剖切部位与编号等。

2. 中间各层或标准层平面图

中间各层或标准层平面图的内容包括制图比例、中间各层的平面形状、使用功能分区、轴网尺寸、内部房间平面布置与细部尺寸、标高变化、门窗平面布置与细部尺寸、安全出口位置与内部交通线路、阳台平面布置与细部尺寸、室内无障碍设计要求、室外建筑配件（花池、遮阳、空调板、窗台、飘线）的平面布置与细部尺寸及其详图索引等。

3. 屋顶平面图

屋顶平面图内容包括制图比例、屋顶的平面形状、轴网尺寸、塔楼内部平面布置与细部尺寸、标高变化、塔楼门窗洞口平面布置与细部尺寸、屋顶疏散出口位置与交通线路、屋顶花园平面布置与细部尺寸、屋面排水方向与排水坡度、屋顶建筑配件（葡萄架、天沟、挑檐、出水口、烟囱、风道口）的平面布置与细部尺寸及其详图索引等。

2.4.3 建筑平面图的识读要点

建筑平面图的实例详见单元7，其识读应掌握以下主要内容。

1. 底层平面图的识读要点

(1) 熟悉图名、比例和指北针。绘图比例一般为1 ∶ 100，当图幅较大时也可采用1 ∶ 150，根据指北针了解房屋的方位朝向。

(2) 熟悉房屋的主次入口位置与内部交通线路，包括主次入口位置与数量、楼梯、电梯间的位置与数量、内部交通线路的走向、走廊与通道的布置。

(3) 熟悉房屋底层的使用功能布置、防火分区与变形缝布置。

(4) 熟悉底层的平面形状、轴网尺寸、内部房间平面布置与细部尺寸、门窗平面布置与细部尺寸。轴网由上开间、下开间、左进深、右进深的纵横定位轴线组成，横轴线采用阿拉伯数字编号，纵轴线采用大写英文字母编号。建筑平面图的平面尺寸包括外部尺寸和内部尺寸两种。外部尺寸一般由平面总尺寸、轴线尺寸和细部尺寸三道尺寸标注线组成，外围一道表示房屋占地面积的总长和总宽，中间一道分别表示上下开间或左右进深的定位尺寸，内部一道分别表示上下左右门窗洞口或配件的细部尺寸。内部尺寸是用来标注内部门窗洞口宽度和位置、墙身厚度、室内建筑配件与固定设备的大小和位置的细部尺寸。

(5) 熟悉底层的室外建筑配件的平面布置与细部尺寸及其详图索引。底层的室外建筑配件主要包括主次入口处的台阶、残疾人坡道、阳台、花池、空调板、檐廊、散水、排水沟(明沟或暗沟) 等。

(6) 熟悉底层平面的室内外标高变化，包括室内外地面高差，厨房、卫生间、设备间等与地面的高差。

(7) 熟悉底层墙体与隔断的建筑材料和厚度分布。

(8) 熟悉预埋管孔的位置与细部尺寸。

(9) 熟悉剖面图的剖切部位与编号。

(10) 熟悉图中的附加文字说明。

2. 中间各层或标准层平面图的识读要点

(1) 熟悉中间各层或标准层平面图的图名、比例。绘图比例一般与底层平面图一致。

(2) 熟悉中间各层或标准层平面图的内部交通线路、使用功能布置、防火分区、变形缝布置与构造做法。变形缝应与底层对应一致。

(3) 熟悉中间各层或标准层平面图的平面形状、轴网尺寸、内部房间平面布置与细部尺寸、门窗平面布置与细部尺寸。其识读方法同底层平面图。

(4) 熟悉中间各层或标准层平面与相邻下一层平面图的尺寸变化。平面尺寸的改变是否引起建筑物的平面不规则与竖向不规则。

(5) 熟悉中间各层或标准层平面图的室内外建筑配件的平面布置与细部尺寸及其详图索引。其建筑配件主要包括雨篷、阳台、花池、空调板、飘线、室内台面板与搁板、预埋管孔、风道、烟道、管道井等。

(6) 熟悉中间各层或标准层平面图的标高及室内外标高变化，包括室内外楼面高差，厨房、卫生间、设备间等与楼面的高差。

(7) 熟悉中间各层或标准层平面图的墙体与隔断的建筑材料、厚度分布和附加文字说明。

3. 屋顶平面图的识读要点

(1) 熟悉屋顶平面图的图名、比例及塔楼（楼梯、电梯与设备间）顶平面图的索引方法。绘图比例一般与下面各层平面图一致。

(2) 熟悉屋顶平面图的使用功能布置、屋顶花园的布置与尺寸、变形缝与分隔缝布置和构造做法。变形缝应与下面各层对应一致。

(3) 熟悉屋顶平面图的平面形状、轴网尺寸、塔楼内部平面布置与细部尺寸、塔楼门窗洞口平面布置与细部尺寸、屋顶疏散出口位置与交通线路。

(4) 熟悉屋顶平面图的标高变化，屋面排水分区、排水方向与排水坡度。

(5) 熟悉屋顶平面图的室内外建筑配件的平面布置与细部尺寸及其详图索引。其建筑配件主要包括雨篷、天沟、飞檐、水箱梁、构架、雨水口（出水口、水斗、落水管）、预埋管孔，出屋顶的风道、烟道、管道井及其透气帽等。

(6) 熟悉屋顶平面图的材料要求、构造做法与附加文字说明。

2.5 建筑立面图

2.5.1 建筑立面图的表示方法

建筑立面图是在与建筑物各立面平行的投影面上所作的正投影图，简称立面图。

根据主入口位置，建筑立面图可分为正立面图、背立面图和侧立面图。为便于与平面图对照阅读，立面图一般按房屋两端的定位轴线编号左前右后命名，例如，正立面图标注为①—⑩立面图，背立面图标注为⑩—①立面图，侧立面图按纵轴线编号左前右后命名。正对称的房屋可只绘制一个侧立面图。

平面形状曲折的建筑物，可只绘制一个展开立面图，也可分段绘制展开立面图，但均应在图名后加注“展开”二字。

建筑立面图也可根据各立面的朝向命名，可分为南立面图、北立面图、东立面图和西立面图。

建筑立面图的数量是根据房屋各立面的外观造型和外墙面装饰要求决定的。当房屋各立面的外观造型不同或外墙面装饰要求不同时，就需要画出所有建筑立面图。

2.5.2 建筑立面图的主要内容

建筑立面图是反映建筑物的外观造型、立面上各建筑配件的形状及相互关系、建筑风格、立面装饰要求和构造做法的技术文件，是施工过程中竖向放线定位、房屋高度控制、门窗与室外建筑配件安装、室外装饰的水平与竖向分区、外墙镶贴面层的细部尺寸定位和经济核算的依据，也是室外水、电、暖、通等设备管线布置的依据。其主要内容包括正立面图、背立面图和侧立面图。

2.5.3 建筑立面图的识读要点

建筑立面图的实例详见单元7，其识读应掌握以下主要内容：

(1) 熟悉立面图的图名、比例及与平面图的对应关系。绘图比例宜与平面图对应一致。

(2) 熟悉房屋的总高度，层高分布、屋顶构架及塔楼顶的标高。注意，房屋的建筑总高度是指房屋室外地面至主要屋面女儿墙顶的高度，对于坡屋面，是指房屋室外地面至主要屋面檐口的高度。房屋的建筑总高度是决定房屋之间最小净距离的重要参数之一。

(3) 熟悉房屋在该立面上的室内外高差分布，主次入口处的室内外高差。室内外高差是决定房屋勒脚高度、台阶、坡道、花池等室外建筑配件细部尺寸的重要参数之一。

(4) 熟悉房屋勒脚高度、台阶、坡道、花池等室外建筑配件的竖向细部尺寸。

(5) 熟悉该立面图的门窗和幕墙的竖向布置与组合形式及其细部尺寸。

(6) 熟悉该立面图的各层阳台、雨篷、挑檐、遮阳板、空调板、飘线、烟囱和通风口等室外建筑配件的布置、标高与细部尺寸。

(7) 熟悉该立面图的外墙面装饰的水平与竖向分区、构造做法、材料和色彩要求以及外墙镶贴面层的细部尺寸和与主体结构的连接要求。

(8) 熟悉该立面图中的详图索引与附加文字说明。

2.6 建筑剖面图

2.6.1 建筑剖面图的表示方法

建筑剖面图是用一个假想的剖切平面将房屋沿需要观察的部位切开，移去观察者与剖切平面之间的房屋部分所作的正投影图，简称剖面图。

剖切平面可以是一个平面（直线剖），也可以是几个平面的组合（转折剖）。

建筑剖面图的剖切部位应选择在能反映房屋内部全貌、构造特征、功能特征以及有代表性的部位剖切。其中，楼梯间和电梯间反映垂直交通线路的部位、楼层错层或有复式共享空间的部位、缺柱或缺墙等竖向承重结构体系改变部位、反映建筑外观造型的立面凹凸部位等均应绘制剖面图。其次，房屋主次入口部位、内部主要使用功能的一般部位等，根据设计深度的需要，也宜绘制剖面图。

2.6.2 建筑剖面图的主要内容

建筑剖面图是反映建筑物的内部结构、剖切部位立面上各建筑配件的形状及相互关系、房屋分层情况、各层高度、内部垂直交通线路的竖向布置、楼屋面和地面构造做法、主要建筑配件详图索引等内容的技术文件，是施工过程中进行分层控制、竖向放线定位、房屋高度控制、门窗与室外建筑配件安装、楼电梯间等的竖向细部尺寸定位和经济核算的依据；是与建筑平面图和建筑立面图相互配合的不可缺少的重要技术文件之一。

2.6.3 建筑剖面图的识读要点

建筑剖面图的实例详见单元7，其识读应掌握以下主要内容：

（1）熟悉剖面图的图名、比例及与底层平面图的对应关系。绘图比例宜与平面图对应一致。识图时一定要与底层平面图对照，确定剖切平面的位置与投影方向，以明确该建筑剖面图是房屋哪一部分的投影。

（2）熟悉房屋的总高度，层高分布、檐口、屋脊、屋顶构架及塔楼顶的标高。

（3）熟悉该剖面图的各层阳台、雨篷、挑檐、遮阳板、空调板、飘线、女儿墙等室外建筑配件的布置、标高与细部尺寸。

（4）熟悉该剖面图的各层梯平台、梯段、入口处台阶的起步定位尺寸与标高和踏步细部尺寸。

（5）熟悉房屋墙身垂直方向的分段尺寸，包括门窗洞口、窗间墙、厚窗台等的高度尺寸与构造做法。

（6）熟悉该剖面图中注明的楼地面和屋面的构造做法。构造做法一般采用各层引出线，按其构造顺序加文字说明分层表示。

（7）熟悉该剖面图中的详图索引与附加文字说明。

2.7 建筑详图

2.7.1 建筑详图的表示方法

建筑详图是采用较大的比例将建筑平、立、剖面图中工程内容很难表达清楚的部位局部放大绘制成的图样，亦称为大样图。建筑详图的常用比例有1∶50，1∶20，1∶10，1∶5，1∶2，1∶1几种。对于某些建筑构造或构件采用通用做法时，一般采用国家或地方制定的标准图集或通用图集中的详图，在平、立、剖面图中通过索引符号注明，不必另画详图。

2.7.2 建筑详图的主要内容

建筑详图是反映房屋的局部平面布置、标高、局部立面布置、墙身与建筑配件、楼电梯等部位的细部构造、尺寸、材料和做法等内容的技术文件，是施工过程中局部放线定位、砌墙、隔断、门窗与建筑配件安装、室内外装修和经济核算的依据，也是室内水、暖、电等设备管线布置的依据。其主要内容包括楼电梯间详图，厨房、卫生间等设备间详图，墙身大样图和室内外建筑配件详图。

1. 楼电梯间详图

楼梯是两层以上房屋建筑必备的垂直交通设施，电梯也是多高层房屋建筑必备的正常使用时的垂直交通设施，是房屋建筑的关键部位。

楼电梯间详图是将单个楼电梯间的各层建筑平面图和剖面图采用较大的比例绘制在一起形成的图样，其比例一般采用1∶50。

楼梯间详图是反映楼梯的结构形式、各组成部分（梯段、平台、栏杆、扶手）的细部尺寸、构造做法和材料选用等内容的技术文件，是施工过程中楼梯放线定位和建筑装修的主要依据。其主要内容包括楼梯间平面图、楼梯间剖面图和踏步、栏杆（栏板）、扶手等大样图。

电梯间详图是反映电梯间前室、梯井、轿厢及电梯预埋件的细部尺寸、构造做法和材料选用等内容的技术文件，是施工过程中电梯放线定位和建筑装修的主要依据。其主要内容包括电梯间平面图、电梯间剖面图和电梯预埋件等大样图。

2. 设备间详图

设备间详图是将单个设备间的建筑平面图或剖面图采用较大的比例局部放大绘制成的图样。其比例一般采用1 ∶ 50。

设备间详图是反映房屋建筑设备的平立面布置方式、细部尺寸、构造做法和材料选用等内容的技术文件，是施工过程中设备放线定位、预埋和建筑装修的主要依据。布置较简单的设备间可仅绘制建筑平面详图，如厨房平面详图、卫生间平面详图、简单设备的机房。当设备布置竖向定位尺寸要求严格或有悬挂式设备时，尚应绘制设备间建筑立面详图或建筑剖面详图，如中央空调机房、集中供暖机房、有悬挂式设备的机房等。

3. 墙身大样图

墙身大样图（图2-14）是将建筑剖面图的局部采用较大的比例放大绘制成的图样，通常由底层、标准层和屋顶几个典型墙身节点详图组合而成。其比例一般采用1 ∶ 20。

墙身大样图是详细表达房屋地面、楼面、屋面和檐口等处的构造，楼板与墙体的连接形式，门窗洞口、窗台、遮阳、雨水口、勒脚、防潮层和散水等的细部做法等内容的技术文件。与建筑平面图配合，是施工过程中墙体砌筑、门窗洞口和建筑配件竖向定位、室内外建筑装修的重要依据。

4. 室内外建筑配件详图

室内外建筑配件详图是将室内外建筑配件单独采用较大的比例放大绘制成的平面图、立面图或剖面图图样。简单的室内外建筑配件可用平面图、立面图或剖面图中的一种图样表达，复杂的室内外建筑配件则应采用平面图、立面图和剖面图三种图样共同表达。其比例一般根据建筑配件局部尺寸的大小可采用1 ∶ 20，1 ∶ 10，1 ∶ 5，1 ∶ 2，1 ∶ 1几种。

室内外建筑配件详图是详细表达建筑配件的构造形式、细部尺寸，与主体结构（墙体、梁柱、楼屋面）的连接形式，及其建筑装修的细部做法等内容的技术文件。是室内外建筑配件施工、保证房屋建筑风格和使用要求的重要依据。

室内建筑配件是根据房屋室内使用要求而在室内平面或内墙上设置的建筑配件，如搁物板、壁龛、试验台、灶台、洗涤池、蓄水池、污水池等。

室外建筑配件是根据房屋建筑风格和使用要求而在室外平面或外墙上设置的建筑配件，如花坛、台阶、坡道、散水、明暗沟、屋顶构架，雨篷、阳台、挑檐、天沟、飘线、空调板、厚窗台、遮阳板等。

2.7.3 建筑详图的识读要点

建筑详图的部分实例详见单元7，其识读应掌握以下主要内容。

1. 楼电梯间详图的识读要点

（1）熟悉图名、比例及与平面图的对应关系。绘图比例一般为1 ∶ 50。

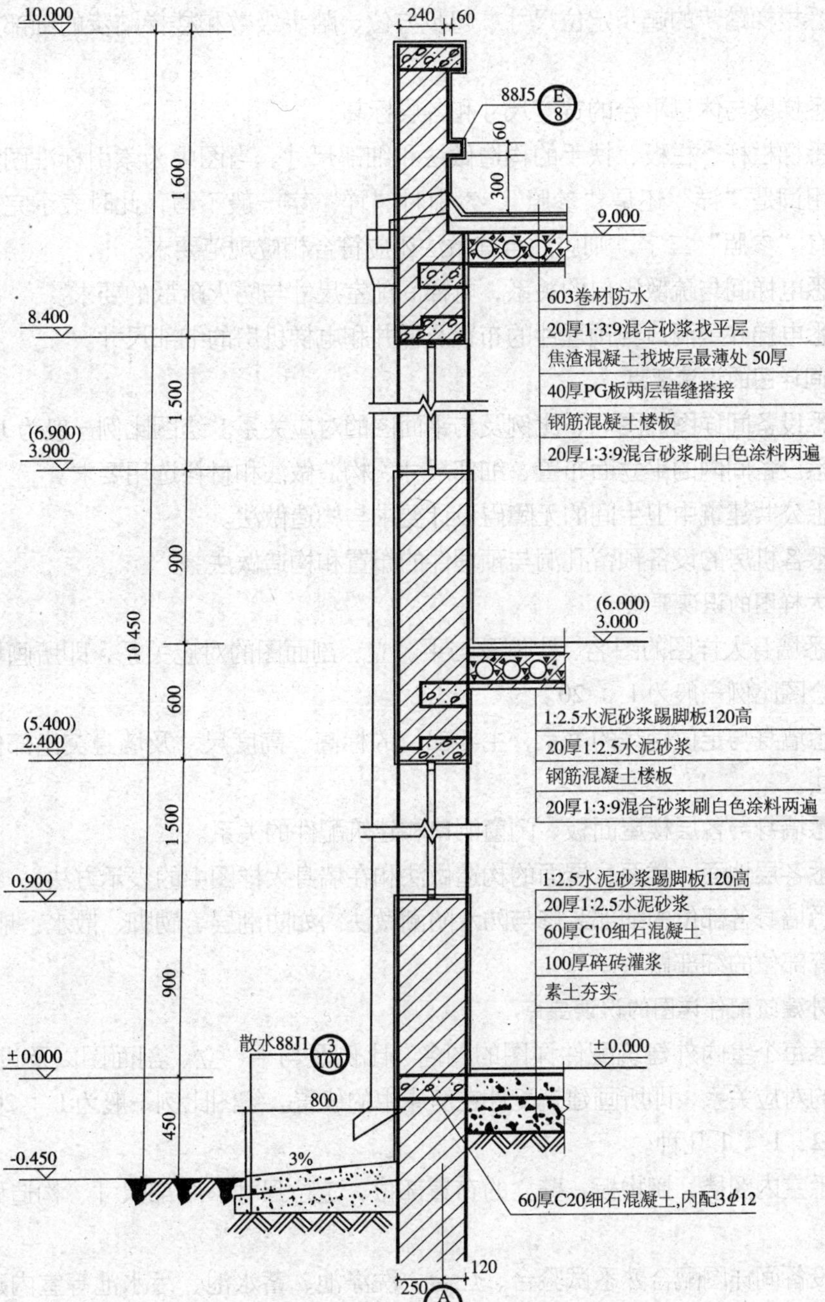
240
60
10.000
88J5
E
8
60
300
1 600
9.000
603卷材防水
8.400
20厚1:3:9混合砂浆找平层
焦渣混凝土找坡层最薄处50厚
40厚PG板两层错缝搭接
1 500
钢筋混凝土楼板
(6.900)
3.900
20厚1:3:9混合砂浆刷白色涂料两遍
900
(6.000)
3.000
10 450
600
1:2.5水泥砂浆踢脚板120高
(5.400)
2.400
20厚1:2.5水泥砂浆
钢筋混凝土楼板
20厚1:3:9混合砂浆刷白色涂料两遍
1 500
0.900
1:2.5水泥砂浆踢脚板120高
20厚1:2.5水泥砂浆
60厚C10细石混凝土
100厚碎砖灌浆
900
素土夯实
散水88J1
3
100
±0.000
±0.000
800
450
-0.450
3%
60厚C20细石混凝土,内配3ϕ12
120
250
A
E
3-3 1:20

图 2-14 墙身大样图

（2）熟悉该楼梯与疏散出口的关系，到疏散出口的距离是否满足防火疏散的要求。

（3）熟悉楼梯踏步的起步定位尺寸、起步方位、踏步级数和楼梯踏步的细部尺寸及梯井的宽度。

（4）熟悉梯段与休息平台的宽度尺寸和各层标高。

（5）熟悉梯栏杆、栏板、扶手的构造做法和细部尺寸。当图中为索引标准图集时，应注意图纸中的用词是“详”还是“参照”，索引时“详”字一般不写，此时表示完全按照该详图施工，如有“参照”二字，则应注意其做法还应符合相应规范要求。

（6）熟悉电梯间与疏散出口的关系，电梯间前室尺寸与防火疏散的要求。

（7）熟悉电梯井壁洞口与预埋件的布置及梯井和电梯机房的细部尺寸。

2. 设备间详图的识读要点

（1）熟悉设备间详图的图名、比例及与平面图的对应关系。绘图比例一般为 1 ∶ 50。

（2）熟悉设备间内的平立面布置、细部尺寸、构造做法和材料选用要求。

（3）熟悉公共建筑中卫生间的无障碍设计要求与构造做法。

（4）熟悉各机房的设备预留孔洞与预埋件的布置和构造做法。

3. 墙身大样图的识读要点

（1）熟悉墙身大样图的图名、比例及与平、立、剖面图的对应关系，即所画墙身在房屋中的位置。绘图比例一般为 1 ∶ 20。

（2）熟悉墙身与定位轴线的关系，主要部位的标高、高度尺寸及墙身突出部位的细部尺寸与构造做法。

（3）熟悉墙身与各层楼屋面板、门窗洞口和建筑配件的关系。

（4）熟悉各层地面、楼面、屋面的构造做法和在墙身大样图中的表示方法。

（5）熟悉墙身各部位的细部装修与防水防潮做法。如防潮层、勒脚、散水、地下室墙身、窗台、窗檐等部位的细部做法。

4. 室内外建筑配件详图的识读要点

（1）熟悉每个室内外建筑配件详图的图名、比例及与平、立、剖面图以及设备间详图、墙身大样图的对应关系，即所画建筑配件在房屋中的位置。绘图比例一般为 1 ∶ 20，1 ∶ 10，1 ∶ 5，1 ∶ 2，1 ∶ 1 几种。

（2）熟悉室内阁楼、搁物板、壁龛的布置部位，定位尺寸、细部尺寸、构造做法和材料选用要求。

（3）与设备间详图配合熟悉试验台、灶台、洗涤池、蓄水池、污水池等室内建筑配件的平面布置，定位尺寸、细部尺寸、构造做法和材料选用要求。

（4）与底层平面图和标准图集配合熟悉花坛、台阶、坡道、散水、明暗沟等底层室外建筑配件的平面布置、定位尺寸、细部尺寸、构造做法和材料选用要求。

（5）与屋顶平面图和墙身大样图配合熟悉屋顶构架、烟囱、通风或透气孔、挑檐、天沟等屋顶建筑配件的平面布置、定位尺寸、细部尺寸、构造做法和材料选用要求。

（6）雨篷是保证入口安全的必备建筑配件，与二层平面图和立面图或剖面图配合熟悉雨篷的平立面布置、定位尺寸、细部尺寸、构造做法和材料选用要求。

（7）阳台是房屋中人们休闲、收晒的必备建筑配件，与各层平面图和立面图或剖面图配合熟悉阳台和阳台栏杆或栏板的平立面布置、定位尺寸、细部尺寸、构造做法和材料选用要求。

（8）与各层平面图、立面图或剖面图、墙身大样图配合熟悉飘线、空调板、厚窗台、遮阳板等室外建筑配件的平立面布置、定位尺寸、细部尺寸、构造做法和材料选用要求。

单元小结

本单元介绍了建筑施工图的主要内容、常用代号与表示方法，重点介绍了表示方法与识读要点。具体包括：

（1）建筑施工图的常用图例、主要内容与表示方法。

（2）建筑总平面图的识读包括总平面图的表示方法、常用图例、主要内容与识读要点。

（3）建筑设计说明的识读包括九大方面的主要内容与识读要点。

（4）建筑平面图的识读包括建筑底层平面图、中间各层或标准层平面图、屋顶平面图的表示方法、主要内容与识读要点。

（5）建筑立面图的识读包括建筑正立面图、背立面图和侧立面图的表示方法、主要内容与识读要点。

（6）建筑剖面图的识读包括建筑剖面图的表示方法、主要内容与识读要点。

（7）建筑详图的识读包括楼、电梯间详图、设备间详图、墙身大样图和室内外建筑配件详图的表示方法、主要内容与识读要点。

思考题

1. 建筑施工图的作用是什么？包括哪些内容？
2. 建筑总平面图的主要内容有哪些？
3. 建筑设计说明有哪些主要内容？
4. 建筑平面图是怎样形成的？其主要内容有哪些？
5. 建筑平面图中尺寸标注主要包括哪些内容？
6. 建筑立面图的命名规则是什么？包括哪些内容？
7. 建筑剖面图的主要内容有哪些？
8. 建筑详图的作用是什么？包括哪些内容？
9. 试说明索引符号与详图符号的绘制要求及两者之间的对应关系。

10. 墙身节点详图主要是用来表达建筑物上哪些部位的？
11. 楼梯详图的主要内容是什么？
12. 室内外建筑配件详图的识读应掌握哪些内容？

单元3

建筑结构施工图识读

3.1 概述
3.2 结构设计说明
3.3 楼屋面板施工图
3.4 柱平法施工图
3.5 梁平法施工图
3.6 剪力墙平法施工图
3.7 基础施工图
单元小结
思考题

职业能力培养目标：通过课堂教学与识图实训，使学生掌握结构施工图的表示方法和钢筋混凝土结构平法施工图的识读要点，培养学生结构施工图的识读能力。

3.1 概述

施工图是工程师的语言，是设计者设计意图的体现，也是施工、监理、经济核算的重要依据。建筑施工图是在满足建筑物的使用功能、美观、防火等要求的基础上，表明房屋的外形、内部平面布置、细部构造和内部装修等内容。结构施工图则是在满足建筑物的安全、适用、耐久等要求的基础上，表明建筑结构体系和结构构件（如基础、梁、板、柱等）的布置、形状、尺寸、材料、细部构造和施工要求等内容的技术文件。

3.1.1 结构施工图的主要内容

1. 结构设计说明

是统一描述该项工程的结构设计依据、对材料质量及构件的要求、地基的概况及施工要求等有关结构方面共性问题的图纸。

2. 结构布置平面图

结构布置平面图与建筑平面图一样，属于全局性的图纸，通常包含基础平面图、楼层结构平面布置图以及屋顶结构平面布置图。

3. 构件详图

构件详图属于局部性的图纸，表示构件的形状、大小，所用于材料的强度等级和制作安装。其主要内容有基础详图，梁、板、柱等构件详图，楼梯结构详图，其他构件详图。

3.1.2 常用的构件代号

房屋结构的基本构件很多，有时布置也很复杂，为了图面清晰，以及把不同的构件表示清楚，《建筑结构制图标准》（GB/T 50105—2001）规定：构件的名称应用代号来表示，代号后应用阿拉伯数字标注该构件的型号或编号，也可为构件的顺序号。构件的顺序号采用不带脚标的阿拉伯数字连续编排。表示方法用构件名称的汉语拼音字母中的第一个字母表示。常用的构件代号见表 3-1。

表 3-1 常用构件代号

序号	名称	代号	序号	名称	代号	序号	名称	代号
1	板	B	7	楼梯板	TB	13	梁	L
2	屋面板	WB	8	盖板或沟盖板	GB	14	屋面梁	WL
3	空心板	KB	9	挡雨板或檐口板	YB	15	吊车梁	DL
4	槽形板	CB	10	吊车安全走道板	DB	16	圈梁	QL
5	折板	ZB	11	墙板	QB	17	过梁	GL
6	密肋板	MB	12	天沟板	TGB	18	连系梁	LL

（续表）

序号	名　称	代号	序号	名　称	代号	序号	名　称	代号
19	基础梁	JL	27	支架	ZJ	35	梯	T
20	楼梯梁	TL	28	柱	Z	36	雨篷	YP
21	檩条	LT	29	基础	J	37	阳台	YT
22	屋架	WJ	30	设备基础	SJ	38	梁垫	LD
23	托架	TJ	31	桩	ZH	39	预埋件	M
24	天窗架	CJ	32	柱间支撑	ZC	40	天窗端壁	TD
25	框架	KJ	33	水平支撑	SC	41	钢筋网	W
26	刚架	GJ	34	垂直支撑	CC	42	钢筋骨架	G

注：预应力钢筋混凝土构件代号，应在构件代号前加注“Y”，例如 YKB 表示预应力混凝土空心板。

3.1.3 结构施工图的表示方法

结构施工图的表示方法有三种：详图法、梁柱表法和平面整体设计方法。

1. 详图法

它通过平、立、剖面图将各构件（梁、柱、墙等）的结构尺寸、配筋规格等“逼真”地表示出来。用详图法绘图的工作量非常大，但由于结构构件直观“逼真”，在工业建筑和其他土木工程施工图中仍广泛采用。

2. 梁柱表法

它采用表格填写方法将结构构件的结构尺寸和配筋规格用数字符号表达。此法比“详图法”要简单方便得多，手工绘图时，深受设计人员的欢迎。其不足之处是同类构件的许多数据需多次填写，容易出现错漏，图纸数量多。

3. 结构施工图平面整体设计方法（以下简称“平法”）

它把结构构件的截面形式、尺寸及所配钢筋规格在构件的平面位置用数字和符号直接表示，再与相应的“结构设计总说明”和梁、柱、墙等构件的“构造通用图及说明”配合使用。平法的优点是图面简洁、清楚、直观性强，图纸数量少，设计和施工人员都很欢迎，是目前民用建筑结构施工图的常用表示方法。因此，本单元将重点介绍平法施工图的识读。

3.2 结构设计说明

3.2.1 结构设计说明的主要内容

结构设计说明一般采用文字说明辅以通用详图或符号来表达，是统一描述新建工程有关建筑结构方面共性问题的技术文件。其主要内容包括结构设计依据、工程概况、荷载取值、工程地质、建筑抗震、材料要求、构造做法及施工要求等。结构设计说明一般作为单位工程结构施工图的首页（结施01）。

3.2.2 结构设计说明的识读要点

结构设计说明的实例详见单元7（结施01），其识读应掌握以下主要内容：

（1）了解新建工程的结构设计依据，包括各相关的建筑结构设计规范、标准、规程和规定。

（2）熟悉新建工程的工程概况，包括工程名称、建筑层数、建筑物高度、抗震设防烈度、结构类型、基地高程、荷载取值、结构或构件的安全等级和抗震等级等。

（3）熟悉基础和主体结构及其构件各部位的材料要求与构造做法。

（4）熟悉结构施工图的表达方式，本套图纸中的通用符号与通用详图、标准图集的名称与索引内容，并注意对标准图集索引内容的用词是“详”或“按照”与“参照”二字的区别，如为“参照”应注意是哪些内容与标准图集不同。

（5）熟悉新建工程的场地特征与地基的地质条件、地基的处理方法及其适用范围、地基的变形要求、地基的检验方法与验收标准。

（6）熟悉基础和主体结构变形缝的设置部位、构造要求及其功能类别。当不设置变形缝而采用后浇带时，应熟悉后浇带的设置部位、构造要求和二次浇筑的时间。

（7）熟悉新建工程的设计对工程施工的要求，施工缝的设置部位、连接方法与构造要求、连接或二次浇筑的时间。注意设计对施工的要求应该高于国家、行业和地方标准，否则按相应最高标准执行。

（8）注意设计说明中基本上都有一条“图中未尽事宜均按现行有关技术标准、规范、规程、规定执行”，在施工图识读过程中，应尽可能了解有哪些“未尽事宜”。

3.3 楼屋面板施工图

3.3.1 楼屋面板施工图的表示方法

楼屋面板施工图是反映某层楼面板或屋面板的结构布置、尺寸、标高、材料选用、配筋和施工方法的技术文件。其内容包括模板图、配筋图、局部详图和附加说明四部分，当结构布置较简单时，模板图、配筋图可合并为一图。其表示方法均采用直接绘制与注写的方式。由于楼盖有现浇整体式和预制装配式两大类，现浇整体式的表示方法如图3-1所示。

预制装配式的表示方法是在布板的区域内用细实线画一对角线并注写板的数量和代号。目前，各地标注构件代号的方法不同，应注意选用图集中的规定代号注写。一般应包含数量、代号、标志长度、板宽、荷载等级等内容，如图3-2所示。

3.3.2 楼屋面板施工图的识读要点

楼屋面板施工图的实例详见单元7，其识读应掌握以下主要内容：

（1）熟悉各层楼面板或屋面板的结构布置，包括结构平面总尺寸线、楼板定位尺寸线、细部尺寸、标高，结构配件、单向板、双向板或预制板的布置方式、型号与数量。

（2）熟悉各层楼面板或屋面板的配筋方法、结构配件的索引位置及其配筋详图。

（3）熟悉框架结构中各层楼面的梁上柱TZ、吊柱DZ和构造柱GZ的结构布置。

（4）注意屋面板是采用建筑找坡、结构找坡或是结构调坡。

（5）熟悉图中的附加说明及其材料选用。

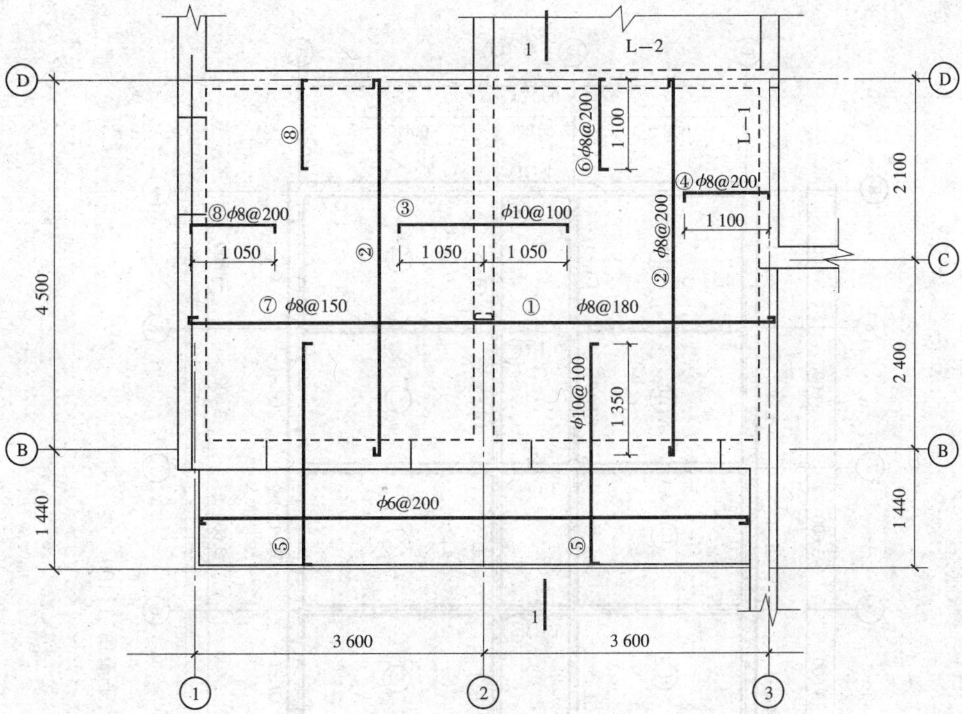

图 3-1　现浇整体式配筋图（局部）

3.4　柱平法施工图

3.4.1　柱平法施工图的表示方法

柱平法施工图系在柱平面布置图上采用列表注写方式或截面注写方式表达。柱平面布置图可采用适当比例单独绘制，也可与剪力墙平面布置图合并绘制。在柱平法施工图中，应当采用表格或其他方式注明各结构层的楼面标高、结构层高及相应的结构层号。

1. 列表注写方式

列表注写方式系在柱平面布置图上分别在同一编号的柱中选择一个截面标注几何参数代号；在柱表中注写柱编号、柱段起止标高、几何尺寸与配筋的具体数值，并配以各种柱截面形状及其箍筋类型图的方式来表达柱平法施工图，如图 3-3 所示。

柱编号由类型代号和序号组成，应符合表 3-2 所示的规定。

表 3-2　　　　柱　编　号

柱　类　型	代号	序号	柱　类　型	代号	序号
框架柱	KZ	XX	梁　上　柱	LZ	XX
框支柱	KZ	XX	剪力墙上柱	QZ	XX
芯柱	XZ	XX			

注：编号时，当柱的总高、分段截面尺寸和配筋均对应相同，仅分段截面与轴线的关系不同时，仍可将其编为同一柱号。

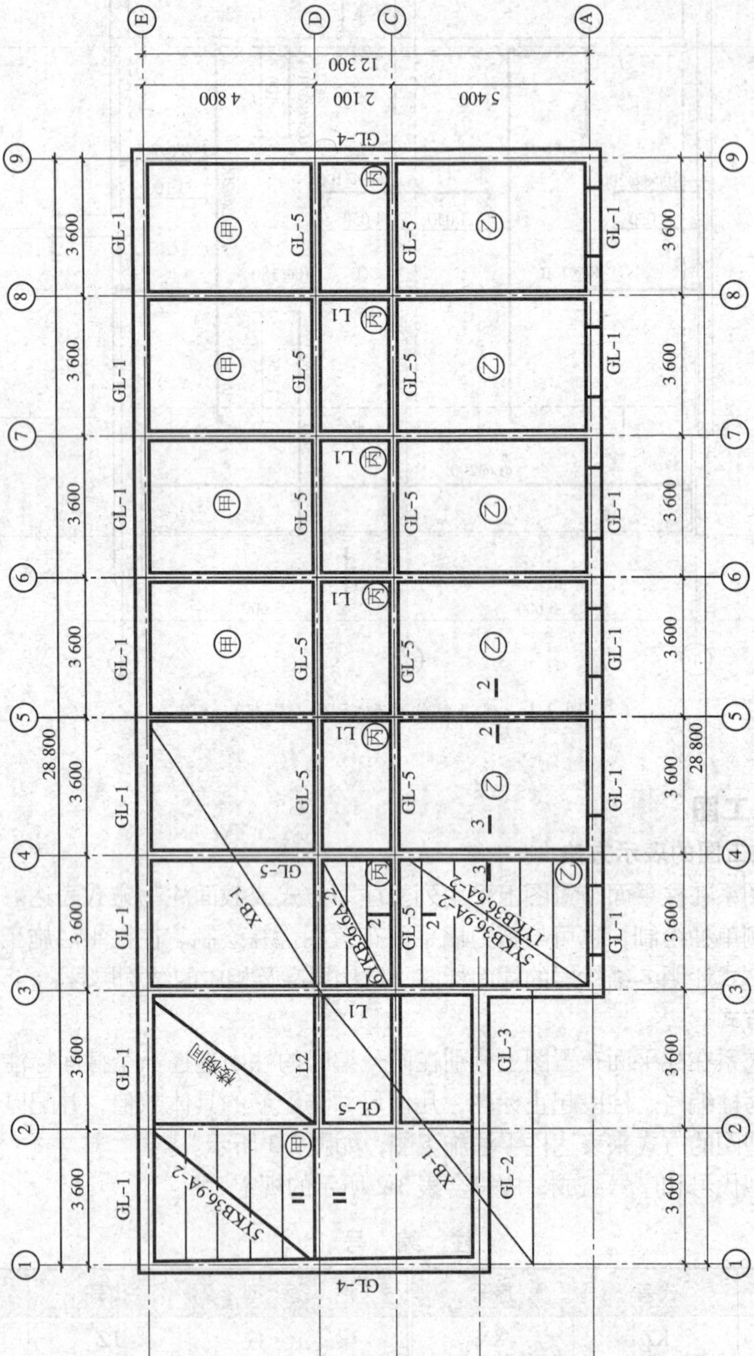

图3-2 楼面板结构平面图 1:100

层号	标高(m)	层高(m)
屋面2	65.670	
塔层2	62.370	3.30
屋面1(塔层1)	59.070	3.30
16	55.470	3.60
15	51.870	3.60
14	48.270	3.60
13	44.670	3.60
12	41.070	3.60
11	37.470	3.60
10	33.870	3.60
9	30.270	3.60
8	26.670	3.60
7	23.070	3.60
6	19.470	3.60
5	15.870	3.60
4	12.270	3.60
3	8.670	3.60
2	4.470	4.20
1	-0.030	4.50
-1	-4.530	4.50
-2	-9.030	4.50

结构层楼面标高
结构层高

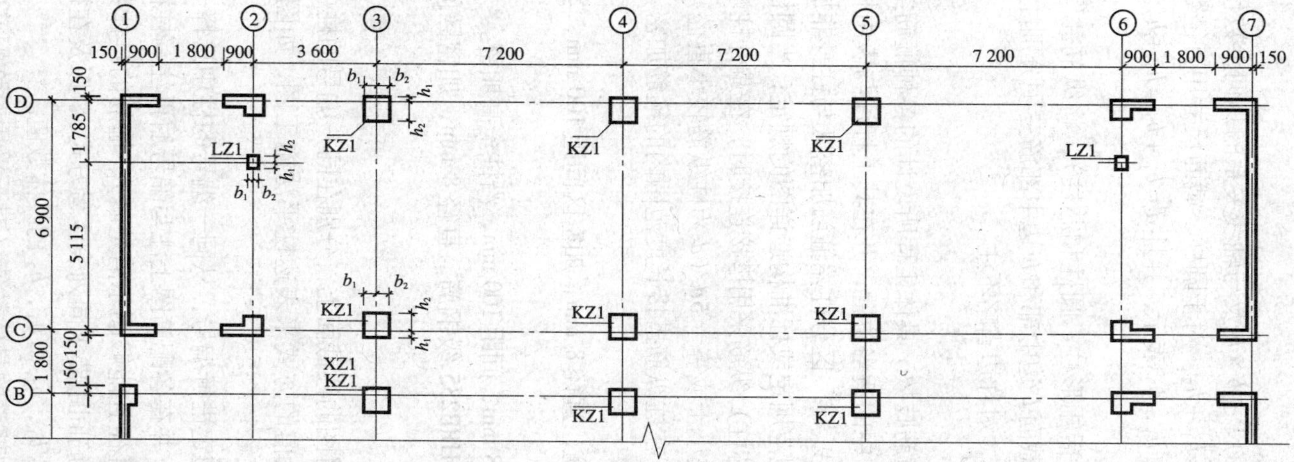

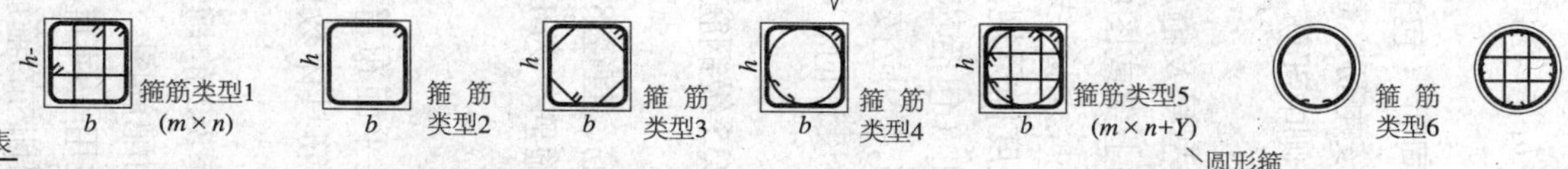

柱 表

柱号	标高	$b\times h$ (圆柱直径D)	b_1	b_2	h_1	h_2	全部纵筋	角筋	b边一侧中部筋	h边一侧中部筋	箍筋类型号	箍筋	备注
KZ1	-0.030—19.470	750×700	375	375	150	550	24ϕ25				1(5×4)	ϕ10@100/200	
	19.470—37.470	650×600	325	325	150	450		4ϕ22	5ϕ22	4ϕ20	1(4×4)	ϕ10@100/200	
	37.470—59.070	550×500	275	275	150	350		4ϕ22	5ϕ22	4ϕ20	1(4×4)	ϕ8@100/200	
XZ1	-0.030—8.670						8ϕ25				按标准构造详图	ϕ10@200	③×Ⓑ轴KZ1中设置

注：①如采用非对称配筋，需在柱表中增加相应栏目分别表示各边的中部筋。
②抗震设计箍筋对纵筋至少隔一拉一。
③类型1的箍筋肢数可有多种组合，右图为5×4的组合，其余类型为固定形式，在表中只注类型号即可。

箍筋类型1.（5×4）

-0.030—59.070柱平法施工图(局部)

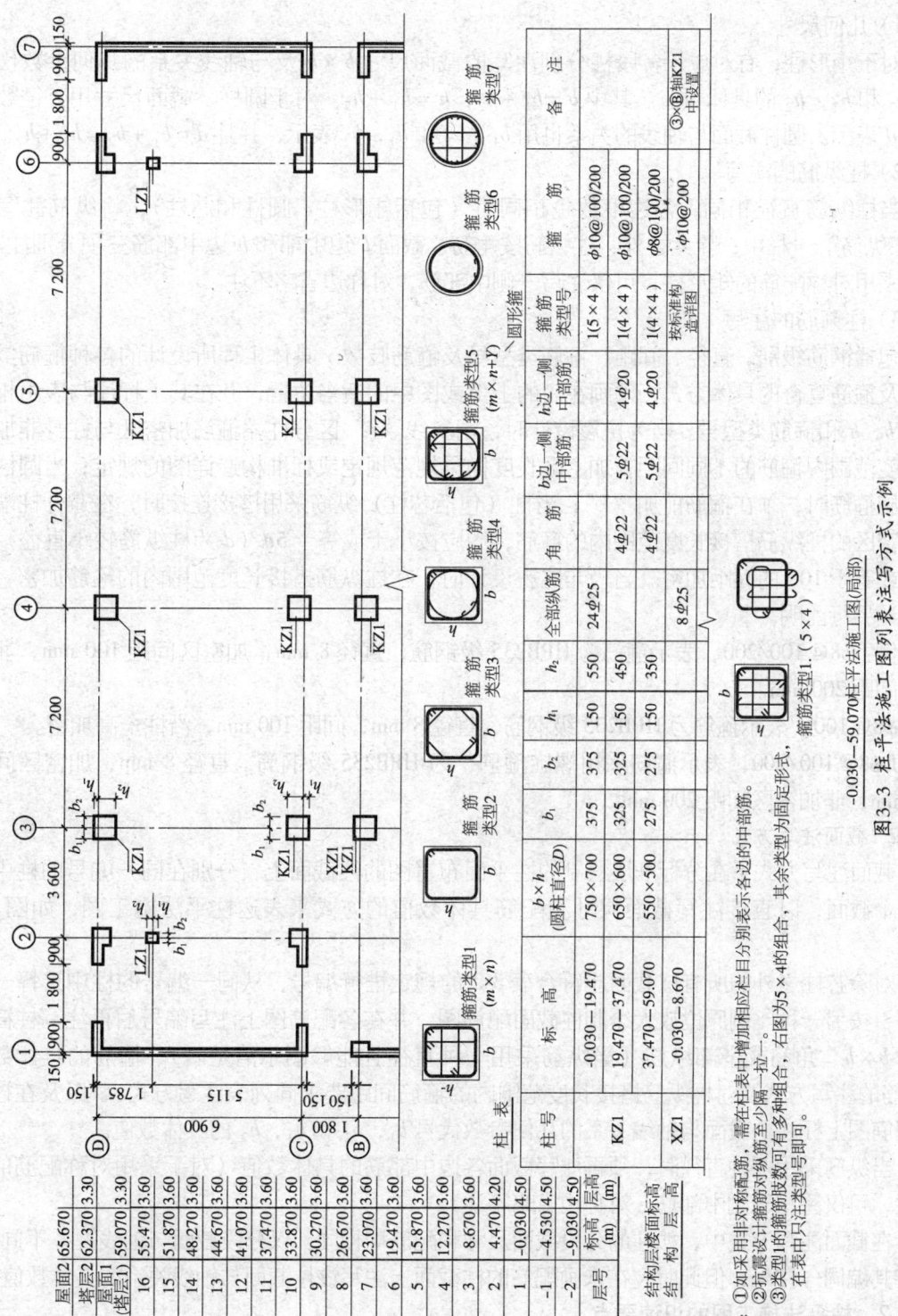

图3-3 柱平法施工图列表注写方式示例

1）几何尺寸

对于矩形柱，有对应于各段柱分别注写的截面尺寸 $b \times h$ 及与轴线关系的几何参数代号 b_1，b_2 和 h_1，h_2 的具体数值。其中 $b = b_1 + b_2$，$h = h_1 + h_2$。对于圆柱，截面尺寸用直径数字前加 d 表示。圆柱截面与轴线的关系也用 b_1，b_2 和 h_1，h_2 表示，并且 $d = b_1 + b_2 = h_1 + h_2$。

2）柱纵筋的注写

当柱纵筋直径相同，各边根数也相同时（包括矩形柱、圆柱和芯柱），将纵筋注写在"全部纵筋"一栏中；除此之外，柱纵筋按角筋、截面 b 边中部和 h 边中部筋三项分别注写，对于采用对称配筋的矩形柱，可仅注写一侧中部筋，对称边省略不注。

3）柱箍筋的注写

包括钢筋级别、直径、间距、箍筋类型号及箍筋肢数。具体工程所设计的各种箍筋类型图以及箍筋复合的具体方式，须画在表的上部或图中的适当位置，并在其上标注与表中相对应的 b，h 和箍筋类型号。当为抗震设计时，用斜线"/"区分柱端箍筋加密区与柱身非加密区长度范围内箍筋的不同间距，加密区长度详见规范规定或标准构造详图的规定；当圆柱采用螺旋箍筋时，须在箍筋前加"L"；当柱（包括芯柱）纵筋采用搭接连接时，在避开柱端箍筋加密区的柱纵筋搭接长度范围内的箍筋，均应按小于或等于 $5d$（d 为柱纵筋较小直径）及小于或等于 100 的间距加密。当为非抗震设计时，在柱纵筋搭接长度范围内的箍筋加密，应由设计另行注明。

例：ϕ8@100/200，表示箍筋为 HPB235 级钢筋，直径 8 mm，加密区间距 100 mm，非加密区间距 200 mm。

ϕ8@100，表示箍筋为 HPB235 级钢筋，直径 8 mm，间距 100 mm，沿柱全高加密。

Lϕ8@100/200，表示箍筋采用螺旋箍筋，为 HPB235 级钢筋，直径 8 mm，加密区间距 100 mm，非加密区间距 200 mm。

2. 截面注写方式

截面注写方式系在分标准层绘制的柱平面布置图的柱截面上，分别在同一编号的柱中选择一个截面，以直接注写截面尺寸和配筋具体数值的方式来表达柱平法施工图，如图 3-4 所示。

对除芯柱之外的所有柱截面应符合表 3-2 的规定进行编号，从同一编号的柱中选择一个截面，按另一种比例原位放大绘制柱截面配筋图，并在各配筋图上注写编号后再注写柱截面尺寸 $b \times h$、角筋或全部纵筋（当纵筋采用一种直径且能够图示清楚时）、箍筋的具体数值（箍筋的注写方式及对柱纵筋搭接长度范围内的箍筋间距要求同列表注写方式），以及在柱截面配筋图上标注柱截面与轴线关系的几何参数代号 b_1，b_2 和 h_1，h_2 的具体数值。

当纵筋采用两种直径时，须再注写截面各边中部筋的具体数值（对于采用对称配筋的矩形柱，可仅注写一侧中部筋，对称边省略不注）。

在截面注写方式中，如柱的分段截面尺寸和配筋均相同，仅分段截面与轴线关系不同时，可将其编同一柱号，但此时应在未画配筋的柱截面上注写该柱截面与轴线关系的具体数值。

3.4.2 柱平法施工图的识读要点

柱平法施工图的实例详见单元 7，其识读应掌握以下主要内容：

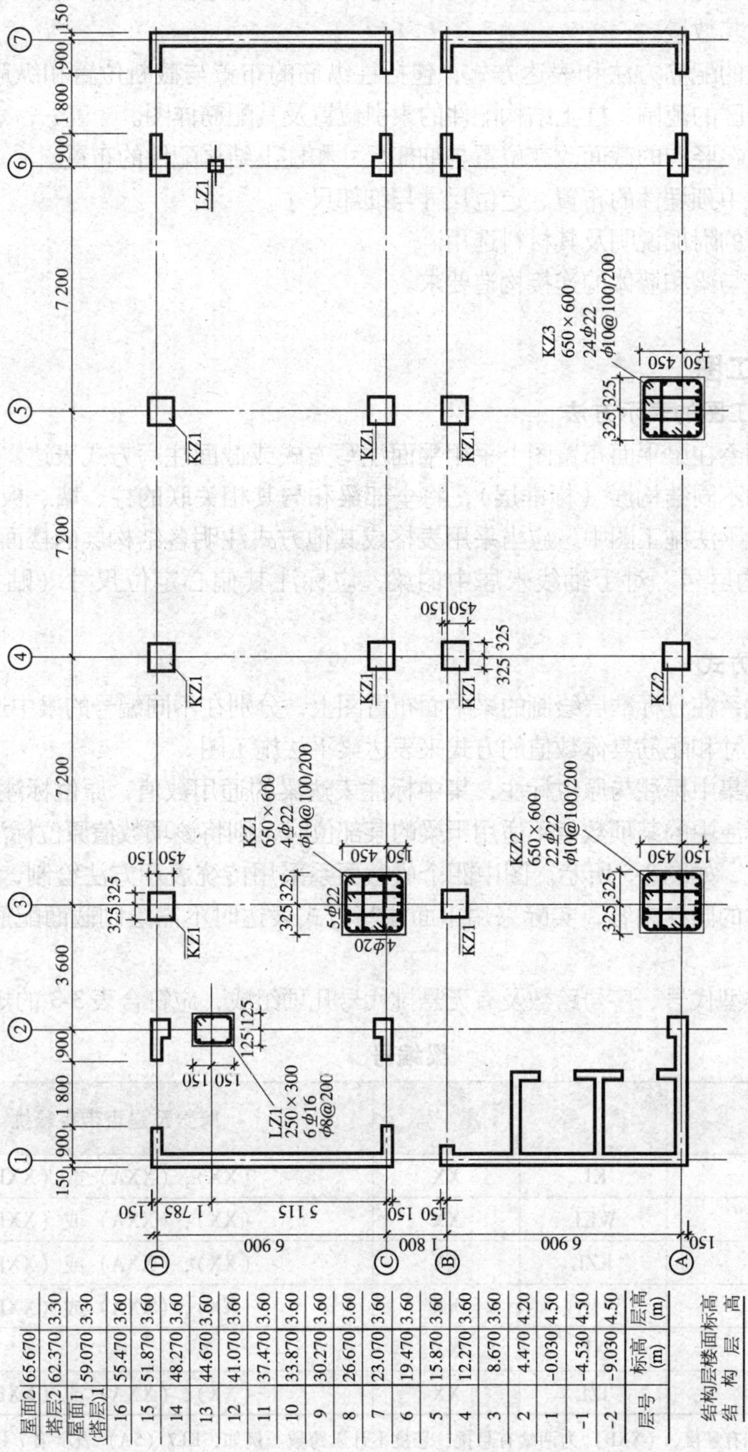

层号	标高 (m)	层高 (m)
屋面2	65.670	3.30
塔层2	62.370	3.30
屋面1 (塔层1)	59.070	3.30
16	55.470	3.60
15	51.870	3.60
14	48.270	3.60
13	44.670	3.60
12	41.070	3.60
11	37.470	3.60
10	33.870	3.60
9	30.270	3.60
8	26.670	3.60
7	23.070	3.60
6	19.470	3.60
5	15.870	3.60
4	12.270	3.60
3	8.670	3.60
2	4.470	4.20
1	-0.030	4.50
-1	-4.530	4.50
-2	-9.030	4.50

结构层楼面标高
结构层高

19.470—37.470柱平法施工图

图3-4 柱平法施工图截面注写方式示例

（1）熟悉各层柱的平面布置，包括结构平面总尺寸线、柱定位尺寸线、截面尺寸、标高、结构配件、编号及其数量。

（2）熟悉各柱的配筋方法和表达方式，包括柱纵筋的布置与截断位置和纵筋搭接长度、箍筋的形式与加密区的范围、柱上结构配件的索引位置及其配筋详图。

（3）熟悉各柱在竖向的截面改变位置与细部尺寸和柱上结构配件的布置。

（4）熟悉各柱中预埋件的布置、定位尺寸与细部尺寸。

（5）熟悉图中的附加说明及其材料选用。

（6）熟悉各柱与梁和墙体的连接构造要求。

3.5 梁平法施工图

3.5.1 梁平法施工图的表示方法

梁平法施工图系在梁平面布置图上采用平面注写方式或截面注写方式表达。梁平面布置图，应分别按梁的不同结构层（标准层），将全部梁和与其相关联的柱、墙、板一起采用适当比例绘制。在梁平法施工图中，应当采用表格或其他方式注明各结构层的楼面标高、结构层高及相应的结构层号。对于轴线未居中的梁，应标注其偏心定位尺寸（贴柱边的梁可不注）。

3.5.2 平面注写方式

平面注写方式系在分标准层绘制的梁平面布置图上，分别在不同编号的梁中选择一条梁，在其上注写截面尺寸和配筋具体数值的方式来表达梁平法施工图。

平面注写包括集中标注与原位标注，集中标注表达梁的通用数值，原位标注表达梁的特殊数值。当集中标注中的某项数值不适用于梁的某部位时，则将该项数值原位标注，施工时，原位标注取值优先，如图 3-5 所示。图中四个梁截面系采用传统表示方法绘制，用于对比按平面注写方式表达的同样内容，实际采用平面注写方式表达时不需绘制截面配筋图和图 3-5 中的相应截面号。

梁编号由梁类型代号、序号跨数及有无悬挑代号几项组成，应符合表 3-3 的规定。

表 3-3 梁编号

梁 类 型	代 号	序 号	跨数及是否带有悬挑
楼层框架梁	KL	XX	（XX），（XXA）或（XXB）
屋面框架梁	WKL	XX	（XX），（XXA）或（XXB）
框 支 梁	KZL	XX	（XX），（XXA）或（XXB）
非框架梁	L	XX	（XX），（XXA）或（XXB）
悬 挑 梁	XL	XX	
井 字 梁	JZL	XX	（XX），（XXA）或（XXB）

注：（XXA）为一端有悬挑，（XXB）为两端有悬挑，悬挑不计入跨数。例如，KL7（5A）表示第 7 号框架梁，5 跨，一端有悬挑。

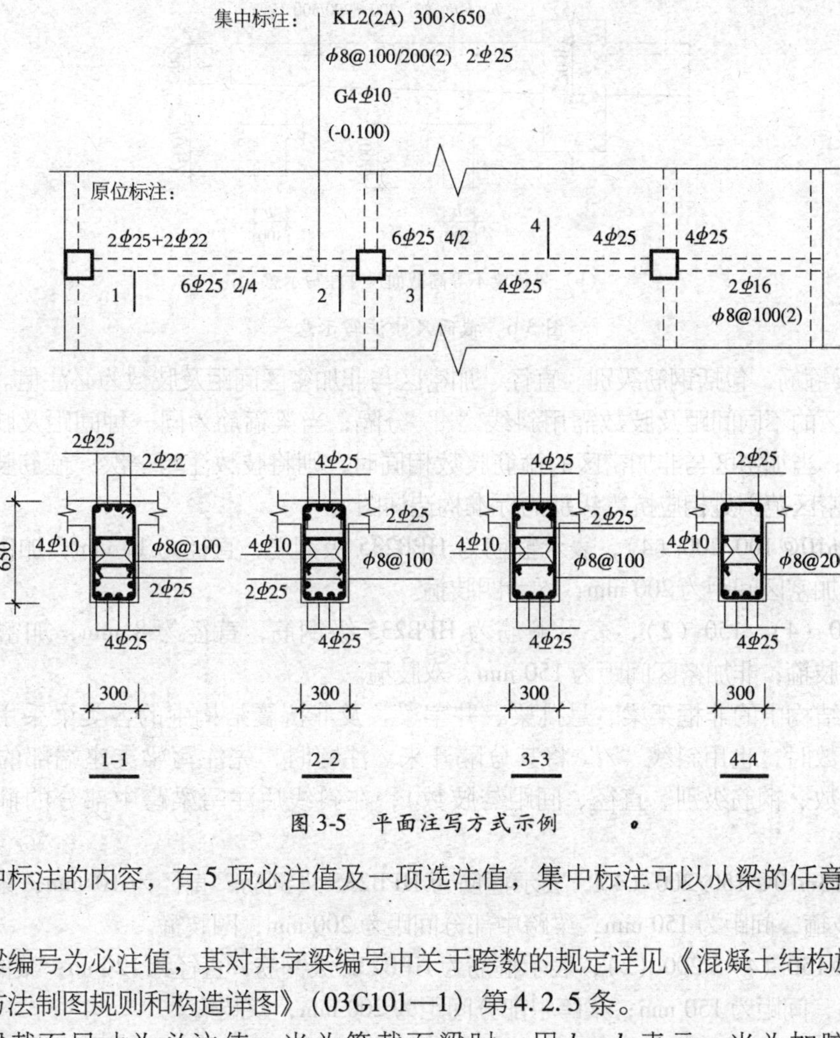

图 3-5 平面注写方式示例

梁集中标注的内容，有 5 项必注值及一项选注值，集中标注可以从梁的任意一跨引出，规定如下：

(1) 梁编号为必注值，其对井字梁编号中关于跨数的规定详见《混凝土结构施工图平面整体表示方法制图规则和构造详图》(03G101—1) 第 4. 2. 5 条。

(2) 梁截面尺寸为必注值。当为等截面梁时，用 $b \times h$ 表示；当为加腋梁时，用 $b \times h$，Y $c_1 \times c_2$ 表示，其中 c_1 为腋长，c_2 为腋高，如图 3-6 (a) 所示。当有悬挑梁且根部和端部的高度不同时，用斜线分隔根部与端部的高度值，即为 $b \times h_1/h_2$，如图 3-6 (b) 所示。

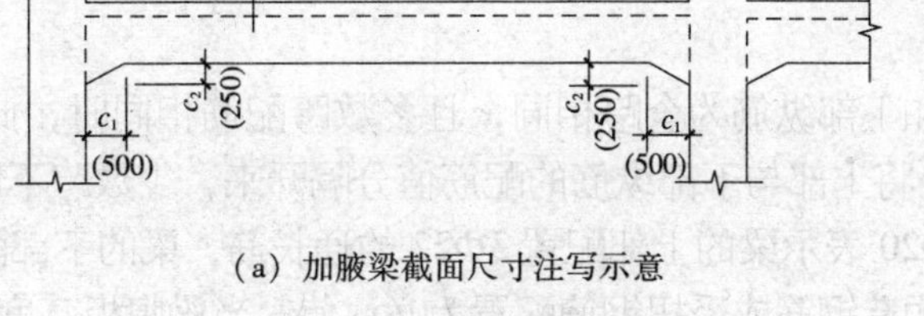

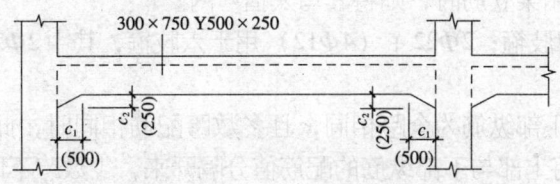

(a) 加腋梁截面尺寸注写示意

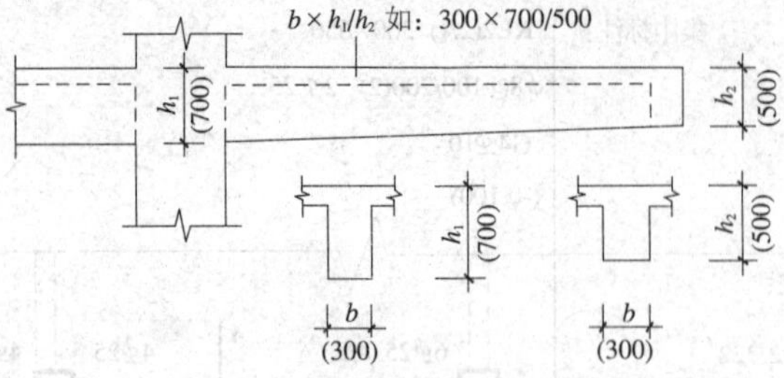

（b）悬挑梁不等高截面尺寸注写示意

图 3-6　截面尺寸注写示意

（3）梁箍筋，包括钢筋级别、直径、加密区与非加密区间距及肢数为必注值。箍筋加密区与非加密区的不同间距及肢数需用斜线“/”分隔；当梁箍筋为同一种间距及肢数时，则不需用斜线；当加密区与非加密区的箍筋肢数相同时，则将肢数注写一次；箍筋肢数应写在括号内。加密区范围见相应抗震级别的标准构造详图。

例如，ϕ10@100/200（4），表示箍筋为 HPB235 级钢筋，直径为 10 mm，加密区间距为 100 mm，非加密区间距为 200 mm，均为四肢箍。

ϕ8@100（4）/150（2），表示箍筋为 HPB235 级钢筋，直径为 8 mm，加密区间距为 100 mm，四肢箍；非加密区间距为 150 mm，双肢箍。

当抗震结构中的非框架梁、悬挑梁、井字梁，及非抗震结构中的各类梁采用不同的箍筋间距及肢数时，也用斜线“/”将其分隔开来。注写时，先注写梁支座端部的箍筋（包括箍筋的箍数、钢筋级别、直径、间距与肢数），在斜线后注写梁跨中部分的箍筋间距及肢数。

例如，13ϕ10@150/200（4），表示箍筋为 HPB235 级钢筋，直径为 10 mm；梁的两端各有 13 个四肢箍，间距为 150 mm；梁跨中部分间距为 200 mm，四肢箍。

18ϕ12@150（4）/200（2），表示箍筋为 HPB235 级钢筋，直径为 12 mm；梁的两端各有 18 个四肢箍，间距为 150 mm；梁跨中部分间距为 200 mm，双肢箍。

（4）梁上部通长筋或架立筋配置（通长筋可为相同或不相同直径采用搭接连接，机械连接或对焊连接的钢筋）为必注值。所注规格与根数应根据结构受力要求及箍筋肢数等构造要求而定。当同排纵筋中既有通长筋又有架立筋时，应用加号“+”将通长筋和架立筋相连。注写时须将角部纵筋写在加号的前面，架立筋写在加号后面的括号内，以示不同直径及与通长筋的区别。当全部采用架立筋时，则将其写入括号内。

例如，2Φ22 用于双肢箍；2Φ22 +（4Φ12）用于六肢箍，其中 2Φ22 为通长筋，4Φ12 为架立筋。

当梁的上部纵筋和下部纵筋为全跨相同，且多数跨配筋相同时，此项可加注下部纵筋的配筋值，用分号“；”将上部与下部纵筋的配筋值分隔开来，少数跨不同者，采用原位标注。

例如，3Φ22；3Φ20 表示梁的上部配置 3Φ22 的通长筋，梁的下部配置 3Φ20 的通长筋。

（5）梁侧面纵向构造钢筋或受扭钢筋配置为必注值。当梁腹板高度 $h_w \geq 450$ mm 时，须配置纵向构造钢筋，所注规格与根数应符合规范规定此项注写值以大写字母 G 打头，接续注写设置在梁两个侧面的总配筋值，且对称配置。当梁侧面需配置受扭纵向钢筋时，此项注写值以大写字母 N 打头，接续注写配置在梁两个侧面的总配筋值，且对称配置。受扭纵向钢筋应满足梁侧面纵向构造钢筋的间距要求，且不再重复配置纵向构造钢筋。注意：当为梁侧面构造钢筋时，其搭接与锚固长度可取为 $15d$；当为侧面受扭纵向钢筋时，其搭接长度为 l_l 或 l_{lE}（抗震）；其锚固长度与方式同框架梁下部纵筋。

例如，G4Φ12，表示梁的两个侧面共配置 4Φ12 的纵向构造钢筋，每侧各配置 2Φ12。

N6Φ22 表示梁的两个侧面共配置 6Φ22 的受扭纵向钢筋，每侧各配置 3Φ22。

（6）梁顶面标高高差为选注值。梁顶面标高高差，系指梁顶面相对于结构层面标高的高差值，对于位于结构夹层的梁，则指梁顶面相对于结构夹层楼面标高的高差。有高差时，须将其写入括号内，无高差时不注。注意，当其梁的顶面高于所在结构层的楼面标高时，其标高高差为正值，反之为负值。例如，某结构层的楼面标高为 44. 950 m 和 48. 250 m，当某梁的梁顶面标高高差注写为（－0. 050）时，即表明该梁顶面标高分别相对于 44. 950 m 和 48. 250 m 低 0. 05 m。

梁原位标注的内容规定如下：

（1）梁的支座上部包括通长筋在内的所有纵筋：当上部纵筋多于一排时，用斜线“/”将各排纵筋自上而下分开；当同排纵筋有两种直径时，用加号“＋”将两种直径的纵筋相联，注写时将角部纵筋写在前面；当梁中间支座两边的上部纵筋不同时，须在支座两边分别标注；当梁中间支座两边的上部纵筋相同时，可仅在支座一边标注配筋值，另一边省去不注，如图 3-7 所示。

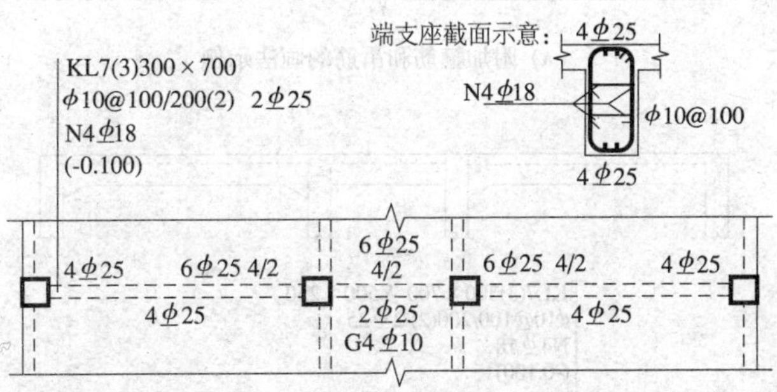

图 3-7　大小跨梁的注写示例

例如，梁支座上部纵筋注写为 6 ϕ 25 4/2，表示梁上一排纵筋为 4 ϕ 25，下一排纵筋为 2 ϕ 25。

梁支座上部纵筋注写为 2 ϕ 25 +2 ϕ 22，表示梁上部四根纵筋，2 ϕ 25 为角筋，2 ϕ 22 为中部筋。

（2）梁下部纵筋：当下部纵筋多于一排时，用斜线“/”将各排纵筋自上而下分开；当同排纵筋有两种直径时，用加号“＋”将两种直径的纵筋相联，注写时角筋写在前面；当梁下部纵筋不全部伸入支座时，将梁支座下部纵筋减少的数量写在括号内；当梁的集中标注中已分别注写了梁上部和下部均为通长筋值时，则不需在梁下部重复做原位标注。

例如，梁下部纵筋注写为 6 ϕ 25 2/4，则表示上一排纵筋为 2 ϕ 25，下一排纵筋为 4 ϕ 25，全部伸入支座。

梁下部纵筋注写为 6 ϕ 25 2 （-2） /4，则表示上排纵筋为 2 ϕ 25，且不伸入支座；下一排纵筋为 4 ϕ 25，全部伸入支座。梁下部纵筋注写为 2 ϕ 25 + 3 ϕ 22 （-3） /5 ϕ 25，则表示上排纵筋为 2 ϕ 25 和 3 ϕ 22，其中 3 ϕ 22 不伸入支座；下一排纵筋为 5 ϕ 25，全部伸入支座。

（3）附加箍筋或吊筋，将其直接画在平面图中的主梁上，用线引注总配筋值（附加箍筋的肢数注在括号内），如图 3-8（a）所示。当多数附加箍筋或吊筋相同时，可在梁平法施工图上统一注明，少数与统一注明值不同时，再原位引注。

施工时应注意：附加箍筋或吊筋的几何尺寸应按照标准构造详图，结合其所在位置的主梁和次梁的截面尺寸而定。

（4）当在梁上集中标注的内容（即梁截面尺寸、箍筋、上部通长筋或架立筋，梁侧面纵向构造钢筋或受扭纵向钢筋，以及梁顶面标高高差中的某一项或几项数值）不适用于某跨或某悬挑部分时，则将其不同数值原位标注在该跨或该悬挑部位，施工时应按原位标注数值取用。当在多跨梁的集中标注中已注明加腋，而该梁某跨的根部却不需要加腋时，则应在该跨原位标注等截面的 $b \times h$，以修正集中标注中的加腋信息，如图 3-8（b）所示。

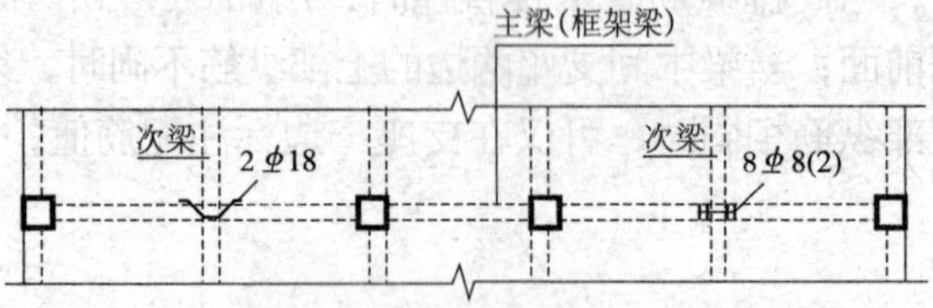

（a）附加箍筋和吊筋的画法示例

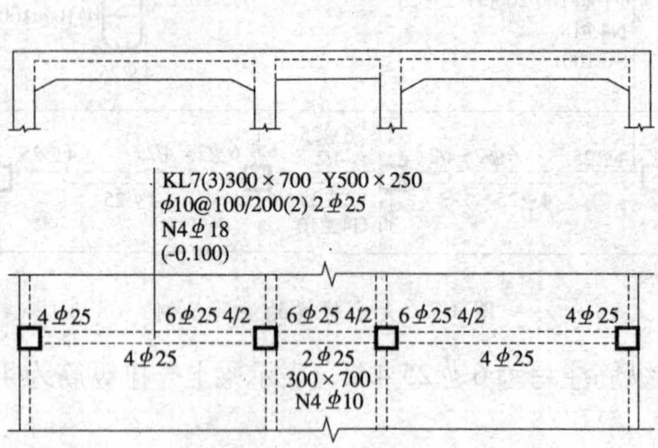

（b）梁加腋平面注写方式表达示例

图 3-8　梁原位标注示例

在梁平法施工图中，当局部梁的布置过密时，可将过密区用虚线框出，适当放大比例后再用平面注写方式表示。采用平面注写方式表达的梁平法施工图示例，如图 3-9 所示。

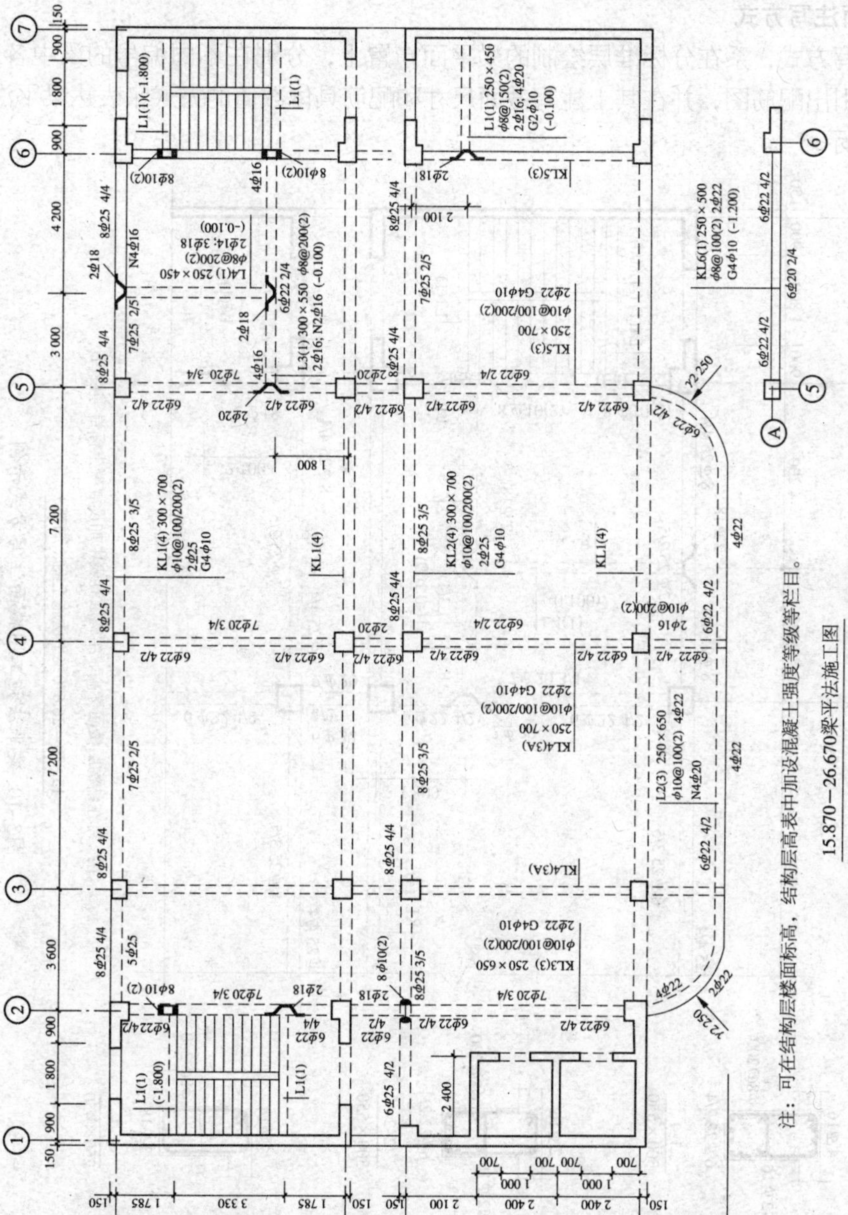

层号	标高(m)	层高(m)
屋面2	65.670	
塔层2	62.370	3.30
屋面1（塔层1）	59.070	3.30
16	55.470	3.60
15	51.870	3.60
14	48.270	3.60
13	44.670	3.60
12	41.070	3.60
11	37.470	3.60
10	33.870	3.60
9	30.270	3.60
8	26.670	3.60
7	23.070	3.60
6	19.470	3.60
5	15.870	3.60
4	12.270	3.60
3	8.670	3.60
2	4.470	4.20
1	-0.030	4.50
-1	-4.530	4.50
-2	-9.030	4.50

结构层楼面标高
结构层高

注：可在结构层楼面标高、结构层高表中加设混凝土强度等级等栏目。

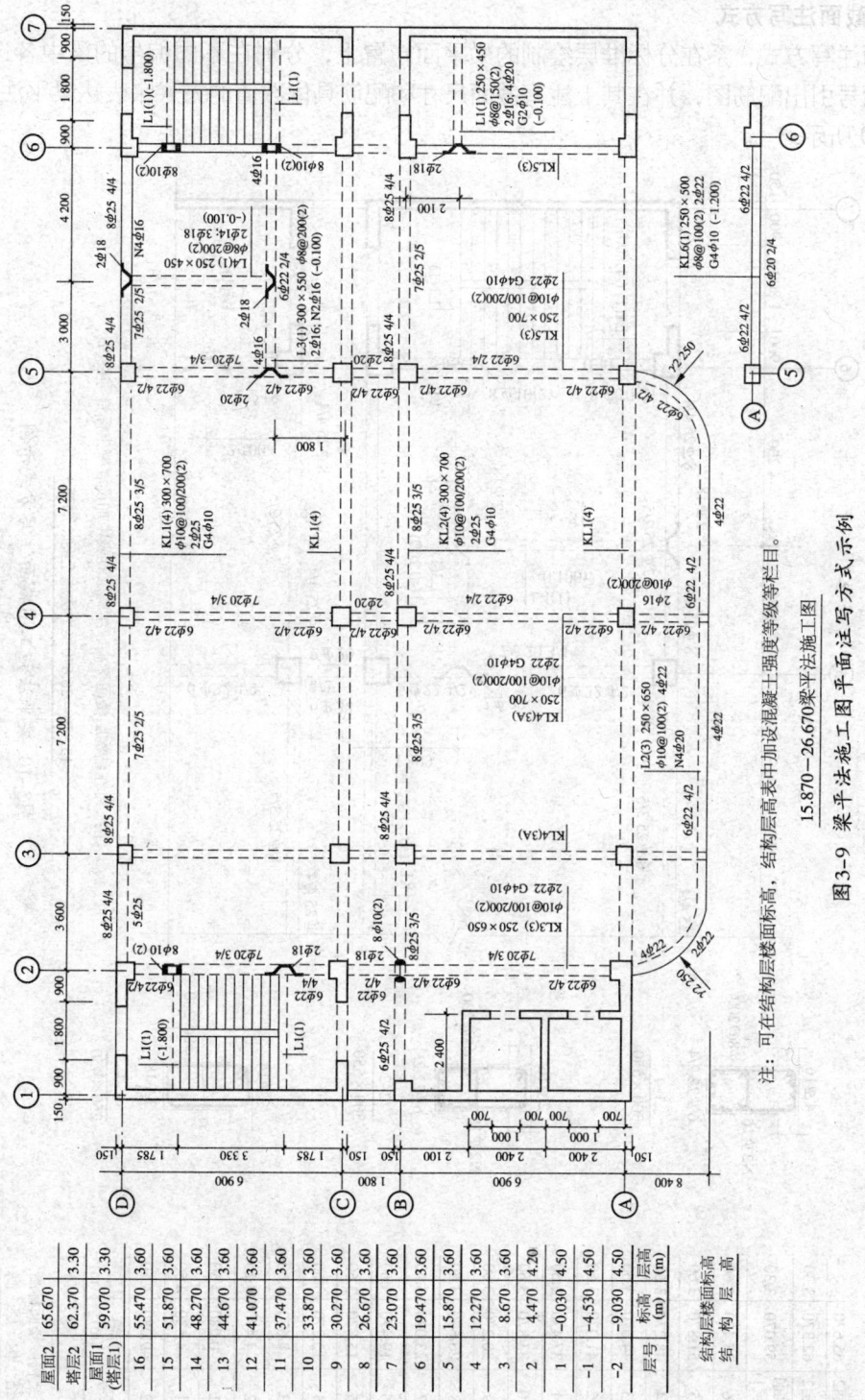

15.870–26.670梁平法施工图

图3-9 梁平法施工图平面注写方式示例

3.5.3 截面注写方式

截面注写方式，系在分标准层绘制的梁平面布置上，分别在不同编号的梁中各选择一根梁用剖面号引出配筋图，并在其上注写截面尺寸和配筋具体数值的方式来表达梁平法施工图，如图 3-10 所示。

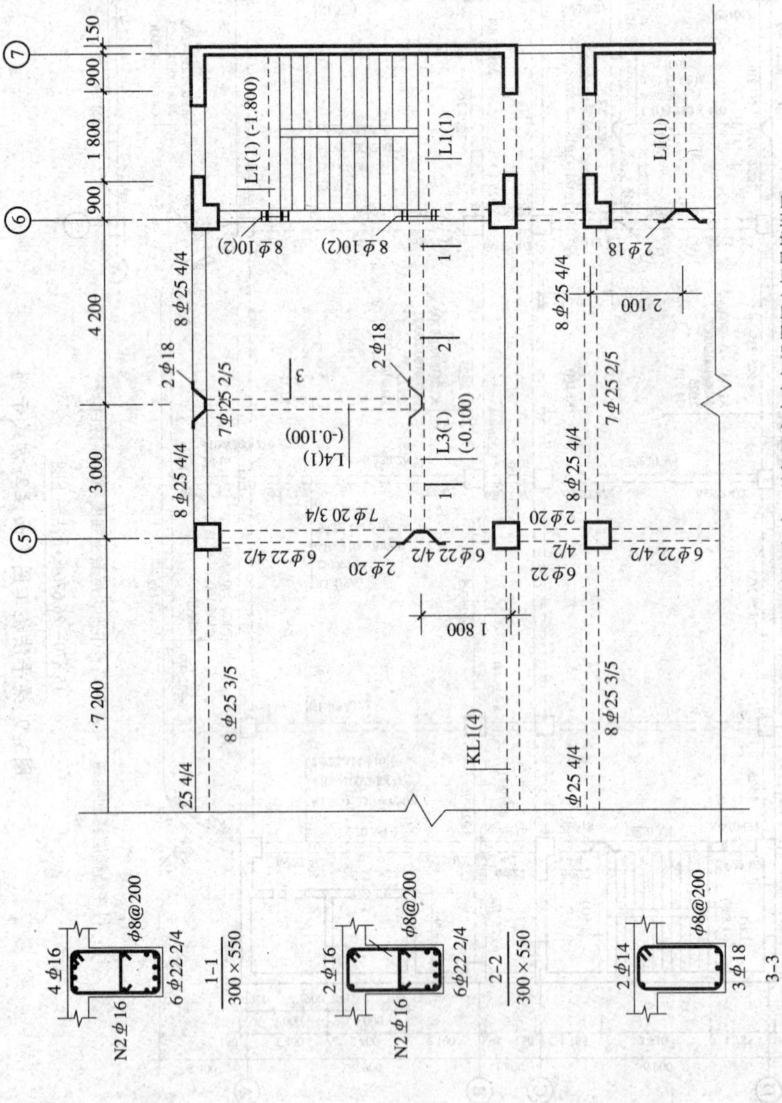

层号	标高(m)	层高(m)
屋面2	65.670	
塔层2	62.370	3.30
屋面1(塔层1)	59.070	3.30
16	55.470	3.60
15	51.870	3.60
14	48.270	3.60
13	44.670	3.60
12	41.070	3.60
11	37.470	3.60
10	33.870	3.60
9	30.270	3.60
8	26.670	3.60
7	23.070	3.60
6	19.470	3.60
5	15.870	3.60
4	12.270	3.60
3	8.670	3.60
2	4.470	4.20
1	-0.030	4.50
-1	-4.530	4.50
-2	-9.030	4.50

结构层楼面标高
结 构 层 高

注：可在结构层楼面标高、结构层高表中加设混凝土标号等栏目。

15.870–26.670梁平法施工图（局部）

图3-10 梁平法施工图截面注写方式示例

对所有梁按表 3-3 的规定进行编号，从相同编号的梁中选择一根梁，先将“单边截面号”画在该梁上，再将截面配筋详图画在本图或其他图上。当某梁的顶面标高与结构层的楼面标高不同时，尚应注写梁编号后注写梁顶面标高高差（注写规定与平面注写方式相同）。

在截面配筋详图上注写截面尺寸 $b\times h$、上部筋、下部筋、侧面构造筋或受扭筋以及箍筋的具体数值时，其表达形式与平面注写方式相同。

截面注写方式既可以单独使用，也可与平面注写方式结合使用。即在梁平法施工图的平面图中，当局部区域的梁布置过密时，除了采用截面注写方式表达外，也可将过密区用虚线框出，适当放大比例后再用平面注写方式表示。当表达异形截面梁的尺寸与配筋时，用截面注写方式相对比较方便。

3.5.4　梁支座上部纵筋的长度规定

为方便施工，凡框架的所有支座和非框架梁（不包括井字梁）的中间支座上部纵筋的延伸长度值在《混凝土结构施工图平面整体表示方法制图规则和构造详图》（03G101—1）中统一取值为：第一排非通长筋及与跨中直径不同的通长筋从柱（梁）边起延伸至 $l_n/3$ 位置；第二排非通长筋延伸至 $l_n/4$ 位置。l_n 的取值规定：对于端支座，l_n 为本跨的净跨值；对于中间支座，l_n 为支座两边较大一跨的净跨值。

悬挑梁（包括其他类型梁的悬挑部分）上部第一排纵筋延伸至梁端头并下弯，第二排延伸至 $3l/4$ 位置，l 为自柱（梁）边算起的悬挑净长。当具体工程需将悬挑梁中的部分上部筋从悬挑梁根部开始斜向弯下时，应由设计者另加注明。

3.5.5　梁平法施工图识读要点

梁平法施工图的实例详见单元 7，其识读应掌握以下主要内容：

（1）熟悉各层梁的平面布置，包括结构平面总尺寸线、梁定位尺寸线、截面尺寸、标高、结构配件、编号及其数量。

（2）熟悉各梁的配筋方法和表达方式，包括梁纵筋的布置与截断位置和纵筋搭接长度、箍筋的形式与加密区的范围、梁上结构配件的索引位置及其配筋详图。

（3）熟悉各梁中预埋件的布置、定位尺寸与细部尺寸。

（4）熟悉各梁与柱和墙体的连接构造要求。

（5）熟悉图中的附加说明及其材料选用。

3.6　剪力墙平法施工图

3.6.1　剪力墙平法施工图的表示方法

剪力墙平法施工图系在剪力墙平面布置图上采用列表注写方式或截面注写方式表达。剪力墙平面布置图可采用适当比例单独绘制，也可与柱或梁平面布置图合并绘制。当剪力墙较复杂或采用截面注写方式时，应按标准层分别绘制剪力墙平面布置图。在剪力墙平法施工图中，应当采用表格或其他方式注明各结构层的楼面标高、结构层高及相应的结构层号。对于轴线未居中的剪力墙（包括端柱），应标注其偏心定位尺寸。

3.6.2　列表注写方式

为表达清楚、简便，剪力墙可视为由剪力墙柱、剪力墙身和剪力墙梁三类构件构成。

列表注写方式，系分别在剪力墙柱表、剪力墙身表和剪力墙梁表中，对应于剪力墙平面布置图上的编号，用绘制截面配筋图并注写几何尺寸与配筋具体数值的方式，来表达剪力墙平法施工图，如图3-11（a）及图3-11（b）所示。

剪力墙身、剪力墙梁（简称为墙柱、墙身、墙梁三类构件）编号具体如下。

1. 墙柱编号

由墙柱类型代号和序号组成，表达形式应符合表3-4的规定。各类墙柱的截面形状与几何尺寸等如图3-12所示。

表3-4 墙柱编号

墙柱类型	代号	序号
约束边缘暗柱	YAZ	XX
约束边缘端柱	YDZ	XX
约束边缘翼墙（柱）	YYZ	XX
约束边缘转角墙（柱）	YJZ	XX
构造边缘端柱	GDZ	XX
构造边缘暗柱	GAZ	XX
构造边缘翼墙（柱）	GYZ	XX
构造边缘转角墙（柱）	GJZ	XX
非边缘暗柱	AZ	XX
扶壁柱	FBZ	XX

2. 墙身编号

由墙身代号、序号以及墙身所配置的水平与竖向分布钢筋的排数组成，其中，排数注写在括号内，表达形式为QXX（X排）。

（1）在标号中，如若干墙柱的截面尺寸与配筋均相同，仅截面与轴线的关系不同时，可将其编为同一墙柱号；又如若干墙身的厚度尺寸和配筋均相同，仅墙厚与轴线的关系不同或墙身长度不同时，也可将其编为同一墙身号。

（2）对于分布钢筋网的排数规定：非抗震且当剪力墙厚度大于160时，应配置双排；当其厚度不大于160时，宜配置双排。抗震且当剪力墙厚度不大于400时，应配置双排；当剪力墙厚度大于400，但不大于700时，宜配置三排；当剪力墙厚度大于700时，宜配置四排。各排水平分布钢筋和竖向分布钢筋的直径与间距应保持一致。当剪力墙配置的分布钢筋多于两排时，剪力墙拉筋两端应同时钩住外排水平纵筋和竖向纵筋，还应与剪力墙内排水平纵筋和竖向纵筋绑扎在一起。

3. 墙梁编号

由墙梁类型代号和序号组成，表达形式应符合表3-5的规定。

表3-5 墙梁编号

墙梁类型		代号	序号
连梁	无交叉暗撑及无交叉钢筋	LL	XX
	有交叉暗撑	LL（JC）	XX
	有交叉钢筋	LL（JG）	XX
暗梁		AL	XX
边框梁		BKL	XX

注：在具体工程中，当某些墙身需设置暗梁或边框梁时，宜在剪力墙平法施工图中绘制暗梁或边框梁的平面布置简图并编号（见图3-11（a）示例），以明确其具体位置。

在剪力墙柱表中表达的内容规定如下：

（1）注写墙柱编号（表3-4）和绘制该墙柱的截面配筋图，此外：

① 对于约束边缘端柱YDZ，需增加标注几何尺寸$b_c \times h_c$。该柱在墙身部分的几何尺寸按03G101-1标准图集YDZ的标准构造详图取值，设计不注。当设计者采用与该构造详图不同的

层号	标高 (m)	层高 (m)
屋面2	65.670	
塔层2	62.370	3.30
屋面1 (塔层1)	59.070	3.30
16	55.470	3.60
15	51.870	3.60
14	48.270	3.60
13	44.670	3.60
12	41.070	3.60
11	37.470	3.60
10	33.870	3.60
9	30.270	3.60
8	26.670	3.60
7	23.070	3.60
6	19.470	3.60
5	15.870	3.60
4	12.270	3.60
3	8.670	3.60
2	4.470	4.20
1	-0.030	4.50
-1	-4.530	4.50
-2	-9.030	4.50

底部加强部位（2、1层）

结构层楼面标高
结 构 层 高

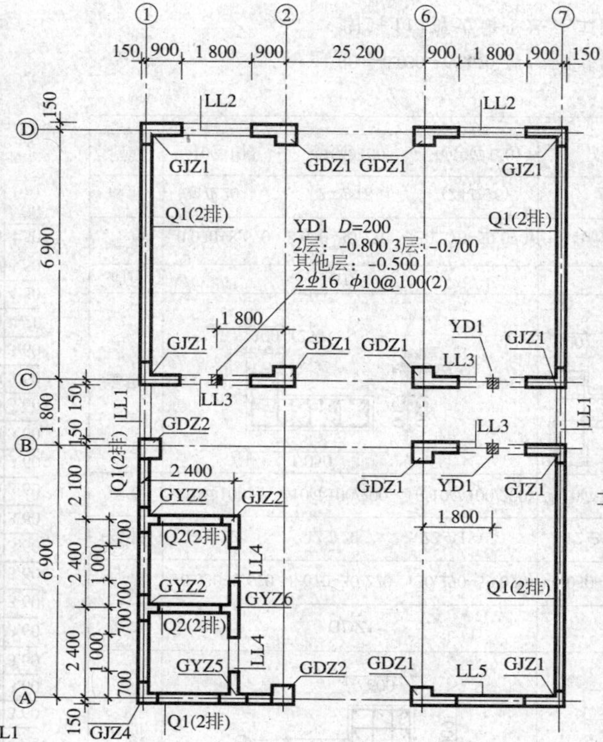

注：可在结构层楼面标高、结构层高表中加设混凝土强度等级等栏目。

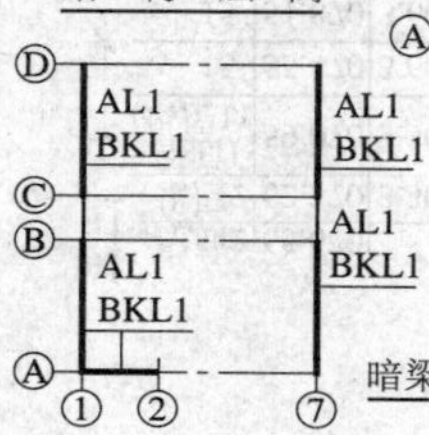

暗梁，边框梁布置简图

剪力墙梁表

编号	所在楼层号	梁顶相对标高高差	梁截面 $b\times h$	上部纵筋	下部纵筋	侧面纵筋	箍筋
LL1	2—9	0.800	300×2 000	4Φ22	4Φ22	同Q1水平分布筋	ϕ10@100(2)
	10—16	0.800	250×2 000	4Φ20	4Φ20		ϕ10@100(2)
	屋面		250×1 200	4Φ20	4Φ20		ϕ10@100(2)
LL2	3	-1.200	300×2 520	4Φ22	4Φ22	同Q1水平分布筋	ϕ10@150(2)
	4	-0.900	300×2 070	4Φ22	4Φ22		ϕ10@150(2)
	5—9	-0.900	300×1 770	4Φ22	4Φ22		ϕ10@150(2)
	10—屋面1	-0.900	250×1 770	3Φ22	3Φ22		ϕ10@150(2)
LL3	2		300×2 070	4Φ22	4Φ22	同Q1水平分布筋	ϕ10@100(2)
	3		300×1 770	4Φ22	4Φ22		ϕ10@100(2)
	4—9		300×1 170	4Φ22	4Φ22		ϕ10@100(2)
	10—屋面1		250×1 170	3Φ22	3Φ22		ϕ10@100(2)
LL4	2		250×2 070	3Φ20	3Φ20	同Q2水平分布筋	ϕ10@120(2)
	3		250×1 770	3Φ20	3Φ20		ϕ10@120(2)
	4—屋面1		250×1 170	3Φ20	3Φ20		ϕ10@120(2)
AL1	2—9		300×600	3Φ20	3Φ20		ϕ8@150(2)
	10—16		250×500	3Φ18	3Φ18		ϕ8@150(2)
BKL1	屋面1		500×750	4Φ22	4Φ22		ϕ10@150(2)

剪力墙身表

编号	标高	墙厚	水平分布筋	垂直分布筋	拉筋
Q1(2排)	-0.30—30.270	300	ϕ12@250	ϕ12@250	ϕ6@500
	30.270—59.070	250	ϕ10@250	ϕ10@250	ϕ6@500
Q2(2排)	-0.30—30.270	250	ϕ10@250	ϕ10@250	ϕ6@500
	30.270—59.070	200	ϕ10@250	ϕ10@250	ϕ6@500

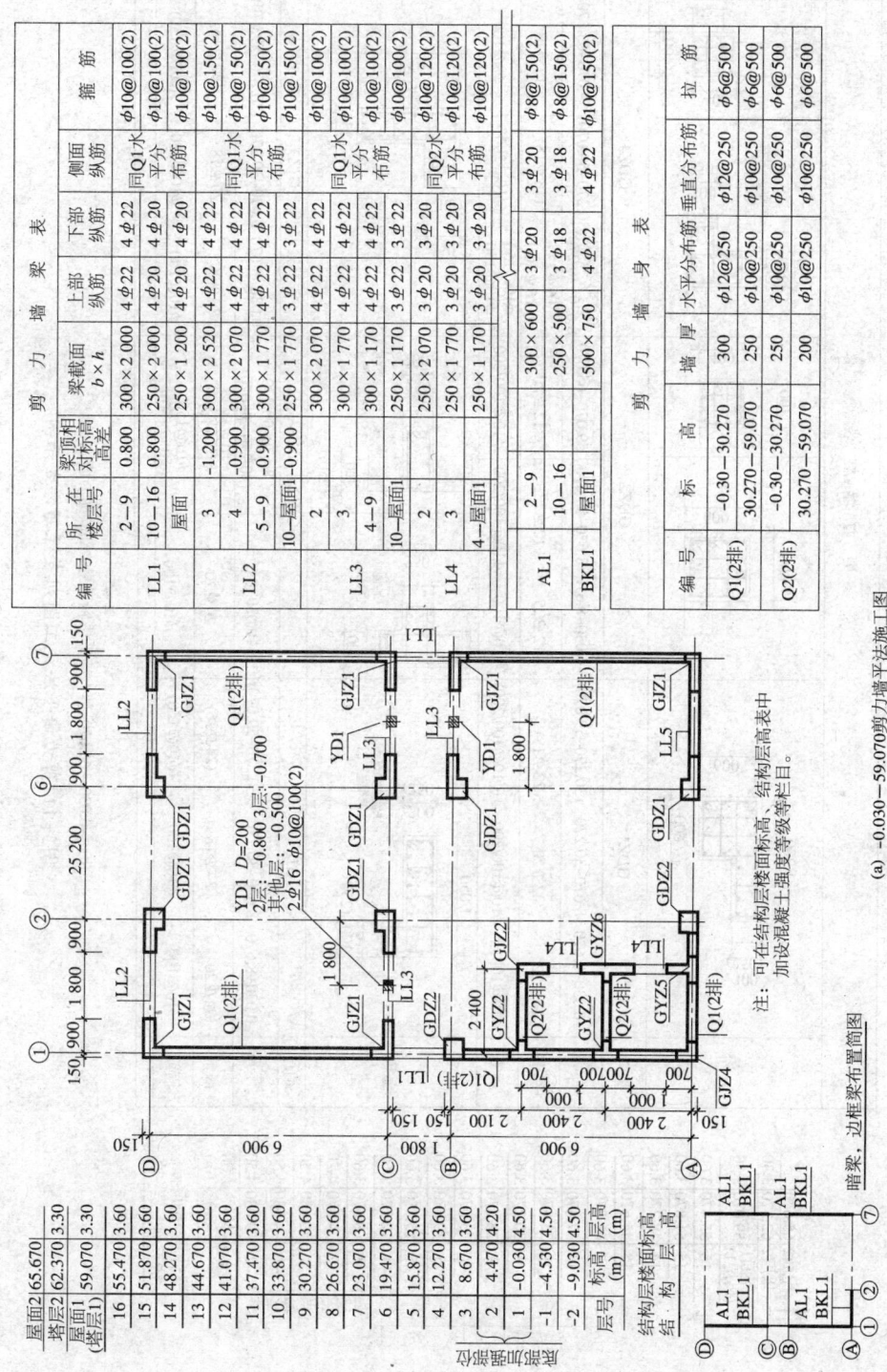

(a) -0.030—59.070剪力墙平法施工图

层号	标高 (m)	层高 (m)
屋面2	65.670	
塔层2	62.370	3.30
屋面1 (塔层1)	59.070	3.30
16	55.470	3.60
15	51.870	3.60
14	48.270	3.60
13	44.670	3.60
12	41.070	3.60
11	37.470	3.60
10	33.870	3.60
9	30.270	3.60
8	26.670	3.60
7	23.070	3.60
6	19.470	3.60
5	15.870	3.60
4	12.270	3.60
3	8.670	3.60
2	4.470	4.20
1	-0.030	4.50
-1	-4.530	4.50
-2	-9.030	4.50

底部加强部位

结构层楼面标高
结 构 层 高

$2b_f$ b_w $2b_f$

剪 力 墙 柱 表

截面

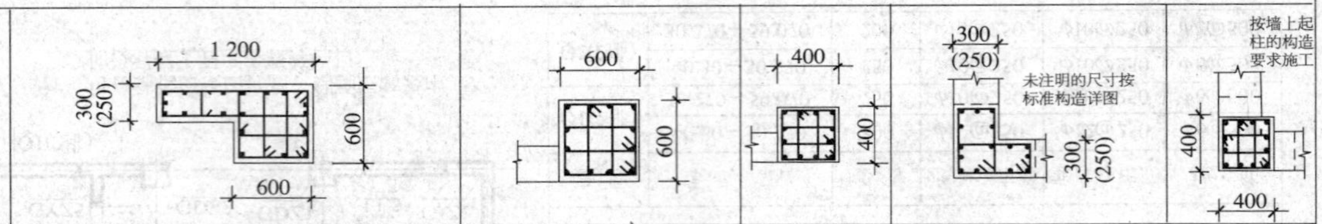

编号	GDZ1			GDZ2			GDZ4		
标高	-0.030~8.670	8.670~30.270	(30.270~59.070)	-0.030~8.670	8.670~59.070	59.070~65.670	-0.030~8.670 8.670~30.270	(30.270~59.070)	59.070~65.670
纵筋	22ϕ22	22ϕ20	(22ϕ18)	12ϕ25	12ϕ22	12ϕ20	16ϕ22 16ϕ20	(16ϕ18)	12ϕ18
箍筋	ϕ10@100	ϕ10@100/200	(ϕ10@100/200)	ϕ10@100	ϕ10@100/200	ϕ10@100/200	ϕ10@150 ϕ10@150	(ϕ10@200)	ϕ8@100

截面

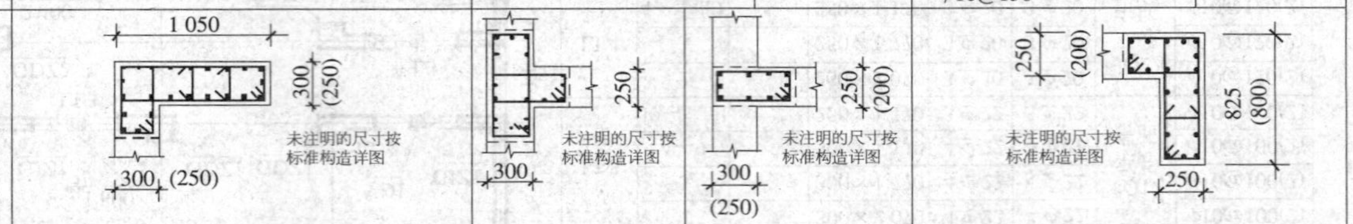

编号	GJZ1			GJZ2		GJZ3		
标高	-0.030~8.670	8.670~30.270	(30.270~59.070)	-0.030~8.670	8.670~30.270 (30.270~59.070)	-0.030~8.670	8.670~30.270	(30.270~59.070)
纵筋	24ϕ20	24ϕ18	(24ϕ16)	20ϕ20	10ϕ18 (10ϕ18)	20ϕ20	20ϕ18	(20ϕ18)
箍筋	ϕ10@100	ϕ10@150	(ϕ10@150)	ϕ10@100	ϕ10@150 (ϕ10@150)	ϕ10@100	ϕ10@150	(ϕ10@150)

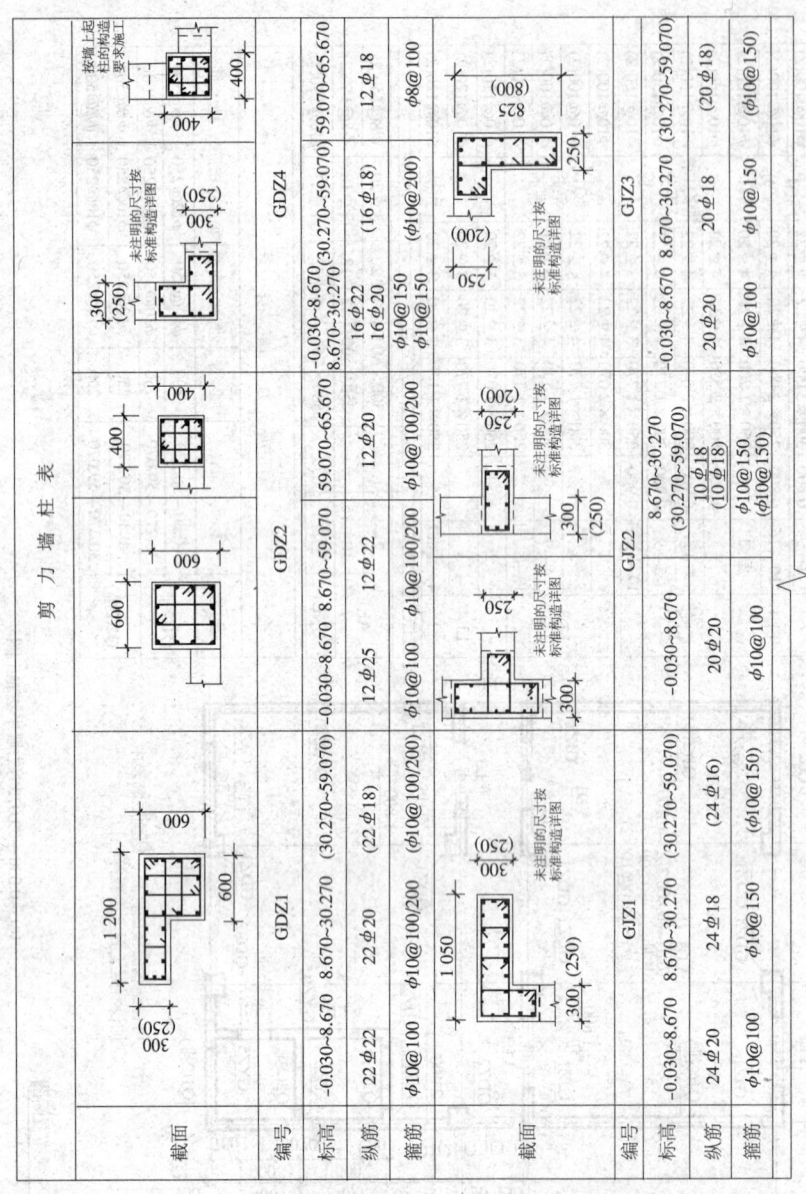

(b) -0.030—65.670 剪力墙平法施工图（部分剪力墙柱表）

图3-11 剪力墙平法施工图列表注写方式示例

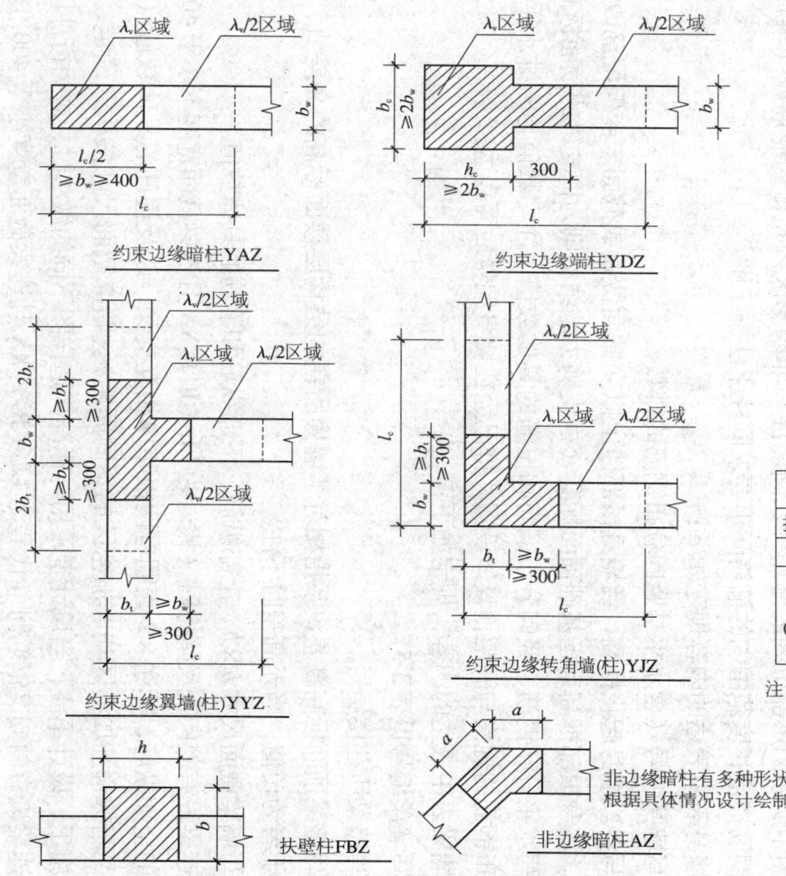

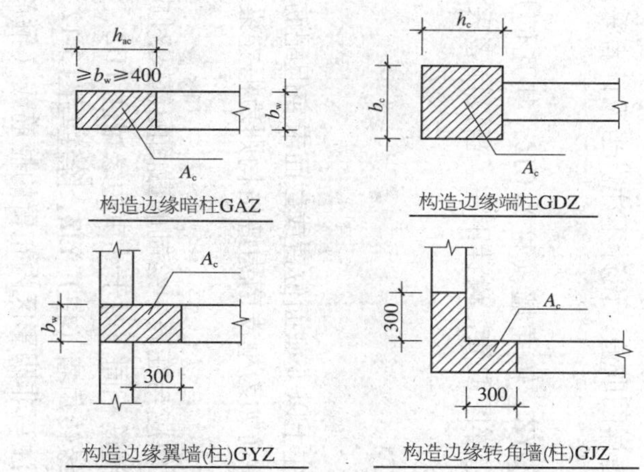

约束边缘构件沿墙肢的长度l_c及配箍特征值 λ_v				
抗震等级(设防烈度)		一级(9度)	一级(7、8度)	二 级
λ_v		0.2	0.2	0.2
l_c (mm)	暗柱	$0.25h_w$、$1.5b_w$、450中的最大值	$0.2h_w$、$1.5b_w$、450中的最大值	$0.2h_w$、$1.5b_w$、450中的最大值
	端柱、翼墙或转角墙	$0.2h_w$、$1.5b_w$、450中的最大值	$0.15h_w$、$1.5b_w$、450中的最大值	$0.15h_w$、$1.5b_w$、450中的最大值

注：1. 翼墙长度小于其厚度3倍时，视为无翼墙剪力墙；端柱截面边长小于墙厚2倍时，视为无端柱剪力墙；

2. 约束边缘构件沿墙肢长度除满足上表中的要求外，当有端柱、翼墙或转角墙时，尚不应小于翼墙厚度或墙柱沿墙肢方向截面高度加300 mm；

3. 约束边缘构件的箍筋或拉筋沿竖向的间距，对一级抗震等级不宜大于100 mm；对二级抗震等级不宜大于150 mm；

4. h_w为剪力墙墙肢的长度。

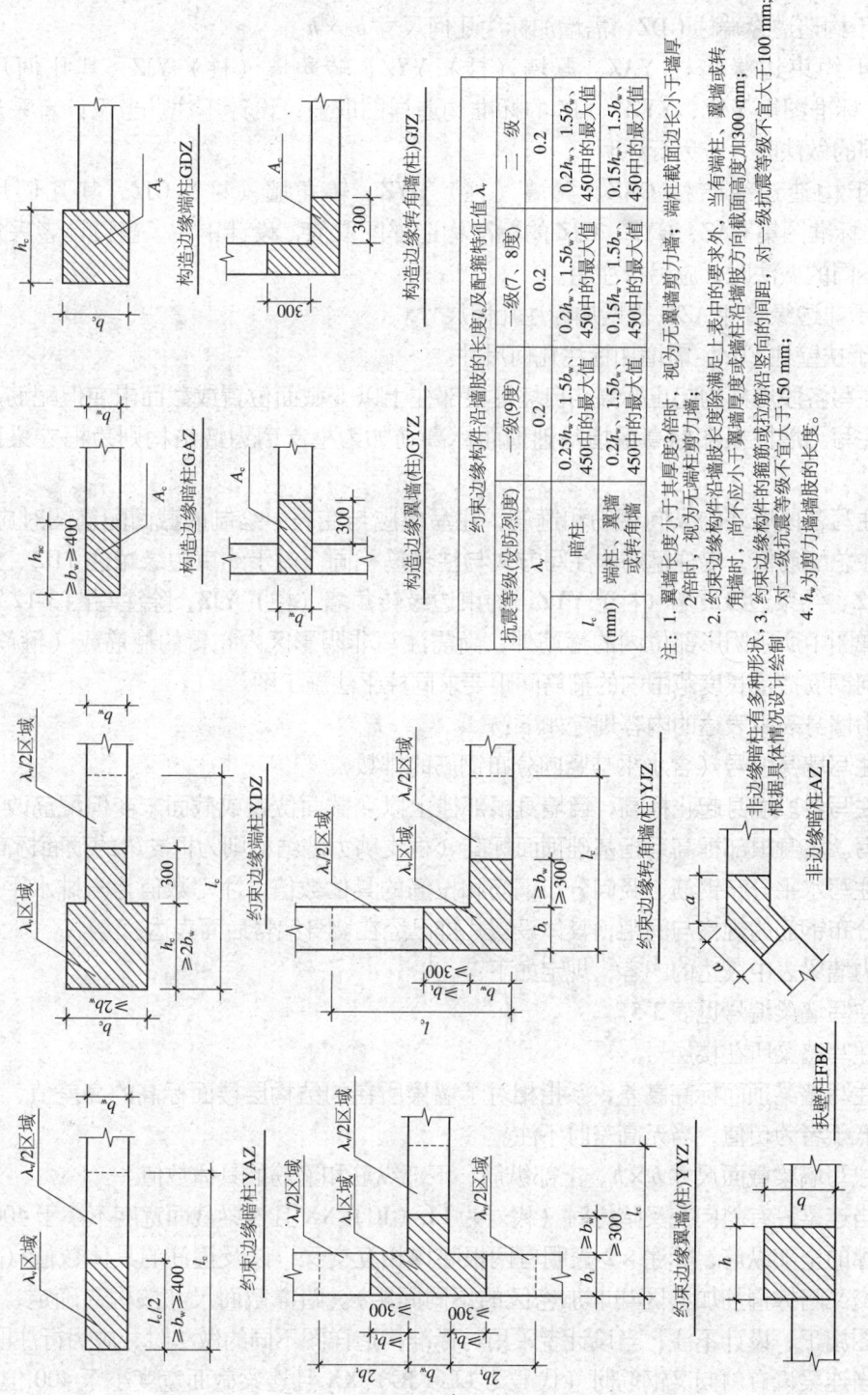

图3-12 各类墙柱的截面形状与几何尺寸

做法时，应另行注明。

② 对于构造边缘端柱 GDZ，需增加标注几何尺寸 $b_c \times h_c$。

③ 对于约束边缘暗柱 YAZ、翼墙（柱）YYZ、转角墙（柱）YJZ，其几何尺寸按 03G101—1 标准图集 YAZ，YYZ，YJZ 的标准构造详图取值，设计不注。当设计者采用与构造详图不同的做法时，应另行注明。

④ 对于构造边缘暗柱 GAZ、翼墙（柱）GYZ、转角墙（柱）GJZ，其几何尺寸按 03G101—1 标准图集 GAZ，GYZ，GJZ 的标准构造详图取值，设计不注。当设计者采用与该构造详图不同的做法时，应另行注明。

⑤ 对于非边缘暗柱 AZ，需增加标注几何尺寸。

⑥ 对于扶壁柱 FBZ，需增加标注几何尺寸。

（2）注写各段墙柱的起止标高，自墙柱根部往上以变截面位置或截面未变但配筋改变处为界分段注写。墙柱根部标高系指基础顶面标高（如为框支剪力墙结构则为框支梁顶面标高）。

（3）注写各段墙柱的纵向钢筋和箍筋，注写值应与在表中绘制的截面配筋图对应一致。纵向钢筋注总配筋值，墙柱箍筋的注写方式与柱箍筋相同。对于约束边缘端柱 YDZ、约束边缘暗柱 YAZ、约束边缘翼墙（柱）YYZ、约束边缘转角墙（柱）YJZ，除注写图 3-12 和相应标准构造详图中所示阴影部位内的箍筋外，尚需注写非阴影区内布置的拉筋或（箍筋）。所有墙柱纵向钢筋搭接长度范围内的箍筋间距要求同柱平法施工图。

在剪力墙身表中表达的内容规定如下：

（1）注写墙身编号（含水平与竖向分布钢筋的排数）。

（2）注写各段墙身起止标高，自墙身根部往上以变截面位置或截面未变但配筋改变处为界分段注写。墙身根部标高系指基础顶面标高（框支剪力墙结构则为框支梁的顶面标高）。

（3）注写水平分布钢筋、竖向分布钢筋和拉筋的具体数值。注写数值为一排水平分布钢筋和竖向分布钢筋的规格与间距，具体设置几排已经在墙身编号后面表达。

在剪力墙梁表中表达的内容，规定如下：

（1）注写墙梁编号见表 3-5。

（2）注写墙梁所在楼层号。

（3）注写墙梁顶面标高高差，系指相对于墙梁所在的结构层楼面标高的高差值，高于者为正值，低于者为负值，当无高差时不注。

（4）注写墙梁截面尺寸 $b \times h$、上部纵筋、下部纵筋和箍筋的具体数值。

（5）当连梁设有斜向交叉暗撑时（代号为 LL（JC）XX 且连梁截面宽度不小于 400），注写一根暗撑的全部纵筋，标注 ×2 表明有两根暗撑相互交叉，以及箍筋的具体数值（用斜线分隔斜向交叉暗撑箍筋加密区与非加密区的不同间距）。暗撑截面尺寸按构造确定，并按标准构造详图施工，设计不注；当设计者采用与标准构造详图不同的做法时，应另行注明。

（6）当连梁设有斜向叉钢筋时（代号为 LL（JG）XX 且连梁截面宽度小于 400 但不小于 200），注写一道斜向钢筋的配筋值，标注 ×2 表明有两道斜向钢筋相互交叉。当设计者采用与标准构造详图不同的做法时，应另行注明。

注意：设置在墙顶部的连梁，其箍筋构造和斜向交叉暗撑、斜向交叉钢筋构造与非顶部的连梁有所不同，应按各自相应的构造详图施工。

墙梁侧面纵筋的配置，当墙身水平分布钢筋满足连梁、暗梁及边框梁的梁侧面纵向构造钢筋的要求时，该筋配置同墙身水平分布钢筋，表中不注，施工按标准构造详图的要求即可；当不满足时，应在表中注明梁侧面纵筋的具体数值。

3.6.3 截面注写方式

原位注写方式，系在分标准层绘制的剪力墙平面布置图上，以直接在墙柱、墙身、墙梁上注写截面尺寸和配筋具体数值的方式来表达剪力墙平法施工图，如图 3-13 所示。选用适当比例原位放大绘制剪力墙平面布置图，其中对墙柱绘制配筋截面图；对所有墙柱、墙身、墙梁分别按列表注写方式的规定进行编号，并分别在相同编号的墙柱、墙身、墙梁中选择一根墙柱、一道墙身、一根墙梁进行注写，其注写方式按以下规定进行：

（1）从相同编号的墙柱中选择一个截面，标注全部纵筋及箍筋的具体数值（其箍筋的表达方式同柱平法施工图）。对墙柱纵筋搭接长度范围的箍筋间距要求同柱平法施工图。此外，注写要求同剪力墙列表注写方式。

（2）从相同编号的墙身中选择一道墙身，按顺序引注的内容为墙身编号（应包括注写在括号内墙身所配置的水平与竖向分布钢筋的排数）、墙厚尺寸、水平分布钢筋、竖向分布钢筋和拉筋的具体数值。

（3）从相同编号的墙梁中选择一根墙梁，按顺序引注的内容如下：

当连梁无斜向交叉暗撑时，注写墙梁编号、墙梁截面尺寸 $b \times h$、墙梁箍筋、上部纵筋、下部纵筋和墙梁顶面标高高差的具体数值。其中，墙梁顶面标高高差的注写规定同列表注写方式。

当连梁设有斜向交叉暗撑时，还要以 JC 打头附加注写一根暗撑的全部纵筋，标注 ×2 表明有两根暗撑相互交叉，以及箍筋的具体数值（用斜线分隔斜向交叉暗撑箍筋加密区与非密区的不同间距）。交叉暗撑的截面尺寸按构造确定，并按标准构造详图施工，设计不注。

当连梁设有斜向交叉钢筋时，还要以 JG 打头附加注写一道斜向钢筋的配筋值，并标注 ×2表明有两道斜向钢筋相互交叉。

当墙身水平分布钢筋不能满足连梁、暗梁及边框梁的梁侧面纵向构造钢筋的要求时，应补充注明梁侧面纵筋的具体数值，注写时，以大写字母 G 打头，接续注写直径与间距。

例如，GΦ10@150，表示墙梁两个侧面纵筋对称配置为：HPB235 级钢筋，直径为10 mm，间距为 150 mm。

3.6.4 剪力墙平法施工图识读要点

剪力墙平法施工图的识读应掌握以下主要内容：

（1）熟悉各层墙柱、墙身、墙梁的平面布置，包括结构平面总尺寸线、构件定位尺寸线、截面尺寸、标高、结构配件、编号及其数量。

（2）熟悉各墙柱、墙身、墙梁的配筋方法和表达方式，包括纵筋（含水平与竖向钢筋）

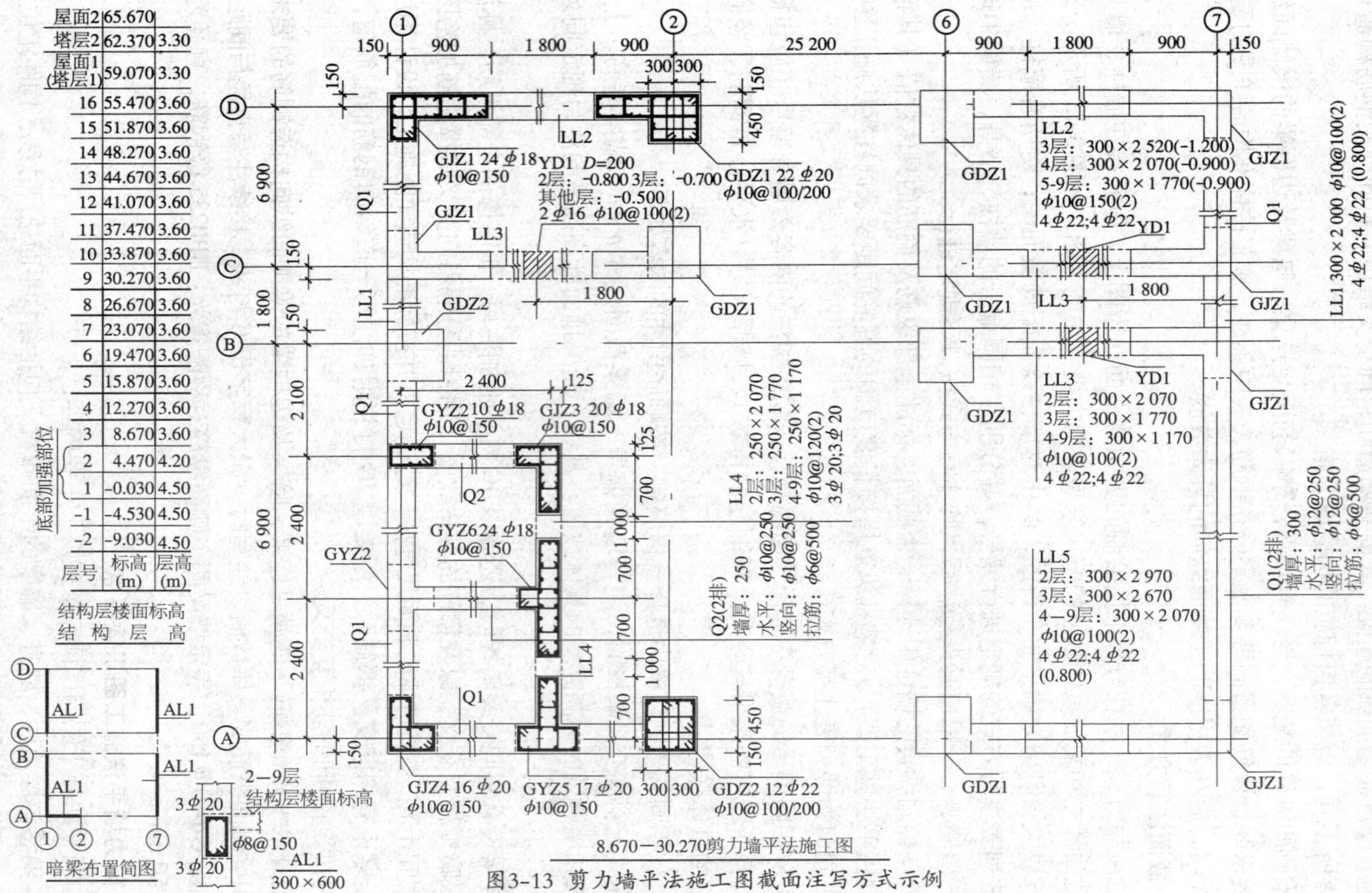

图3-13 剪力墙平法施工图截面注写方式示例

的布置与截断位置和纵筋搭接长度、箍筋的形式与加密区的范围、墙上结构配件的索引位置及其配筋详图。

（3）熟悉各墙柱、墙身、墙梁中预埋件的布置、定位尺寸与细部尺寸。

（4）熟悉各墙柱、墙身、墙梁与楼（屋）面板的连接构造要求。

（5）熟悉图中的附加说明及其材料选用。

3.7 基础施工图

基础施工图是表示房屋地面以下基础部分的结构平面布置、基础形式、细部尺寸、材料选用和构造做法的技术文件。它是进行施工放线、地基处理、基槽开挖、基础施工、地下结构施工和回填土的主要依据，也是施工方案、施工组织和工程预决算的主要依据之一。

基础施工图的内容与基础的类型有关，它包括基础平面布置图、基础详图、基础梁平法配筋图、基础底板配筋图（筏基、箱基有）和基础顶板配筋图（仅箱基有）；当存在软弱地基时，还应包括地基处理或复合地基施工图，或桩位布置图与桩身详图；当为超高层建筑时，还应包括地下各层结构的施工图。

根据《地基基础设计规范》(GB 50007—2001)，基础的形式可分为以下几类：刚性基础、扩展基础（墙下条形基础和柱下独立基础）、柱下条形基础、十字交叉基础、筏式基础、箱形基础、岩石锚杆基础、桩基础、桩筏基础和桩箱基础。

地下各层结构的施工图表示方法与上部结构的施工图表示方法相同，基础底板配筋图和基础顶板配筋图的施工图表示方法也与上部结构楼面板的施工图表示方法相同，基础梁平法配筋图与上部结构梁平法配筋图也基本相似，区别仅在于梁柱节点处的构造不同，识读方法这里不再重复。下面仅介绍基础平面布置图、基础详图和桩位布置图及其桩基详图的表示方法与识读要点。

3.7.1 基础平面布置图

1. 基础平面布置图的表示方法与主要内容

基础平面布置图是用一个假想的水平剖切面，沿建筑物基础顶面标高以上的部位把建筑物水平剖切开，移去剖切面以上的建筑物和回填土，向下作水平投影所得到的图样，是表示房屋基础部分的结构平面布置、基础形式、定位尺寸、材料选用和构造做法的技术文件。

2. 基础平面布置图的识读要点

基础平面布置图的实例详见单元7，其识读应掌握以下主要内容：

（1）熟悉基础平面布置图的图名和比例。当房屋体形较长或较大时，基础平面布置图可以分段绘制。基础平面布置图的制图比例一般采用1 ∶ 100。

（2）熟悉各基础的平面布置，包括基础结构平面总尺寸、各基础定位尺寸、基础控制标高、各基础的编号及其数量。

（3）熟悉各基础的详图索引位置及其编号。

（4）熟悉基坑或基槽开挖的控制尺寸、台阶比例与放坡要求，地下水位变化情况，地基持力层的位置，地基局部处理或整体托换的施工要求与检验方法。

(5) 对于坡地建筑，应熟悉部分基础与基础联系梁等基础结构构件的混合布置方法，及其各基础结构构件的定位尺寸、控制标高与连接构造要求。

(6) 熟悉地沟与孔洞或预埋件在基础中的定位尺寸、控制标高、细部尺寸和构造做法。

(7) 熟悉图中的附加说明及其材料选用。

3.7.2 基础详图

1. 基础详图的表示方法与主要内容

基础详图是把基础平面布置图中的基础结构构件采用较大的比例单独绘制并增加绘制其断面图的图样，是表示房屋基础结构构件的平面和断面形式、定位尺寸、细部尺寸、埋置深度、材料选用和构造做法的技术文件。

2. 基础详图的识读要点

基础详图的实例详见单元7，其识读应掌握以下主要内容：

(1) 熟悉基础详图的图名和比例。基础详图的制图比例一般采用1：10，1：20，1：30等；对于基础预埋件详图，其制图比例也可采用1：1，1：2，1：3，1：5等。

(2) 熟悉各基础结构构件的平面和断面形式、定位尺寸、细部尺寸、基础底面标高和埋置深度。

(3) 熟悉各基础结构构件的材料选用、配筋方法、结构构造要求与构造做法。

(4) 熟悉各基础与基础、基础与基础结构构件之间的连接构造要求。

(5) 熟悉各基础与基础上部的柱和墙体的连接构造要求。

(6) 熟悉图中的附加说明及其材料选用。

3.7.3 桩位平面布置图与桩基详图

1. 桩位平面布置图与桩基详图的表示方法与主要内容

桩基平面布置图与基础平面布置图的表示方法相同，是表示房屋桩基础承台和桩承台连梁的结构平面布置、桩承台形式、定位尺寸、材料选用和构造做法的技术文件，其识读方法与基础平面布置图的识读方法相同。

桩位平面布置图是用一个假想的水平剖切面，沿建筑物基础底面或桩承台底面标高处把建筑物水平剖切开，移去剖切面以上的建筑物和回填土，向下作水平投影所得到的图样。是表示房屋桩基础部分或复合地基的桩平面布置、定位尺寸、材料选用、构造做法和检测验收要求的技术文件。

桩基详图的表示方法是详图法的柱配筋图的表示方法与基础详图的表示方法相结合。主要内容包括桩身纵断面配筋图、桩身横断面配筋图、桩承台配筋图和桩承台连梁配筋图。是表示桩基础的纵横断面形式、定位尺寸、细部尺寸、埋置深度、桩身长度、材料选用和构造做法的技术文件。

2. 桩位平面布置图的识读要点

桩位平面布置图的实例详见单元7，其识读应掌握以下主要内容：

(1) 熟悉桩位平面布置图的图名和比例。当房屋体形较长或较大时，桩位平面布置图可以分段绘制。桩位平面布置图的制图比例一般采用1：100。

（2）熟悉桩基础或复合地基的桩位平面布置、定位尺寸、各桩的编号和根数、试验桩的位置与根数。工程桩的代号用 ZH 表示，当工程桩为抗拔桩时其代号用 BZH 表示，试验桩的代号用 SZH 表示。

（3）熟悉桩长与桩端持力层的埋置深度成正比，以及桩端进入持力层的埋深和桩端与持力层的嵌固构造要求。

（4）熟悉桩基础与各种复合地基（石灰桩、砂桩、碎石桩、水泥土搅拌桩、CFG 桩、树根桩等）桩的检测试验方法。

（5）熟悉桩长、桩间土的地质分布、地下水位、地下水的性质与桩基的施工工艺的关系以及桩间土负摩阻力的影响。

（6）熟悉桩承台底面或复合地基基础底面桩间土的地基处理要求、材料选用和构造做法。

（7）熟悉图中的附加说明及其材料选用。

3. 桩基详图的识读要点

（1）熟悉各桩基础详图的图名、比例和断面剖切部位与编号。桩基详图的制图比例一般采用 1 ∶ 10，1 ∶ 20 或 1 ∶ 30。

（2）熟悉桩身的纵横断面形式、定位尺寸、细部尺寸、埋置深度、桩身长度等桩身基本参数。

（3）熟悉桩身的类别（预制桩、灌注桩）、相应的施工工艺要求、材料选用和构造做法。当为人工挖孔灌注桩时，还应熟悉桩护壁的施工工艺要求、材料选用和构造做法。

（4）熟悉桩承台的平面和断面形式、定位尺寸、细部尺寸、埋置深度、材料选用和配筋构造要求。

（5）熟悉桩承台连梁的平面和断面形式、定位尺寸、细部尺寸、埋置深度、材料选用和配筋构造要求。

（6）熟悉桩身与桩承台、桩承台与桩承台连梁的连接方法与构造要求。

（7）熟悉图中的附加说明及其材料选用。

单元小结

本单元介绍了结构施工图的主要内容、常用代号与表示方法，重点介绍了钢筋混凝土结构平法施工图的表示方法与识读要点，具体包括：

（1）结构施工图的主要内容与表示方法。

（2）楼屋面板施工图的识读包括模板图、配筋图、局部详图和附加说明四部分的表示方法与识读要点。

（3）柱平法施工图的识读包括采用列表注写方式或截面注写方式表达的各层柱的平面布置、各柱的配筋方法和表达方式、各柱在竖向的截面改变位置与细部尺寸和柱上结构配件的布置、各柱中预埋件的布置与尺寸、各柱与梁和墙体的连接构造要求、图中的附加说明及其材料选用。

（4）梁平法施工图的识读包括采用平面注写方式或截面注写方式表达的各层梁的平面布

置、截面尺寸、配筋方法和表达方式、梁中预埋件的布置与尺寸、与柱和墙体的连接构造要求、图中的附加说明及其材料选用。

（5）剪力墙平法施工图的识读包括采用列表注写方式或截面注写方式表达的各层墙柱、墙身、墙梁的平面布置，各墙柱、墙身、墙梁的配筋方法和表达方式，各墙柱、墙身、墙梁中预埋件的布置与尺寸，与楼（屋）面板的连接构造要求，图中的附加说明及其材料选用。

（6）基础施工图的识读包括基础施工图的主要内容、基础平面布置图的表示方法与识读要点、基础详图的表示方法与识读要点、桩位布置图与桩基详图的表示方法与识读要点。

思考题

1. 结构施工图的作用是什么？包括哪些内容？
2. 结构设计说明包括哪些内容？
3. 钢筋混凝土楼面内对受力钢筋和构造钢筋有哪些要求？
4. 楼屋面板施工图的识读应掌握哪些主要内容？
5. 柱平法施工图中有哪些必注内容？柱纵筋和箍筋是如何表示的？
6. 梁平法施工图的平面注写方式中集中标注与原位标注有何关系？
7. 集中标注与原位标注的内容有哪些规定？
8. 剪力墙平法施工图中对墙柱、墙身、墙梁的编号有哪些规定？有哪些必注内容？墙柱、墙身、墙梁的纵筋、箍筋或分布钢筋是如何表示的？
9. 基础施工图的识读应掌握哪些主要内容？

单元4
建筑给排水施工图识读

4.1　概述
4.2　给排水管道布置平面图
4.3　给排水管道系统轴测图
4.4　建筑给排水施工图的识读
单元小结
思考题

职业能力目标：通过课堂教学与识图实训，使学生掌握建筑给排水施工图的主要内容、表示方法和识读要点，培养学生熟练阅读建筑给排水施工图的能力。

4.1 概述

4.1.1 建筑给水系统的分类、组成和管路基本形式

建筑给水系统根据供水对象不同，可以分为生活、生产和消防给水三大类。对一般民用建筑可只设生活给水系统，当有消防要求时，也可将生活和消防系统合并设置。建筑给水工程的任务是在保证水质、水压、水量的前提下，将净水自室外给水总管引入室内，并分别送到各用水点。

给水系统的组成如图 4-1 所示。

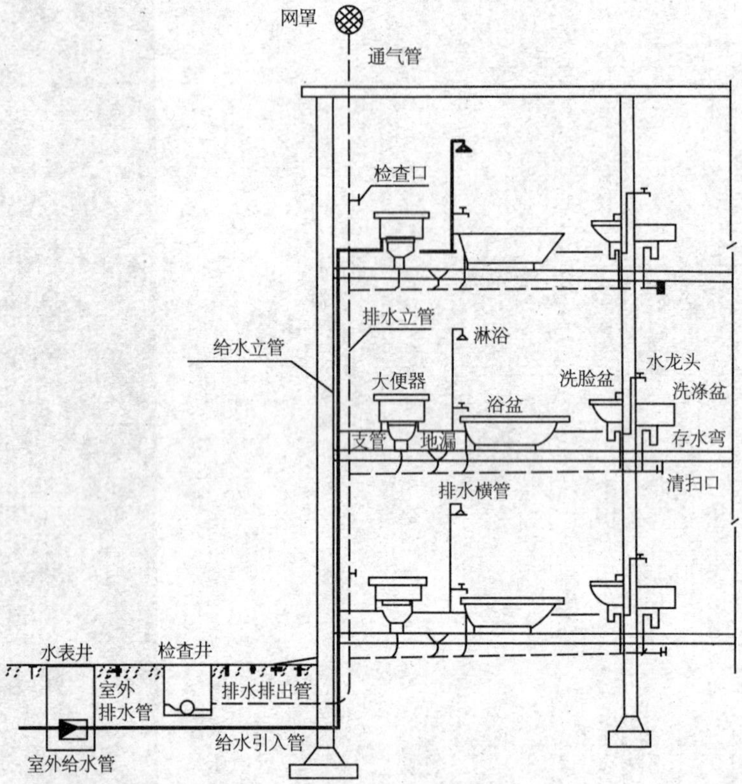

图 4-1 室内给、排水组成示意图

（1）给水引入管是从室外给水管网将自来水引入房屋内部的一段水平管道，宜靠近用水量大的房间和用水点。一般还附有水表和阀门。

（2）给水管网一般包括水平干管、立管和支管。一般情况下管道沿墙靠柱作直线走向，布置成环状或树枝状。

（3）配水附件包括管路上的各种阀门、水表、水龙头等。

（4）升压及贮水设备包括水泵、水箱、蓄水池等。

房屋常用的给水方式如图 4-2 所示。

（1）下行上给式是给水干管敷设在地下或首层地面上，一般用于室外给水管网的水量、水压能满足要求的建筑。

（2）上行下给式是给水干管敷设在屋顶上或顶层的天棚下，多用于有屋顶水箱的建筑。

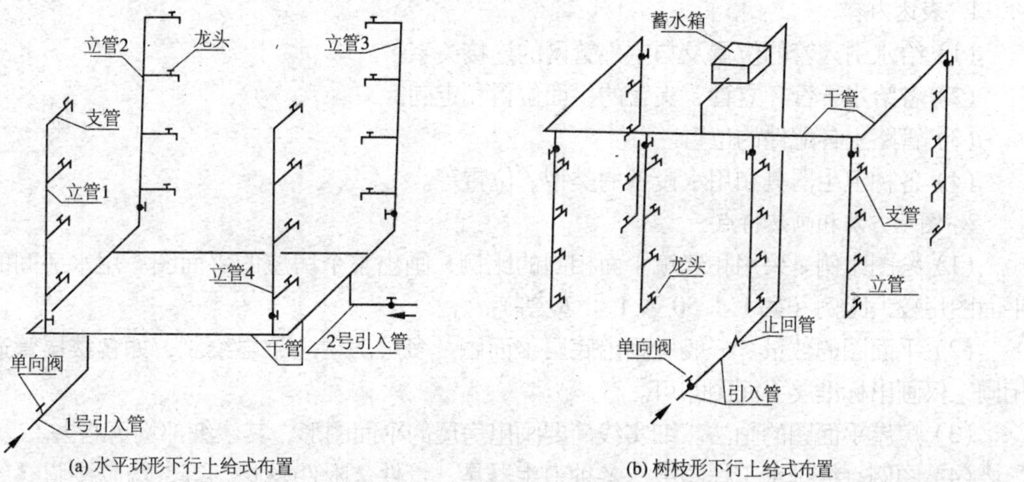

图 4-2　室内给水工程的组成和布置方式

4.1.2　建筑排水系统的分类、组成

建筑排水工程的任务是将房屋卫生设备或生产设备排除的污水通过室内排水管排至室外排水窨井中，其组成如图 4-1 所示。

（1）污废水收集器是指各种卫生器具、排放生产污水的设备和雨水斗。

（2）排水管网包括器具排水管、排水横管、立管和排出管。

（3）通气管一般是指排水立管伸出屋面外，顶端设通气帽，用以排除管内有害气体，平衡管内压力。

（4）清通设备包括检查口、清扫口和室内检查井。

按污水性质分类可分为生活污水排水系统、生产污（废）水排水系统和雨水排水系统。按排水体制分类可分为分流制和合流制两种。分流制是将不同来源的污（废）水分别设置独立的管道系统排放；合流制是不同来源的污（废）水合用一套管道系统排放。

4.1.3　建筑给排水工程图的组成

（1）图纸目录，图幅一般为 A4。

（2）设计说明是统一描述该工程的设计依据、设计所需水量和水压、设备和管材的情况、管道敷设和保温防腐以及系统试压要求等建筑给排水共性问题的技术文件。

（3）管道平面布置图。

（4）给水管道和排水管道系统轴测图。

（5）详图是详细表明给排水施工图中某一部分管道、设备、器材的安装大样图。目前国家及各省市均有相关的安装手册或标准图，施工时应参见有关内容。

4.2 给排水管道布置平面图

4.2.1 建筑给水平面图

室内给水平面图是以建筑平面图为基础（细实线画出建筑平面图）表明给水管道、用水设备、器材等平面位置的图样。

1. 表达内容

（1）给水引入管的位置及与室外管网的连接关系。

（2）各给水干管、立管、支管的平面位置和走向。

（3）管路上各配件的位置。

（4）各种卫生器具和用水设备的类型、位置等。

2. 图示方法和画法特点

（1）绘图比例。采用和建筑平面相同的比例，画出整个房屋的平面图。用水房间的局部平面图用较大比例（如1 ∶ 50 或1 ∶ 20 等）。

（2）平面图的数量。一般应画出底层平面图。多层房屋应分层绘制，如各楼层管道布置相同，仅画出标准层平面图即可。

（3）房屋平面图的画法。细实线简要画出房屋的平面图形，其余细部均可略去。

（4）图例。给排水工程图中，各种卫生器具、管件、附件及阀门等，均应按照《给水排水制图标准》（GB/T 50106—2001）中规定的图例绘制。其中常用的图例摘录见表 4-1。

（5）剖切位置。不受高度限制，凡为本层设施配用的管道均应画在该层平面图中。

（6）卫生器具的画法。通常都另有安装标准图或施工详图表示，在平面图中只需按比例画出图例或外形即可。卫生器具的规格一般写在施工说明中。

（7）管道画法。采用单线绘制平面图中管道，一般给水管道用粗实线表示。当管道为暗装时，管道线应绘在墙身断面内。

（8）管道编号方法。当建筑物的给水引入管或排水排出管数量多于一根时，宜按系统编号。一般给水管道的每一个引入管为一个系统，类别代号为大写字母“J”；排水管道以每一个排出管为一个系统，类别代号为大写字母“P”，标注方法如图 4-3 所示。

建筑物内穿过楼层的立管，其数量多于一根时，应用阿拉伯数字编号，表示形式为“管道类别、立管代号—编号”，标注方法如图 4- 4 所示。

表 4-1　　常用室内给水器材图例

序　号	名　称	图　例	序　号	名　称	图　例
1	管道	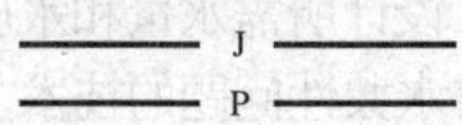	4	闸阀	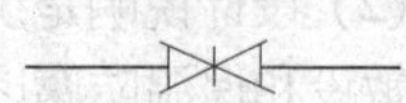
2	多孔管	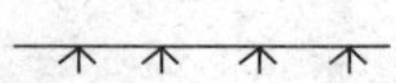	5	水表井	
3	截止阀	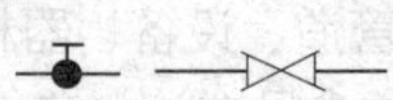	6	水表	

（续表）

序号	名　称	图　例	序号	名　称	图　例
7	泵	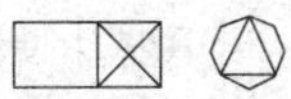	11	室内消火栓（双口）	
8	止回阀		12	淋浴喷头	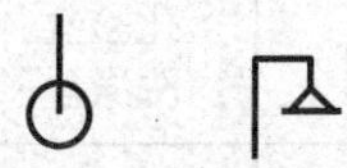
9	龙头		13	自动记压表	
10	室内消火栓（单口）				

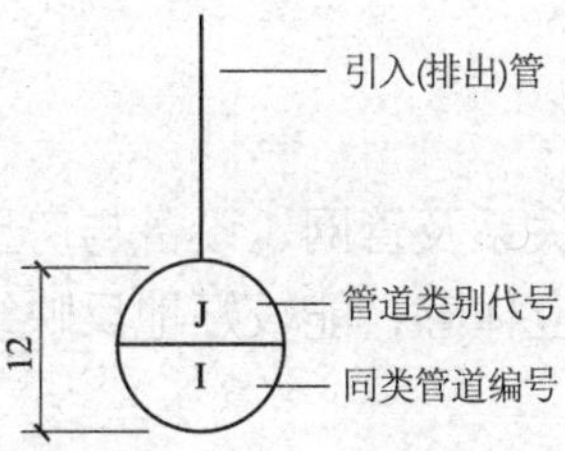

图 4-3　管道系统编号标注方法

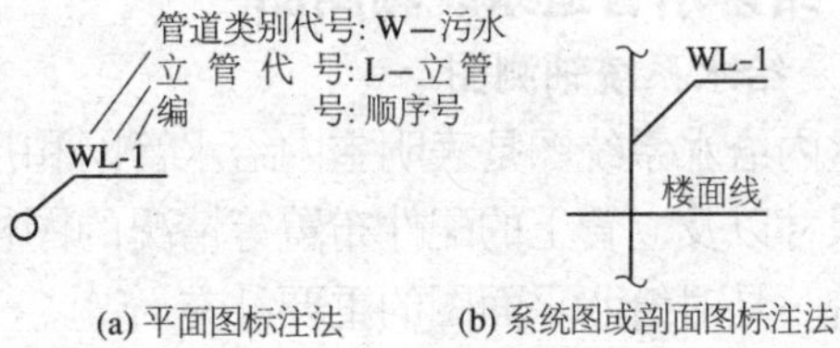

图 4-4　立管编号标注方法

4.2.2　建筑排水平面图

对内容简单的建筑，其排水平面图可与室内给水平面图放在一起来表达，只是排水管道采用粗虚线表示的。其图示特点与画法同给水平面图，都是以建筑平面图为基础画出的，它主要反映卫生洁具、排水管材、清通设备等的平面位置，图中应注明排水立管的编号。常见图例如表 4-2 所示。

表 4-2　　室内排水器材及卫生设备图例

序　号	名　称	图　例	序　号	名　称	图　例
1	S/P 存水弯		5	排水漏斗	
2	检查口	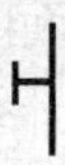	6	圆形地漏	
3	清扫口		7	方形地漏	
4	通气帽、铅丝球		8	洗脸盆	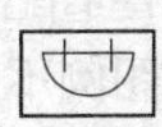

（续表）

序　号	名　称	图　例	序　号	名　称	图　例
9	浴盆	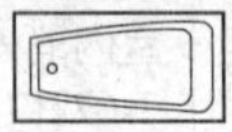	13	蹲式大便器	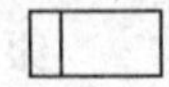
10	化验盆 洗涤盆	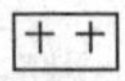	14	坐式大便器	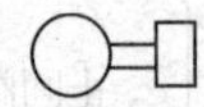
11	污水池		15	小便槽	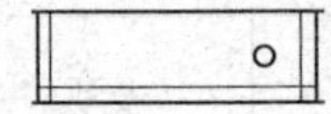
12	挂式小便斗	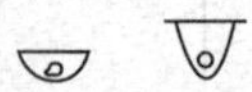	16	矩形化粪池	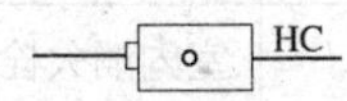

4.3　给排水管道系统轴测图

4.3.1　给水系统轴测图

室内给水系统图是表明室内给水管网和用水设备的空间关系及管网、设备与房屋相对位置、尺寸以及立管上的配件布置等情况的图样。具有较好的立体感，能较好地反映给水系统的全貌，是对给水平面图的重要补充。

1. 表达内容

（1）给水引入管、给水干管、立管、支管的空间位置和走向。

（2）各种配件，如阀门、水表、水龙头等在管路上的位置和连接情况。

（3）各段管道的管径和标高等。

2. 图示方法和画法特点

（1）轴测类型。系统图一般采用正面斜等轴测图绘制的，如图 4-5 所示。

（2）绘图比例。一般与平面图一致，这样 *OX* 轴在 *OY* 轴轴向尺寸可从平面图中直接量取。*OZ* 轴向尺寸要根据房屋的层高、横管的标高、用水设备以及水龙头的安装高度等条件确定。如果局部管道按比例绘制时图线重叠不清楚，也允许不按比例画，可适当将管线伸长或缩短。

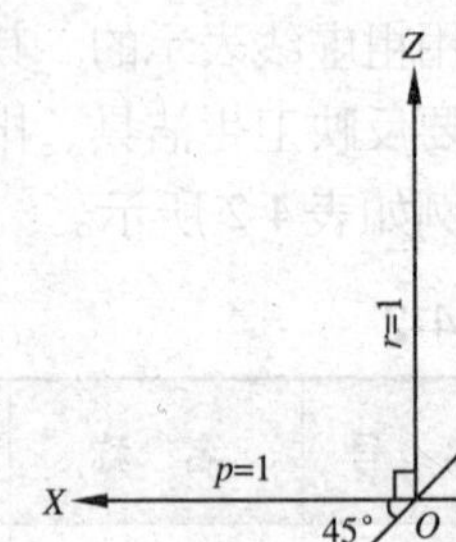

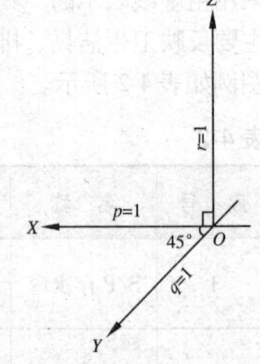

图 4-5　正面斜等轴测图

（3）管道画法。系统轴测图中管道系统的编号应与平面图的系统编号一致。管道用粗实线表示，相交处应将不可见管线断开绘制。当楼房的各层管网布置相同时，可只详细画出其中一层，其余各层省略，这时应在折断的支管处注明“同×层”。

（4）管道配件的画法。管道上的各种配件如阀门、水表、水龙头等均应按图例绘制。制图标准中图例不够用时，可自编图例，但应在图中说明。

(5) 尺寸标注。在系统图中，各段管道均应注出管径，当连续几段管道的管径相同时，也可仅注出两端的管径，中间管段省略不注。图中未注管径的管段，可在施工说明中集中写明。凡有坡度的横管都应注出坡度，坡度符号的箭头是指向下坡方向。在系统图中所注标高均为相对标高，一般要注出横管、阀门、水箱、水龙头等处的标高，对于房屋的地面、楼面、屋面等标高也应注出。

4.3.2 排水系统轴测图

排水管道系统图图示方法与给水管道系统图基本相同，只是排水管道用虚线表示，管道在水平段上都标有设计坡度。主要表达的内容有：

(1) 排出管、排水横干管、立管、横支管的空间位置和走向。

(2) 各种卫生器具、清扫设备、通气管、风帽的位置与分布情况。

(3) 各段管道的管径、标高和安装坡度等尺寸。

4.4 建筑给排水施工图的识读

4.4.1 建筑给排水施工图的识读顺序

1. 室内给排水施工图的特点

室内给水施工图具有首尾相连、有始有终，不突然产生、也不突然消失，管道来龙去脉清楚等特点。识读时要根据上述特点循序渐进地进行。

2. 识读程序

先从目录入手，了解设计说明，明确设计要求。根据给水系统的编号，沿水流方向，由干管、立管、支管到用水设备，识读时要将平面图与系统图结合起来，对照识读。弄清给水管道的方向、分支位置，各段管道的管径、标高，管道上的阀门、水表、升压设备及配水龙头的位置和类型。

排水系统可从卫生器具开始，沿水流方向，经支管、横管、立管、干管到排出管依次阅读。弄清楚排水管道的方向，管道汇合位置，各管段的管径、坡度、坡向，检查口、清扫口、地漏的位置，风帽形式和标高等。

4.4.2 建筑给排水施工图的识读注意事项

(1) 室内给水管道具有很强的连贯性，从用水设备开始，顺着给水管道这条线就可以找到室外水源，反之亦然。

(2) 某些细部的构造做法及尺寸数值，在图纸上一般不加说明，施工时应遵从有关设计规范和施工操作规程的规定。

(3) 在轴测图中，相同布置的管网，可以省略不画，而注明“同某层”，建筑物的楼地面用细水平线表示并标注标高。管道所注标高除特别注明外均指管中心标高。

(4) 卫生设备在平面图中注明其位置，而在系统图中则可不画。

(5) 管道在室内布置分明装与暗装两种，当管道暗装时应特别说明。

(6) 对建筑构造和尺寸不明时，应查阅土建施工图。

单元小结

本单元介绍了建筑给排水系统组成、图示方法、图示内容、常用代号，重点介绍了表示方法与识读要点。本单元重点应掌握以下知识点：

(1) 掌握给排水施工图的图示特点。管道用单线表示，设备器具配件用图例符号表示，管道部标注长度等。所以，识读给排水工程图，应先熟悉掌握图例符号。

(2) 学会平面图和系统图联系起来看。在平面图上重点掌握管道的平面布置和设备器具的位置和管道的连接情况；在系统图上了解管网在建筑空间的连接关系，以及管径、敷设标高和管道坡度等。

(3) 按水流的方向来识读给排水施工图。给水从室外管网到进户引入管，经干管、立管和支管至用水设备；排水起于污废水收集器，经支管、立管、干管汇总至排出总管与室外管网相连。

思考题

1. 建筑给排水施工图由哪些图纸组成?
2. 建筑给水、排水平面图表示的主要内容是什么?
3. 建筑给排水系统轴测图常采用哪种轴测方式？需要标注哪些尺寸和数据?
4. 给排水系统和立管是如何进行编号的?
5. 建筑给排水施工图的阅读顺序是什么?

单元5

室内供暖通风工程图识读

5.1 概述
5.2 室内供暖工程图
5.3 通风工程图
单元小结
思考题

职业能力目标：通过课堂教学与识图实训，使学生掌握供暖通风施工图的主要内容、表示方法和识读要点，培养学生熟练阅读供暖通风施工图的能力。

5.1 概述

供暖和通风工程是为了改善人们的生活和工作条件及满足生产工艺、科学实验对环境的要求而设置的。

5.1.1 供暖工程

冬季在室外气温较低的寒冷地区，为使室内保持所需要的温度，就必须向室内供给相应的热量。这种向室内供给热量的工程，叫供暖工程。供暖方式通常是由锅炉将水加热成热水或蒸气，然后通过室外热力管网送至各建筑物内，再经室内供热管道送至各散热器，散热后经回水管网送回锅炉重新进行加热，继续循环供暖。

供暖工程可分为室内和室外两部分。室外部分是表示一个区域的供暖管网，其工程图内容包括管道平面布置图、管道纵断面图和详图。室内部分表示一栋建筑物的供暖系统，其工程图内容包括供暖平面图、系统轴测图和详图。此外，供暖工程图还包括设计和施工说明。

5.1.2 通风工程

通风工程可分为通风和空气调节两大类。工业通风的任务是把室外新鲜的空气送入室内，把室内受到污染的空气（必要时需经过处理）排至室外。它的作用是消除生产过程中产生的粉尘、有害气体、高度潮湿和辐射热的危害。空气调节的任务是提供空气处理方法，对空气进行加热、冷却、加湿、减湿、净化等处理后，由通风机送入风道，经布置在室内的空气分布装置送出，在室内进行空气交换后，又经回风装置输至空气处理器。

通风工程图内容包括通风系统平面图、剖面图、系统轴测图、详图及设计说明。

5.2 室内供暖工程图

5.2.1 室内供暖系统的组成

集中供暖系统按采用的热媒不同，可分为热水供暖系统和蒸气供暖系统。如图 5-1、图 5-2 所示为热水和蒸气供暖系统的组成示意图。其中膨胀水箱的作用是容纳水受热后膨胀的体积和补充系统内水量的不足，集气罐起着排除系统中空气的作用，疏水器有阻止蒸气通过和疏通凝结水的作用。

5.2.2 室内供暖平面图

1. 图示内容

室内供暖平面图是表达房屋供暖系统的设备、管道、阀门平面布置的图样。其内容包括：

（1）散热设备的位置、片数及安装方式（明装、半明装或暗装）。

（2）热力入口、供回水干管、立管和支管的位置，采暖立管的编号。

（3）膨胀水箱、排水装置、蒸气采暖的疏水器、减压阀的位置和规格。

（4）地沟的位置和尺寸，管道上的阀门及固定支架的位置。

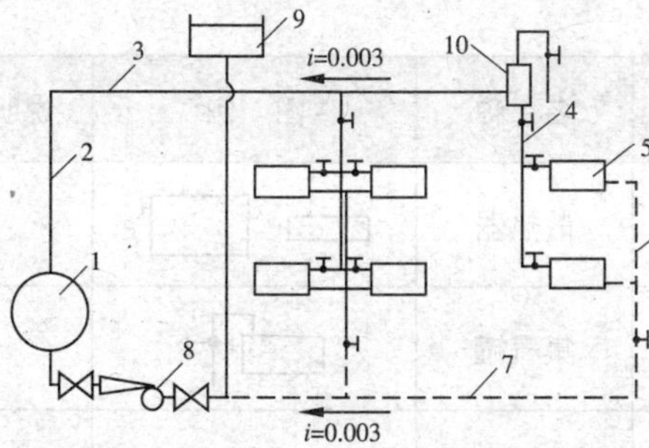

1—锅炉；2—总立管；3—供水干管；4—供水立管；5—散热器；
6—回水立管；7—回水干管；8—水泵；9—膨胀水箱；10—集气罐

图 5-1　机械循环双管上供下回式热水供暖系统

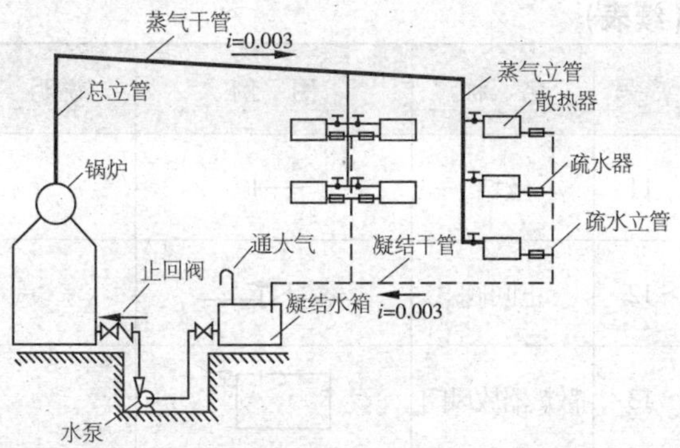

图 5-2　机械循环双管上供下回式蒸气供暖系统

2. 图示特点

（1）比例。室内供暖平面图一般采用与建筑平面图相同的比例，常用1 ：100，必要时也可用1 ：50，1 ：200 等。

（2）数量。通常要单独画出底层和顶层供暖平面图，对管道和散热设备不同的楼层，也应分别画出其供暖平面图。

（3）建筑平面图。供暖平面图中所画的房屋平面图，仅作为室内管道系统及散热设备平面布置和定位的基准，因此仅需用细实线抄绘建筑物的墙身、柱、门窗洞、楼梯、台阶等主要构配件，至于建筑细部、门窗代号均可省略。在各层的平面布置图上，均需标注墙、柱的定位轴线编号和轴线间尺寸以及各楼层地面标高。

（4）图例。《采暖通风与空气调节制图标准》（GB/T 50114—2001）中，对采暖工程图的图例符号有明确规定，现摘录其中部分常用图例，如表 5-1 所示。

表 5-1　　　　　　　　　**供暖工程常用图例**

序号	名　称	图　例	说明	序号	名　称	图　例	说明
1	供暖供水（气）管			6	弧形伸缩器		
2	供暖回水（气）管			7	流向		
3	保温管	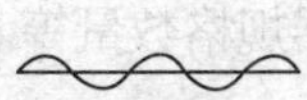	可用说明代	8	固定支架	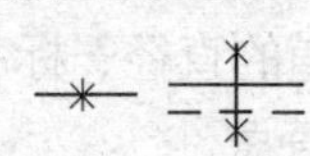	左图：单管 右图：多管
4	伸缩器	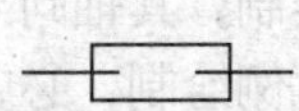	亦称“补偿器”	9	截止阀		
5	矩形伸缩器	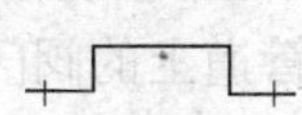		10	闸阀	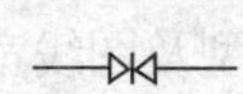	

（续表）

序号	名　称	图　例	说明	序号	名　称	图　例	说明
11	丝堵			17	散热器	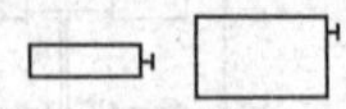	
12	止回阀			18	集气罐	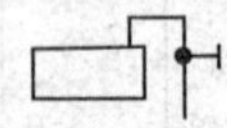	
13	散热器放风门	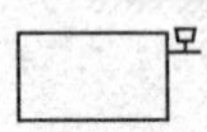		19	管道泵		
14	手动排气阀	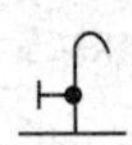		20	过滤器	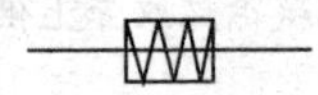	
15	自动排气阀			21	暖风机	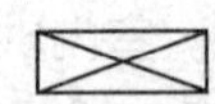	
16	疏水器	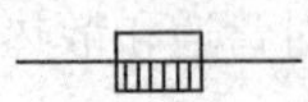		22	减压阀	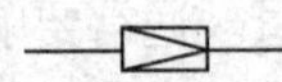	

（5）散热设备平面图。散热器一般布置在各个房间的窗台下或沿内墙布置。通常用中实线画出散热器的平面位置，并在旁边注写每组散热器的数量或规格。

（6）管道平面图。各种管道不论在楼面、地面之上或之下，均不考虑其可见性。供暖干管用粗实线表示，回水干管用粗虚线表示，支管用中粗线表示。不论是粗实线还是粗虚线，仅示意地表示管道安装时与墙面的距离。

平面图中供暖立管用“○”表示，回水立管用“·”表示。从总立管开始按顺序编号，例如总立管用Ⓡ1，Ⓡ2，…分立管用Ⓛ1，Ⓛ2，…为保持图面清晰，编号应注在平面图外侧。

干管坡度用与管道线平行的单面箭头表示，如$\underrightarrow{0.003}$，箭头方向表示下降方向。管径尺寸应注在变径处，焊接钢管用公称直径“DN”表示，如DN32，DN40。无缝钢管用外径×壁厚表示，如D108×4。

5.2.3　室内供暖系统轴测图

1. 图示内容

供暖系统轴测图是用正等测画出的整个供暖系统的立体图。它表明供暖管道系统的空间位置和走向、与散热器的连接方式、供暖系统上设备部件的空间位置等。在系统轴测图中，还注有各管道的直径、标高及横管坡度、立管编号，散热器规格数量等。

2. 图示特点

（1）轴向选择。系统轴测图一般采用正面斜等测投影绘制，其轴向与管道平面轴向一致。

（2）比例。系统轴测图通常采用与供暖平面图相同的比例绘制，必要时可选用其他比例。

（3）管道系统。系统轴测图中管道系统的编号应与平面图中系统编号一致。管道都用单线表示，其线型及图线宽度等均与平面布置图中的相同。管道上的阀门、散热器、补偿器、集气罐、排气阀和固定支架等均按图例绘制。空间交叉的管道在图中相交时，在相交处将被挡在后面或下面的管线断开。为了使图形表达清楚，不出现前后重叠现象，也可以在图中将前后系统分开绘制。

(4) 尺寸标注。立管编号、管径和坡度标注的方法与供暖平面图相同，同时还应符合制图标准的规定，水平管道的管径尺寸应标注在管道的上方，斜管道的管径尺寸标注在管道的斜上方，竖直管道的管径尺寸注在管道的左侧；当管径尺寸无法按上述位置标注时，可另找适当位置标注，但应用引出线示意该尺寸与管道的关系；同一种管径的管道较多时，可不在图上标注管径尺寸，在附注中集中说明。

管道应标注管中心标高，并应标注在管段的始端和末端。散热器宜标注底标高，同标高的散热器只标右端的一组。

5.2.4 供暖详图

采暖工程图除平面图、系统轴测图以外，对某些局部管道和设备的构造及安装情况还需用放大比例的详图才能表达清楚。详图比例常用1 : 5，1 : 10，1 : 20。散热器的安装及集气罐、膨胀水箱、伸缩器、分气缸等的制作与安装，均有标准图可选，但须表明所套用的标准图号。只有当无标准图可选时才自行设计详图。

5.2.5 供暖工程图的阅读

(1) 熟悉图纸目录，了解设计说明，弄清设计对施工提出的要求。

(2) 将平面图与系统图联系起来，对照阅读。先看各层平面图，再看系统轴测图，相互对照。既要看清采暖系统本身的全貌和各部位的关系，也要搞清楚采暖系统与建筑物的关系和在建筑物中所处的位置。

(3) 识读采暖工程图一般是按照热媒的流向顺序进行的，即从热力入口→供热干管→供热立管→供热支管→散热器→回水支管→回水立管→回水干管→总回水管出口，顺着管道把平面图和系统图对照阅读。

从图中查明散热器的平面位置，与管路系统连接方式、安装方式（明转、暗装或半暗装）以及种类和片数。了解水平干管的布置方式（最高层、中间层或底层），干管上的阀门、固定支架、补偿器等的位置和型号。弄清各管段管径大小、坡度、坡向、标高，以及疏水器、膨胀水箱、集气罐、排气阀等位置、型号。查明热媒入口处各种设备、仪表、阀门之间的关系。

图 5-3 ~ 图 5-7 是某单位职工住宅楼采暖平面图和系统图。首先通过识读平面图对建筑平面布置进行初步了解。该住宅一梯两户，每户三室一厅，卧室开间有 3.6 m 和 3.3 m 两种。建筑物总长 20.4 m，宽 11.8 m，建筑物的方向为南部朝向。

其次了解采暖系统情况，从底层平面图上看出该系统的热力入口在楼梯间处，回水干管沿外墙在户外地沟中设置，各房间散热器都在窗台下明装，散热器为板式，长度注写在散热器图例旁边，如客厅内散热器 $L = 1\,200$。二至四层平面图中，各散热器及立管位置与底层相同，只是散热器长度不同，如客厅内散热器 $L = 1\,100$。五层散热器平面布置及长度完全同底层。从屋顶平面图中可知供热干管设于平屋顶上，各段分支管上都设有截止阀。

平面图和系统轴测图上都标注了立管编号，本系统共有 9 根连接散热器的立管，外加 1 根供热总立管，为单管上分式热水采暖系统。从系统轴测图中可知，入户管标高为 -1.000，出户管标高 -0.800，供热干管始端标高为 15.500。在总立管上方设有自动排气阀，型号 ZP-Ⅱ DN20。各段管道管径、坡度可在系统轴测图上查阅。

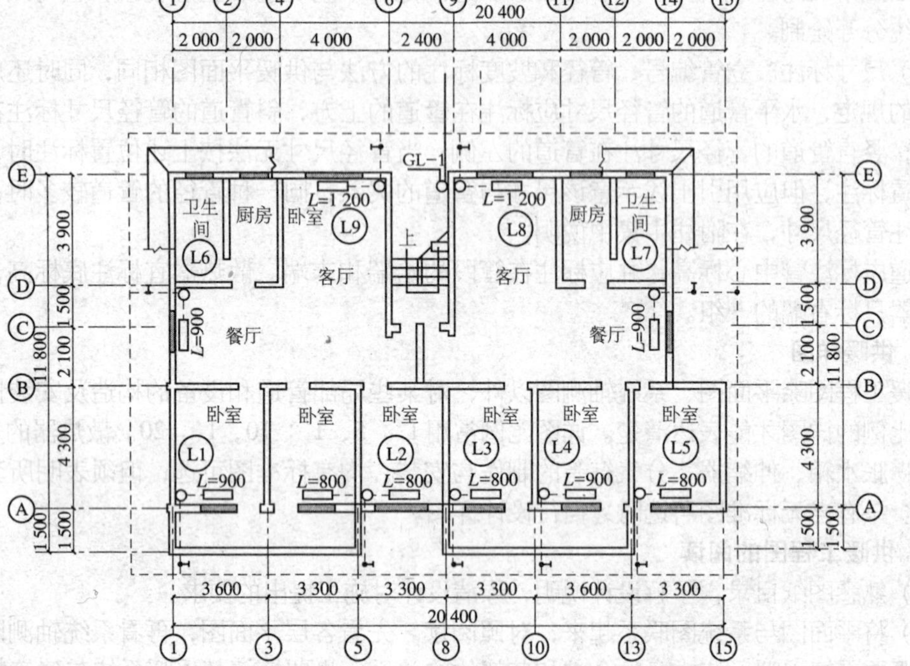

图 5-3　一层采暖平面图

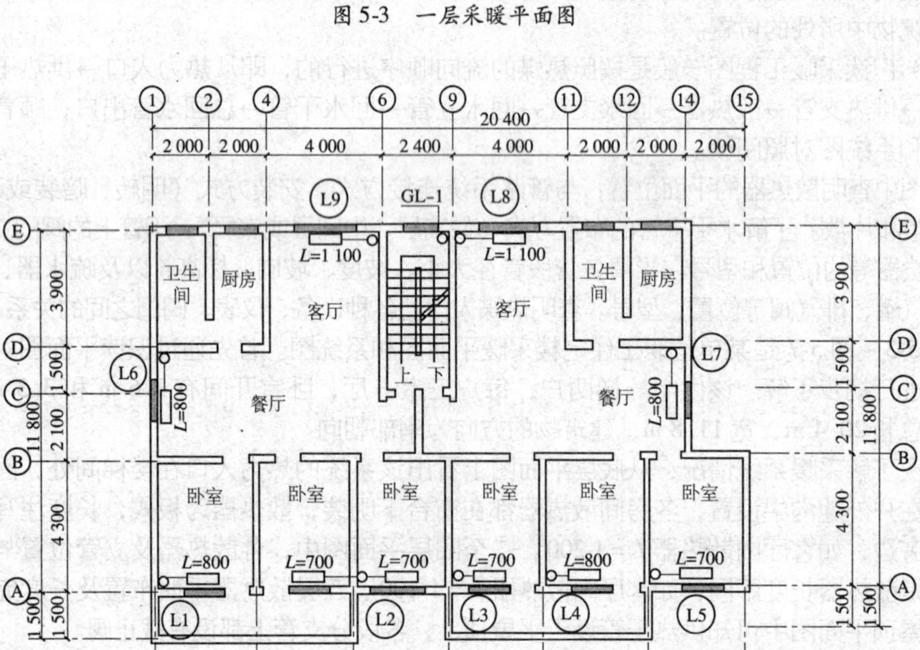

图 5-4　二至四层采暖平面图

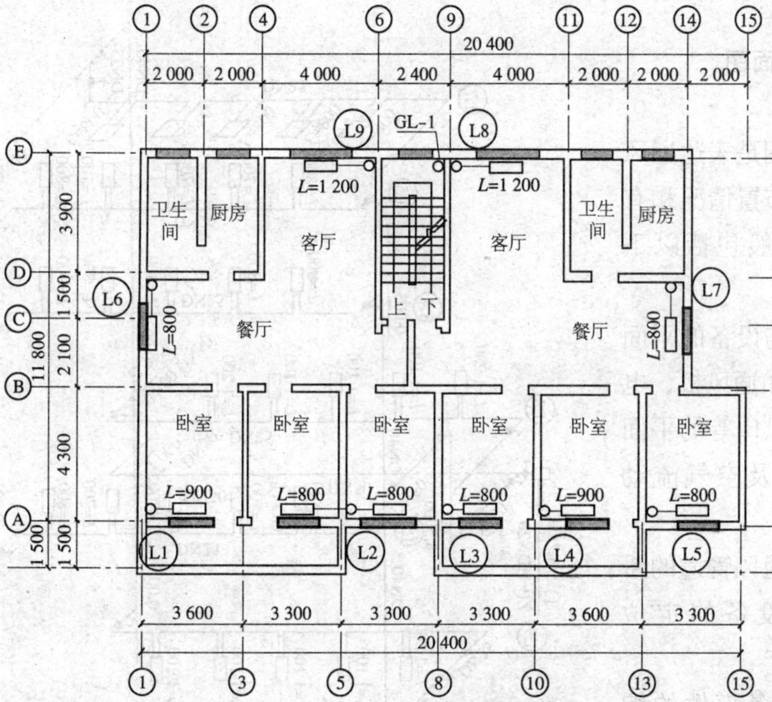

图 5-5　五层采暖平面图

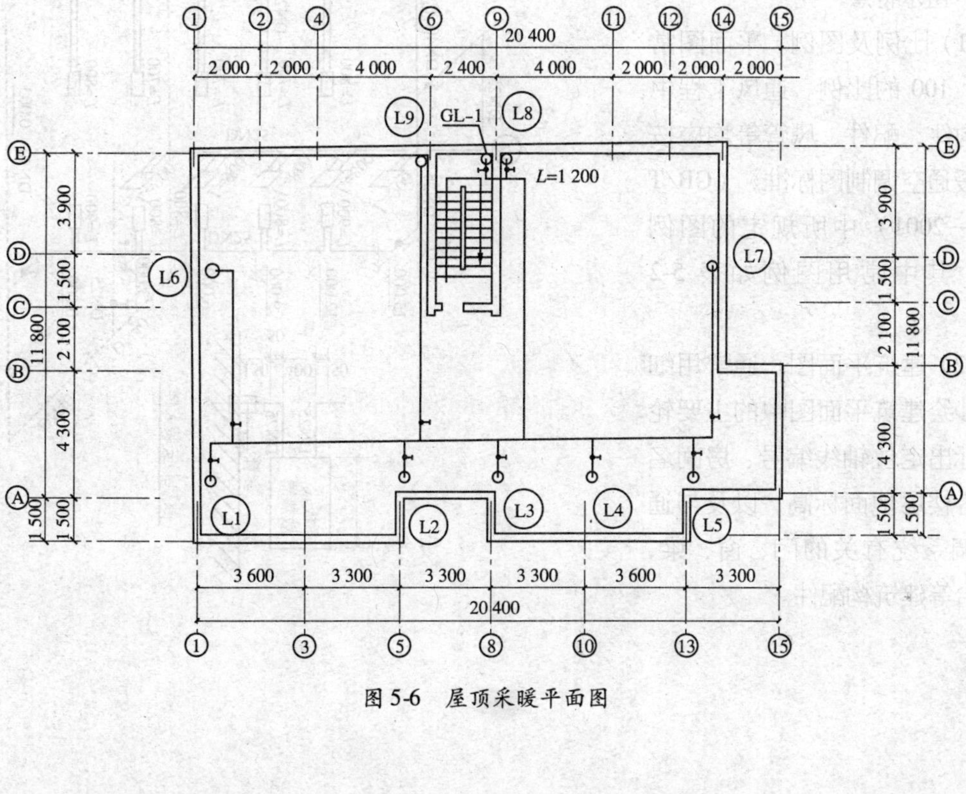

图 5-6　屋顶采暖平面图

5.3 通风工程图

5.3.1 通风系统平面图

1. 图示内容

通风系统平面图是表达通风管道、设备的平面布置情况和有关尺寸的图样，一般包括以下内容：

(1) 通风管道与设备的平面布置及连接方式，如通风机、电动机、送风口、回风口等的平面位置、分布情况以及空气流动关系。

(2) 表明各段通风管道的断面尺寸，管道和设备的定位尺寸。

(3) 管道和设备部件的编号，送风、排风系统的编号。

2. 图示特点

(1) 比例及图例。平面图常用1 ： 100 的比例。通风工程中各种构件、配件、风管等均应按照《暖通空调制图标准》（GB/T 50114—2001）中所规定的图例绘制，其中常用图例如表 5-2 所示。

(2) 建筑平面图。通常用细实线抄绘建筑平面图中的主要轮廓，标出定位轴线编号、房间名称、各楼层地面标高，以及与通风空调系统有关的门、窗、梁、柱平台等建筑构配件。

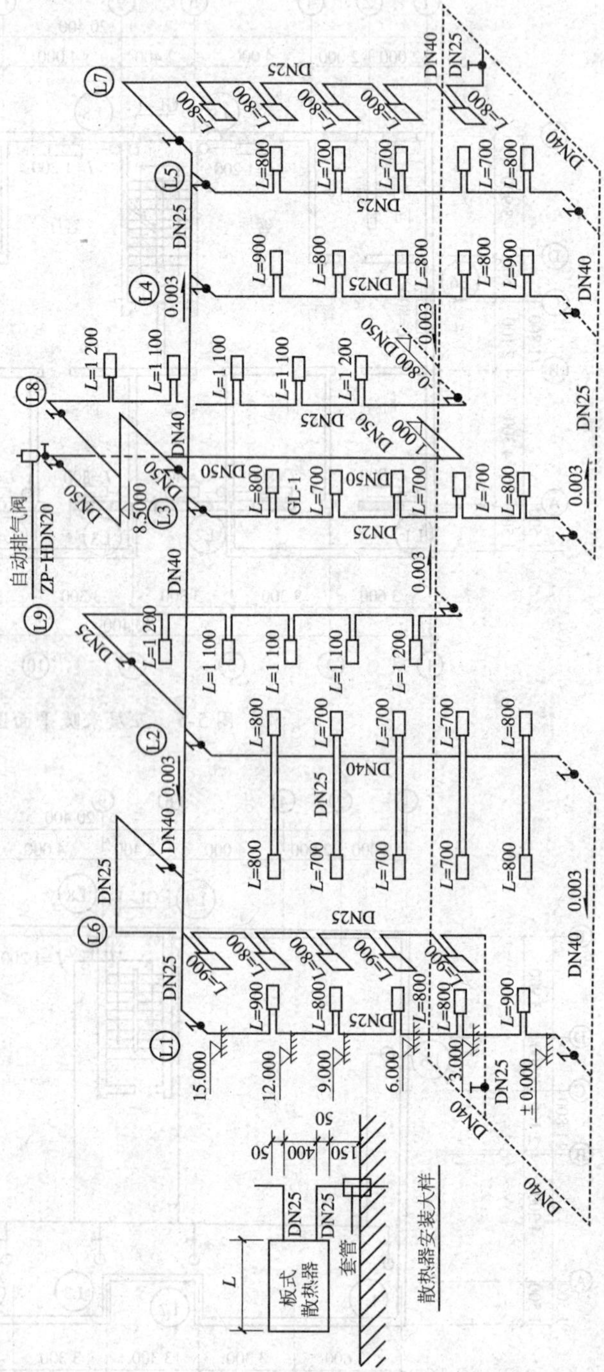

图5-7 采暖系统轴测图

表 5-2　　　　　　　　　　通风工程常用图例

序　号	名　称	图　例	说　明
1	风管	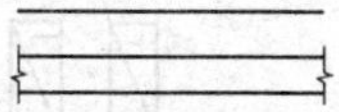	
2	送风管	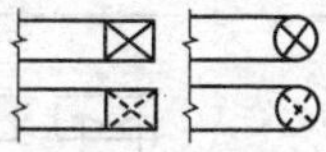	上图为可见剖面 下图为不可见剖面
3	排风管	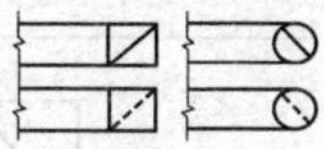	上图为可见剖面 下图为不可见剖面
4	风管检查孔	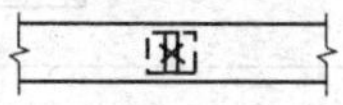	
5	伞形风帽	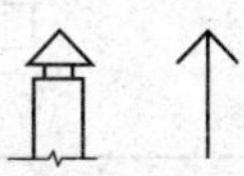	
6	筒形风帽	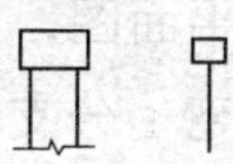	
7	风口（通用）	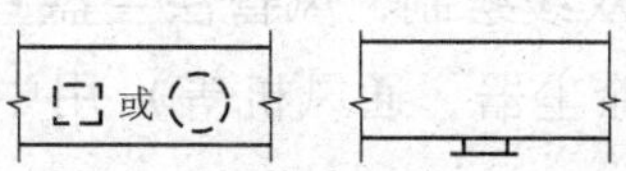	
8	气流方向		
9	圆形散流器	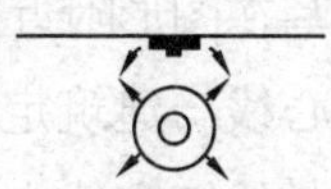	上图为剖面图 下图为平面图
10	方形散流器	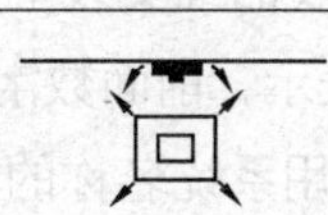	上图为剖面图 下图为平面图
11	百叶窗		
12	插板阀	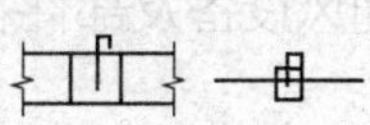	
13	蝶阀	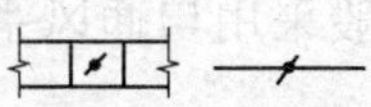	
14	风管止回阀	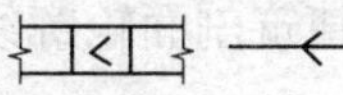	

(续表)

序 号	名 称	图 例	说 明
15	空气加热器、冷却器		左、中分别为单加热、单冷却，右为双功能换热装置
16	电加热器	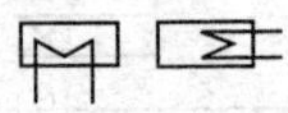	
17	窗式空调器	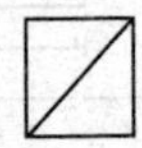	
18	风机盘管	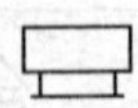	可标注型号，如：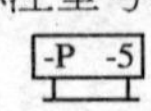

(3) 管道设备平面图，通风空调平面图，应按本层平顶以下俯视绘出。由于通风管道截面较大，截面形状变化较大，转弯、分支等连接部件等均无成品，施工时需按设计图样绘制。因此风管宜采用双线绘制，风管法兰盘宜用单线绘制。作图时，管道用粗线，主要设备（如空调器、除尘器、通风机等）用中粗线，其余次要设备和配件用细实线。

(4) 编号、尺寸标注。平面图中各设备、部件均需编号，列于设备、材料明细表中。当系统较简单时，也可用引出线直接注写在图形附近。

平面图中还应注出设备、管道中心线与建筑定位轴线间的尺寸关系。风管管径或断面尺寸宜标注在风管上或风管法兰盘处延长的细实线上方。圆形风管用“Φ×××”表示，矩形风管应以“×××”×“×××”表示，前面数字为该投影面视图的尺寸。

通风、空调系统如需编号时，宜用系统名称的汉语拼音字头加阿拉伯数字进行编号，如送风系统 S-1，S-2，…排风系统 P-1，P-2，…

5.3.2 通风系统剖面图

通风剖面图是表达通风管道、通风设备及部件在竖直方向上连接及位置的图样。其图示方法及内容如下：

(1) 比例。通风系统剖面图一般采用与通风系统平面图相同的比例，常用 1 ：100 或 1 ：50。

(2) 建筑剖面图。用细实线画出建筑剖面轮廓线，标出定位轴线编号，以及与通风系统有关的门、窗、梁、柱平台等建筑构配件。

（3）风道剖面图。通风空调剖面图的剖面方向宜向上、向左，剖切位置应取在需要把管道系统表达清楚的部位，对于多层房屋建筑及管道比较复杂的系统，每层平面图均需注出剖切线。

（4）编号、尺寸标注。剖面图中的设备部件等需采用与平面图中一致的编号标注，应标出设备、管道中心（或管底）标高，必要时还应注出距该层地面的尺寸。

5.3.3 通风系统轴测图

通风系统轴测图是采用斜等轴测投影，将通风系统的全部管道、设备和部件绘出的立体图，其图示内容及方法如下。

1. 比例、轴向选择

系统图应表示出设备、部件、管道及配件等完整的内容，其图示有单线和双线两种。单线系统轴测图用单线表示管道，通风机、吸气罩、除尘器之类设备只需绘制出其简单外形。双线系统轴测图是用轴测投影画出整个系统的设备、管道及配件的立体形象的系统图。在设计中如无特殊需要，宜按比例以单线绘制。

2. 尺寸标注

系统图中的主要设备、部件均应注出编号，注明管道的截面尺寸和标高，其标注方法与平面图、剖面图相同。管道有坡度时需注明坡度与坡向。有时为了试运行的方便，也可将送风口的风量和风速注出。

5.3.4 通风工程图的阅读

阅读通风工程图时，一般先看通风系统平面布置图，初步了解房间里有几个通风系统，各个系统所属的工艺设备和通风设备的位置、管道的走向及它与设备的连接情形；然后根据平面图中的剖切符号，找到相应的剖面图，从剖面图中看出管道布置在高度方向上的走向和位置情况以及标高等；再从系统轴测图了解整个系统的概貌。对于通风设备或构件的具体构造或安装情况，则应查阅相关的详图。

图5-8和图5-9是某办公楼会议室空调工程图。本工程的通风空调设计主要用于夏季降低室内温度，使室温保持在26℃ ±1℃，相对湿度60%。从平面图上可看出空调室（也称空调机房）设在会议室的北边，新风自新风口吸入，经立柜式空调机组处理后，从箱体顶部送出。送风干管经水平转弯两次后进入会议室顶棚上面，并向左、右各分出两根支管，各支管上接有三个方形散流器，间距3 300 mm。干管截面尺寸从空调器接出时为1 250 mm × 400 mm，分支后变为800 mm × 400 mm，支管尺寸为500 mm × 400 mm。从图5-9剖面图中可知风管及调节阀的安装高度。由于系统简单，设备部件较少，故无逐一编号，而直接将名称注写在旁边。图5-10和图5-11是某假肢车间的通风工程图。通过将平面图和系统轴测图对照阅读，可了解到该车间共有3套排风系统，各风管直径、安装高度以及连接的各种设备，也可从图中一一查明。

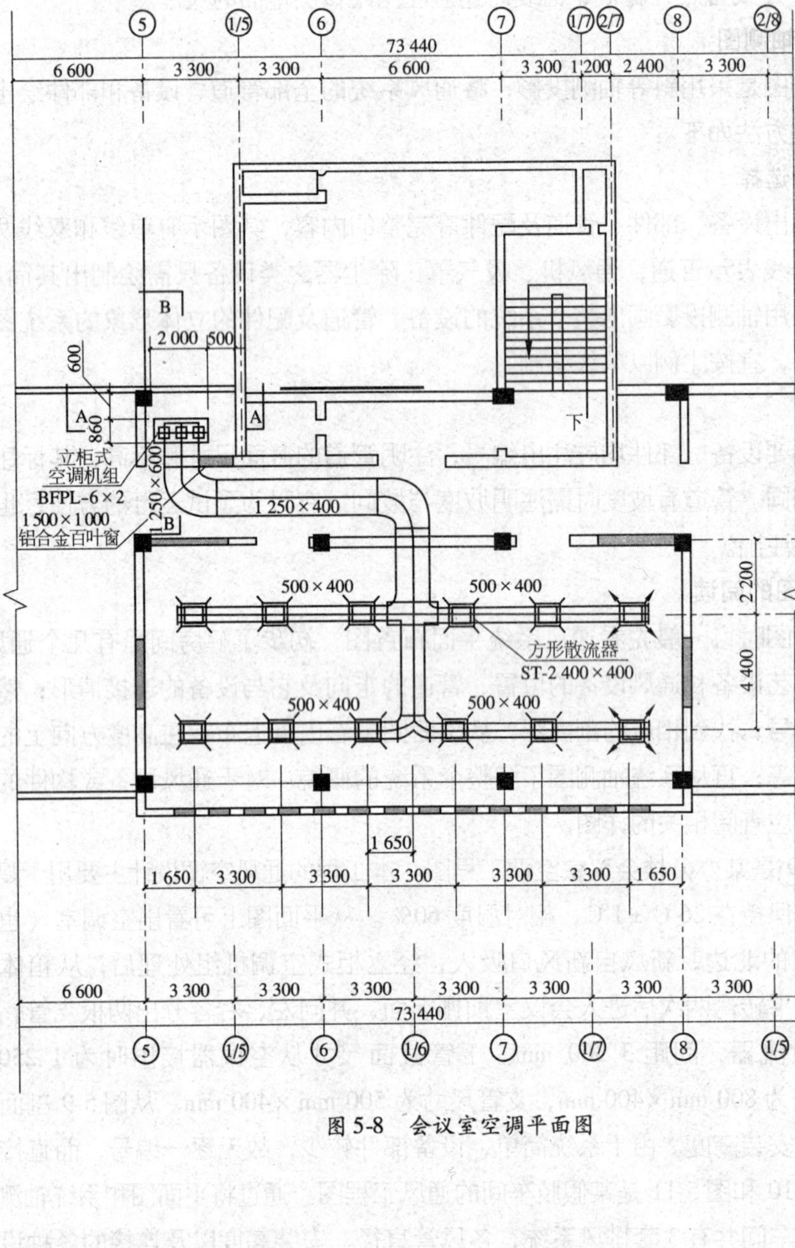

图 5-8　会议室空调平面图

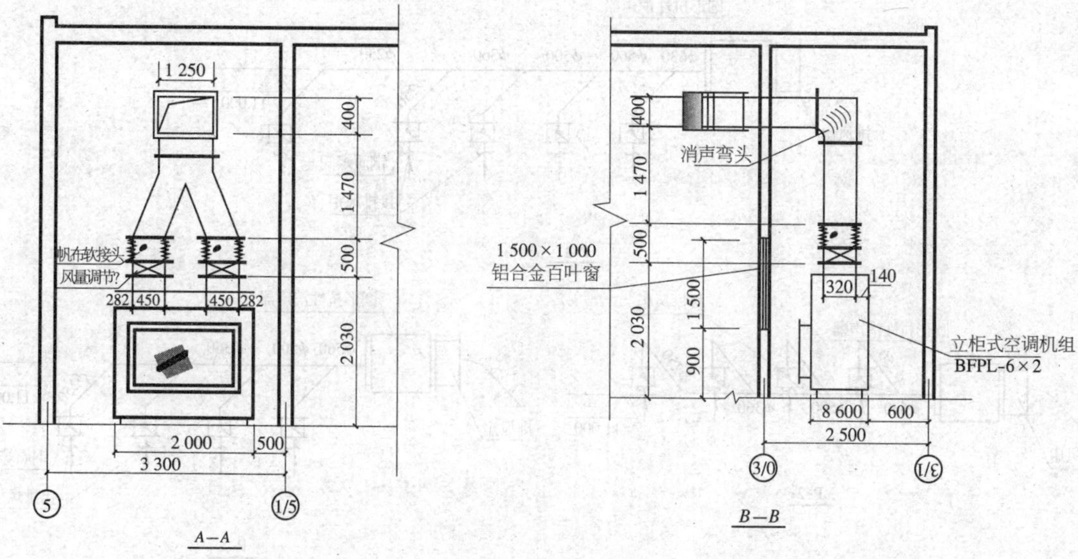

图 5-9　空调系统剖面图

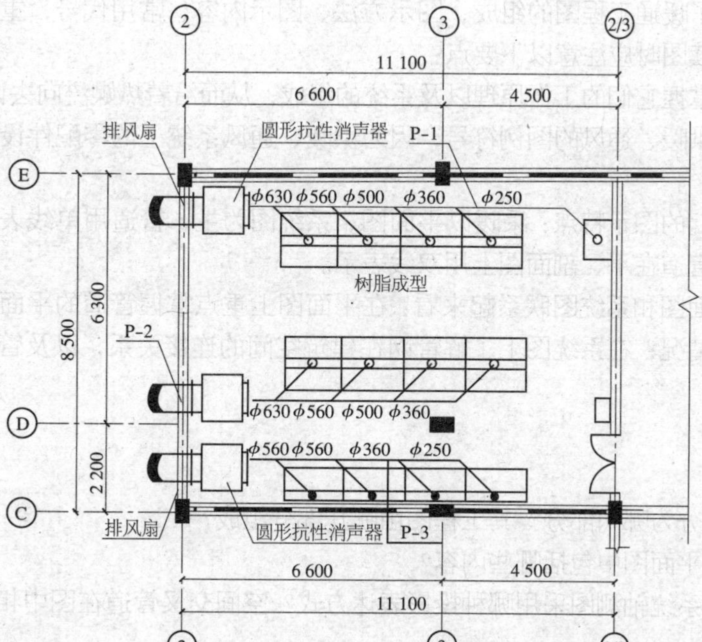

图 5-10　通风系统平面图

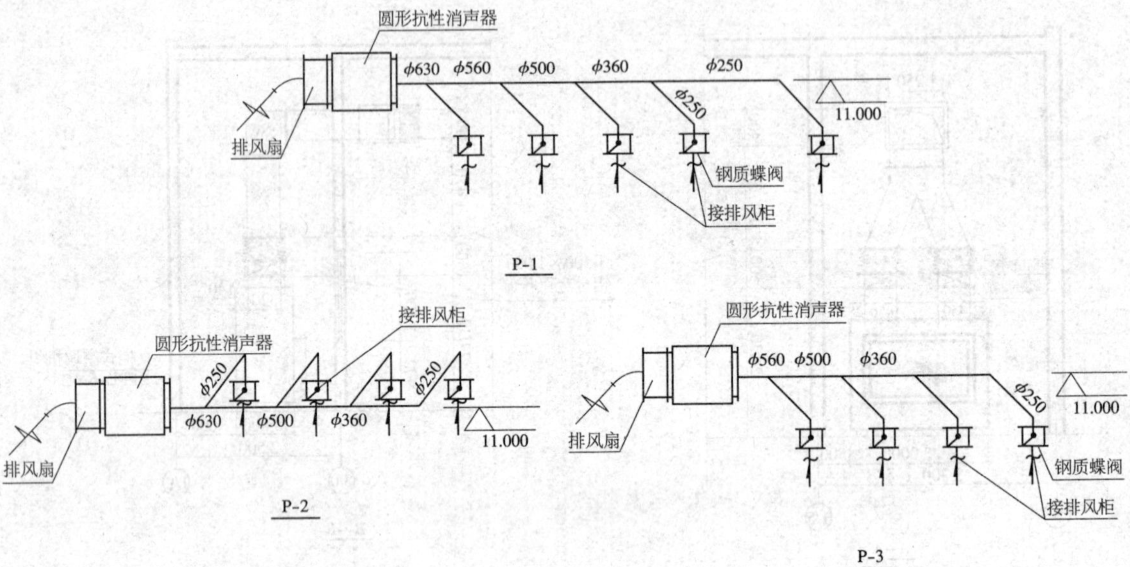

图 5-11 通风系统轴测图

单元小结

本单元介绍了暖通工程图的组成、图示方法、图示内容、常用代号，重点介绍了表示方法与识读要点。读图时应注意以下要点：

（1）首先要掌握它们的工作原理以及系统的组成，从而沿着热媒流向去读图。

（2）要熟记供暖、通风的图例符号，因为供暖、通风系统上的零配件设备等均用图例符号来表示。

（3）弄清它们的图示特点：采暖以平面图、系统图为主，管道用单线表示。通风工程图另配有剖面图，管道在平、剖面图上用双线表示。

（4）学会平面图和系统图联系起来看：在平面图上重点掌握管道的平面布置和设备的位置和管道的连接情况；在系统图上了解管网在建筑空间的连接关系，以及管径、敷设标高和管道坡度等。

思考题

1. 供暖工程分为哪两部分？其工程图由哪几部分组成？

2. 室内供暖平面图中包括哪些内容？

3. 室内供暖系统轴测图采用哪种投影表达方式？空间交叉管道在图中相交时如何判别其可见性？

4. 通风工程由哪几部分组成？各包括哪些内容？

5. 在通风系统平面图中，是如何进行编号和尺寸标注的？

单元6

建筑电气施工图识读

6.1　概述
6.2　电气图纸目录
6.3　电气设计说明及材料表
6.4　配电系统图
6.5　配电平面图
6.6　防雷接地施工图
6.7　弱电施工图
单元小结
思考题

职业能力目标：通过课堂教学与识图实训，使学生掌握建筑电气施工图的主要内容、表示方法和建筑电气施工图的识读要点，培养学生建筑电气施工图的识读能力。

6.1 概述

本单元除特别申明外，案例所用图纸均是单元7中私人住宅楼建筑电气施工图纸。食堂的电气施工图由读者参照所学知识自行识读。

在现代房屋建筑内常需要安装各种电气设备，如家用电器、照明灯具、电视电话、网络接口、电源插座、控制装置、动力设备等，将这些电气设施的布局位置、安装方式、连接关系和配电情况表示在图纸上，就是建筑电气施工图。

6.1.1 电气施工图的有关规定

1. 导线的表示法

电气图中导线用线条表示，方法如图6-1（a）所示。导线的单线表示法可使电气图更简捷，故最常用，如图6-1（b），（c）所示，单线图中当导线为两根时，通常可省略不标注。

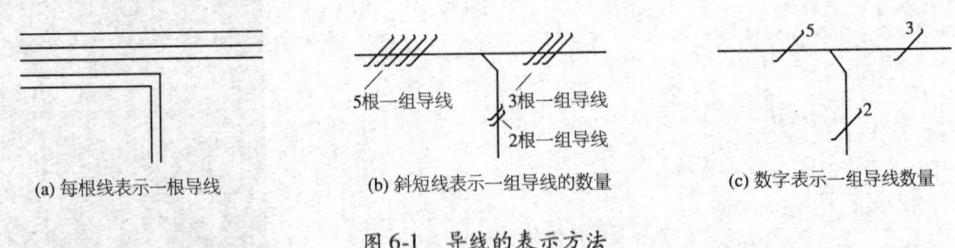

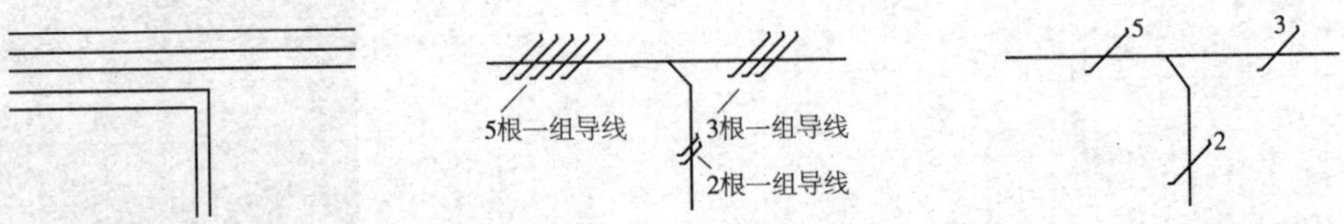

(a) 每根线表示一根导线　　(b) 斜短线表示一组导线的数量　　(c) 数字表示一组导线数量

图6-1　导线的表示方法

2. 电气图形符号

电气图中包含大量的电气图形符号，各种元器件、装置、设备等都是用规定的图形符号表示的。参见常用电力、照明、电信平面布置图用图形符号。

3. 电气文字符号

电气图中还常用文字代号注明元器件、装置、设备的名称、性能、状态、位置和安装方式等。电气文字代号分基本代号、辅助代号、数字代号、附加代号四部分。基本代号用拉丁字母（单字母或双字母）表示名称，如“G”表示电源，“GB”表示蓄电池。辅助符号也是用拉丁字母表示，如“ON”表示接通，“PE”表示保护接地。

4. 线路、照明灯具的标注方法

常用导线、照明灯具的型号、敷设方式、敷设部位和代号见表6-1。

例如，灯具标注为4—TMS122/228EBE $\frac{2\times 28}{-}$，表示4盏T5荧光灯，型号为TMS 122/228EBE，每盏2只灯管，每盏灯管容量为28 W，吸顶安装。为简化图中标注，通常灯具型号不在平面图中标注，而在设计说明中描述。

表 6-1　　电气照明施工图中文字标志的含义

Ⅰ. 电力或照明配电设备	代号	Ⅱ. 线路的标注	代号
a—设备编号； b—型号； c—设备容量（kW）； d—导线型号； e—导线根数； f—导线截面（mm^2）； g—导线敷设方式	$a\frac{b}{c}$或$a-b-c$ $a\frac{b-c}{d\ (e\times f)\ -g}$	a—线路编号或线路用途的代号； b—导线型号； c—导线根数； d—导线截面； e—线路敷设方式及穿管管径； f—线路敷设部位代号	$a-b\ (c\times d)\ e-f$
Ⅲ. 照明灯具的标注	**代号**	**Ⅳ. 照明灯具安装方式**	**代号**
a—灯具数； b—型号； c—每盏灯具的灯泡数； d—灯泡容量（W）； e—安装高度（m）； f—安装方式	$a-b\frac{c\times d}{e}f$	线吊	WP
		链吊	C
		管吊	P
		吸顶	
		壁装	W（图形能区别时可不注）
		嵌入	R
Ⅴ. 线路敷设方式	**代号**	**Ⅵ. 线路敷设部位**	**代号**
暗敷	C	梁	B
明敷	E	墙	W
铝皮线卡	AL	地板	F
电缆桥架	CT	柱	C
金属软管	F	吊顶	SC
水煤气管	G	架构	R
瓷绝缘子	K	天棚	CE
钢索敷设	M	**Ⅶ. 导线型号**	**代号**
电线管	T	铝芯塑料护套线	BLVV
塑料管	PC	铜芯塑料绝缘线	BV
塑料线卡	PL	铝芯聚氯乙烯绝缘线	BVV
塑料线槽	PR	铜芯塑料护套线	BLV
钢管	SC	聚氯乙烯绝缘、聚氯乙烯护套裸细钢丝铠装电力电缆	VV22

说明：吸顶安装方式可在标注安装高度处打一横线，而不必注明符号。

例如，N3-BV（3×6）－SC25－WC，表示第N3回路的导线为铜芯聚氯乙烯绝缘线，3根，每根截面6 mm^2，穿直径为25 mm的焊接钢管，沿墙暗敷设。

6.1.2 电气施工图的基本知识

1. 室内电力照明工程的任务

将电力从室外电网引入室内，经过配电装置，然后用导线与各个用电器具和设备相连，构成一个完整的、可靠的、安全的供电系统，使照明装置、用电设备正常运行，并进行有效控制。

2. 供电方式

室内电气照明除特殊要求外，通常采用380/220 V三相四线制低压供电。从变压器低压端引出3根相线（俗称火线，分别用L_1，L_2，L_3表示）和一根中性线（俗称零线，用N表示）。相线与相线间的电压为380 V，称为线电压；相线与中性线间的电压为220 V，称为相电压。根据整个建筑物内用电量的大小，室内供电方式可采用单相二线制（负荷电流小于30 A），或采用三相四线制（负荷电流大于30 A）。

3. 室内电力照明工程的组成

（1）室外接户线：从室外低压架空线（或地下低压电缆）接至进户横担的一段线。

（2）进户线：从横担至室内总配电盘（箱）的一段导线。

（3）配电装置：对室内的供电系统进行控制、保护、计量和分配的成套装置，通常称为配电盘（箱）。一般包括熔断器、电度表和电路开关。

（4）供电线路：一般包括供电干线（从总配电箱敷设到房屋的各个用电地段，与分配电箱相连接）、供电支线（从分配电箱连通到各用户的电表箱）、配线（从用户电表箱连接至照明灯具、开关、插座等，组成配电回路）。

（5）用电器具和设备。民用建筑内主要安装有各种照明灯具、开关和插座。普通照明灯有白炽灯、荧光灯等，与之相配的控制开关一般为单极开关，结构形式上有明装式、暗装式、拉线式、定时式、双控式等。各种家用电器如电视机、电冰箱、电风扇、空调器、电热器等，它们的位置是不固定的（吊扇除外），所以室内应设置电源插座，插座分明装和暗装两类，常用的有单相两眼和单相三眼。插座应使用方便，安全可靠。

4. 线路敷设方式

室内电力照明线路的敷设方式可分为明敷和暗敷两种。线路明敷时常用瓷夹板、塑料管、电线管、槽板等配线，线路是沿墙、天棚、屋架或预制板缝敷设。线路暗敷时常用焊接钢管、电线管、塑料管配线，先将管道预埋入墙、地坪、顶棚或预制板缝内，在管内事先穿好铁丝，然后将导线引入，有时也可利用空心楼板的圆孔来布设暗线。

5. 照明灯具的开关控制线路

照明灯具开关控制的基本线路如图6-2所示，图6-2（a）为一个单联开关（开关应安装在相线上）控制一盏灯，图6-2（b）为一个单联开关控制一盏灯以及连接一只单相两孔插座。如果有接地线，还需要对有插座的线路再加一根导线。线路图分别用多线表示法和单线表示法绘制，以便于对照阅读。由于与灯具和插座相连接的导线至少需要2根才能形成回路，故单线图中当导线为2根时可省略不注。照明灯具的开关控制线路有多种形式，这里仅介绍最常见的两种，其他可参考有关的电气专业教材，它们的图示方法基本相同。

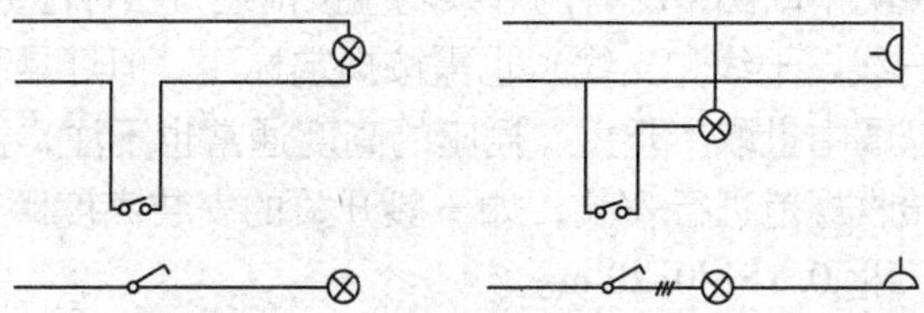

(a) (b)

图6-2 灯具控制的基本线路

6.1.3 电气施工图的主要内容

室内电气照明施工图是以建筑施工图为基础（建筑平面图用细线绘制），并结合电气接线原理而绘制的，主要表明建筑物室内相应配套电气照明设施的技术要求，一般由图纸目录及设计说明、电气施工平面图、配电系统图、电气安装大样图内容组成等。

1. 图纸目录及设计说明

目录表明电气照明施工图的编制顺序及每张图的图名，便于查阅。

设计说明中主要说明电源进线、线路材料及敷设方法，材料及设备规格、数量、技术参数，施工中的有关技术要求等。

2. 电气施工平面图

电气照明施工平面图是在建筑平面图的基础上绘制而成的。

1）主要内容

（1）电源进户线的位置、导线规格、型号根数、引入方法（架空引入时注明架空高度，从地下敷设引入时注明穿管材料、名称、管径等）；

（2）配电箱的位置（包括主配电箱、分配电箱等）；

（3）各用电器、设备的平面位置、安装高度、安装方法、用电功率等；

（4）线路的敷设方法，穿线管材的名称、管径，导线名称、规格、根数；

（5）屋顶防雷平面图及室外接地平面图，反映避雷带布置平面，选用材料、名称、规格，防雷引下方法，接地极材料、规格、安装要求等。

2）图示方法和画法

（1）绘图比例。室内照明平面图一般与房屋的建筑平面图所用比例相同。土建部分应完全按比例绘制，而电气部分（如线路和设备的形状尺寸）则可不完全按比例绘制。

（2）土建部分画法。用细线简要画出房屋的平面形状和主要构配件，并标注定位轴线的编号和尺寸。

（3）电气部分画法。配电箱、照明灯具、开关、插座等均按图例绘制，有关的工艺设备只需用细线画出外形轮廓。供电线路采用单线表示法，用粗实线（或中实线）绘制。

（4）平面图的剖切位置和数量。按建筑平面图来说，是在房屋的门窗位置剖切的，但在照明平面图中，与本层有关的电气设施（包括线路）不管位置高低，均应绘制在同一层平面图中。多层房屋应分层绘制照明平面图，如果各层照明布置相同，可只画出标准层照明平面图。

(5) 尺寸标注。在照明平面图中所有的灯具均应按前述方法标注数量、规格和安装高度，重要的供电线路（如进户线、干线和支线）也需按规定标注。但灯具和线路的定位尺寸一般不注，必要时可按比例从图中量取。开关、插座的高度通常也不注，在设计说明中进行统一表述。或是按照施工及验收规范进行安装，如一般开关的安装高度距离地面 1.3 m，拉线开关距离地面 2 ~ 3 m，距门框 0.15 ~ 0.20 m。

3. 配电系统图

一般的房屋除了绘制电力照明平面图外，还需要画出配电系统图，来表示整个照明供电线路的全貌和连接关系。

1) 表达内容

(1) 建筑物的供电方式和容量分配。

(2) 供电线路的布置形式，进户线和各干线、支线、配线的数量、规格和敷设方法。

(3) 配电箱及电度表、开关、熔断器等的数量、型号等。

2) 图示方法和画法

配电系统图是由各种电气图形符号用线条连接起来，并加注文字代号而形成的一种简图，它不表明电气设施的具体安装位置，所以它不是投影图，也不按比例绘制。

各种配电装置都是按规定的图例绘制，相应的型号标注在旁边。供电线路采用单线表示，且画为粗实线，并按规定格式标注出各段导线的数量和规格。系统图能简明地表示出室内电力照明工程的组成、互相关系和主要特征等基本情况。

4. 电气安装大样图

电气安装大样图是表明电气工程中某一部位的具体安装节点详图或安装要求的图样，通常参见现有的安装手册，除特殊情况外，图纸中一般不予画出。

6.1.4 识读电气施工图的方法及步骤

建筑电气施工图的专业性较强，要看懂图不仅需要掌握投影知识，还应具备一定的电气专业基础知识，如电工原理、接线方法、设备安装等，并熟悉各种常用的电气图形符号、文字代号和规定画法。读图时，首先要阅读电气设计和施工说明，从中可以了解到有关的资料，如供电方式、照明标准、电力负荷、设备和导线的规格等情况。

电气设施的安装和线路的敷设与房屋的关系十分密切，所以还应该通过查阅建筑施工图，搞清楚房屋内部的功能布局、结构形式、构造和装修等土建方面的基本情况。

建筑电气施工图除电气照明施工图外，还有电话、电视等弱电施工图。阅读建筑电气施工图，在了解电气施工图的基本知识的基础上，还应该按照一定的顺序进行，才能比较快速地读懂图纸，从而实现识图的目的。

一套建筑电气施工图所包括的内容较多，图纸往往有很多张，一般应按如下顺序阅读，并相互对照阅读：标题栏图纸目录→设计说明→材料表→系统图→电路图和接线图→平面布置图。

其中，电路图和接线图用来了解各系统中用电设备的电气自动控制原理，指导设备的安装和控制系统的调试工作。识读图纸时，应依据功能关系从上到下或从左到右一个回路一个回路地识读。在进行控制系统的配线和调校工作中，还可配合阅读接线图和端子图进行。

平面布置图是建筑电气施工图的重要图纸之一。识读平面布置图时，了解设备安装位置、安装方式、安装容量，了解线路敷设部位、敷设方式及所用导线型号、规格、数量、管径等。

识读建筑电气施工图纸的顺序，没有统一的规定，可根据需要，自行掌握，并有所侧重。有时一张图纸需对照并反复识读多遍。为了更好地利用图纸指导施工，使安装质量符合要求，识读图纸时，还应配合识读有关施工及验收规范、质量评定标准以及全国通用电气装置标准图集，详细了解安装技术及具体安装方法。

6.2 电气图纸目录

6.2.1 图纸目录的主要内容

图纸目录是反映该工程建筑电气施工图的图纸顺序编号、图纸名称和图幅的技术文件。图幅一般为 A4。

6.2.2 图纸目录的识读要点

识读应掌握以下主要内容：

(1) 熟悉工程总称、项目名称、图别、设计号、设计日期。

(2) 熟悉电气施工图的图纸的种类及数量、图名及顺序。

6.2.3 图纸目录的识读案例

此工程有 8 张电气施工图，包括电气设计说明、主要材料表、配电系统图、各层照明平面图、屋顶防雷平面图、弱电系统图、各层弱电平面图。

6.3 电气设计说明及材料表

6.3.1 电气设计说明及材料表的主要内容

电气设计说明是统一描述工程有关电气方面共性问题和图纸中没有表达清楚的各有关事项的技术文件。主要材料表是指该工程所使用到的图例符号、设备名称、规格、数量、材料的型号、安装高度等，包括以下主要内容：

(1) 工程概况。

(2) 设计范围。

(3) 设计依据。

(4) 供电电源、电压等级、供电系统形式。

(5) 设备选择、设备安装方式及安装高度。

(6) 线路敷设方式。

(7) 防雷与接地措施、等电位联结等。

(8) 弱电系统说明。

（9）施工时应注意的事项。

（10）其他需补充说明的部分。

（11）材料表列出了工程所使用到的图例符号、设备名称、规格、数量、材料的型号、安装高度等。

6.3.2 电气设计说明的识读要点

识读应掌握以下主要内容：

（1）熟悉新建工程的工程概况，包括工程名称、工程地点、使用功能、建筑面积、建筑层数、建筑物高度、建筑防火类别、耐火等级、抗震设防烈度、屋面防水等级、结构类型等。

（2）了解新建工程的设计范围，包括供配电设计、照明设计、防雷与接地、弱电设计等。

（3）了解新建工程的设计依据，包括相关的建筑电气设计规范、标准和规定。

（4）熟悉供电电源的引入方式、电压等级、保护接地措施。

（5）熟悉导线的型号、敷设方式等。

（6）熟悉电气设备的安装方式、安装部位、安装高度。

（7）熟悉建筑照明的标准、灯具型号、疏散指示照明和安全照明措施。

（8）熟悉防雷分类及防雷接地措施。

（9）熟悉弱电系统的弱电设计范围、种类。

（10）了解电气施工的相关要求和补充说明。

（11）了解工程使用到的图例符号，设备和材料的型号、规格、数量等。

6.3.3 电气设计说明的识读案例

根据电气设计说明，了解到该工程的以下情况：

（1）设计依据和设计范围。

（2）供电电源情况：一路380/220 V三相低压电源、埋地引入。进线处设重复接地，采用TN-C-S低压系统（即保护线PE与中性线N从进户重复接地处分开，且在分开后，N与PE不能再合并）引至总配电计量箱AW，所有用电设备的金属外壳均与PE线连接。

（3）设备安装：指明了配电箱、跷板开关、插座等的安装方式和安装高度。

（4）线路敷设：导线型号、穿管管材、敷设方式、敷设部位等。

（5）防雷与接地：防雷种类为三类；防雷接地措施；避雷带等所用材料、名称、规格；防雷引下方法；接地极材料、规格、安装要求等；接地电阻应达到的标准；总等电位联接要求。

（6）识读材料表：显示了该工程所使用到的图例符号、设备名称、材料的型号、规格、数量等。

6.4 配电系统图

6.4.1 配电系统图的主要内容

各工程的图纸中一般均包含有系统图，如变配电工程的供电系统图、电力工程的电力系统图、电气照明工程的照明系统图等。识读系统图的目的是了解系统的基本组成，主要电气设备、元件等连接关系及它们的规格、型号、参数等，从而掌握该系统的基本情况。

一般的房屋除了绘制电力照明平面图外，还需要画出配电系统图，来表示整个照明供电线路的全貌和连接关系，主要内容如下。

(1) 整个工程的负荷情况：设备容量、需要系数、有功负荷、功率因数、计算电流等。

(2) 电源进线情况：电缆进线型号及规格、敷设部位、敷设方式、穿管管材及管径。

(3) 进线电缆防雷、接地措施，总等电位联接形式。

(4) 供电电源种类、数量、电压等级，低压供配电系统方式，变压器的型号、规格、台数等。

(5) 电能计量方式。

(6) 配电箱及电度表、开关、熔断器等的数量、型号和规格等。

(7) 供电线路的布置形式，进户线和各干线、支线、配线的数量、规格和敷设方法。

(8) 各个回路的编号、设备容量、相序、供电范围等。

6.4.2 配电系统图的识读要点

各分项工程的图纸中一般均包含有系统图，如变配电工程的供电系统图、电力工程的电力系统图、电气照明工程的照明系统图等。识读应掌握以下主要内容：

(1) 熟悉系统的基本组成。

(2) 熟悉建筑物的供电方式和容量分配。

(3) 熟悉系统的主要电气设备、元件等连接关系及它们的规格、型号、参数等。

(4) 熟悉进户线和各干线、支线、配线的数量和敷设方法。

(5) 熟悉配电箱、电度表、开关、熔断器等的数量、型号等。

6.4.3 配电系统图的识读案例

该工程的配电系统图分为总配电系统图和每户配电系统图。

1. 总配电系统图

为了分析总配电系统图，应先了解该工程的情况。该工程仅有一个单元，一至五层为住户，一梯两户，共 10 户。

从电施 02 配电系统图中可以看出：

(1) 该工程 $P_e = 98$ kW，$K_c = 0.75$，$\cos\phi = 0.85$，$I_{js} = 131.4$ A，其中 $P_e = 98$ kW 表示设备总容量为 98 kW；$K_c = 0.75$ 表示需要系数为 0.75；$\cos\phi = 0.85$ 表示功率因数为 0.85；$I_j = 110.4$ A 表示计算电流为 131.4 A。

(2) 电源进线：VV22-1 kV-4×70-SC100-FC，表示采用 VV22 型电力电缆，该电缆的额定电压为 1 kV，4 根（其中 3 根为相线，1 根为中性线 N）截面为 70 mm^2 的导线穿直径为 70 mm的焊接钢管（SC），沿地板（F）暗敷设（C）。

(3) 重复接地：$R_d \leqslant 1\ \Omega$，表示重复接地电阻为 1 Ω。经过重复接地后，保护线 PE 与中性线 N 从进户处分开后，所有用电设备的金属外壳均与 PE 线连接。

(4) 总开关：CM1-225L/4P 160 A (300 mA) 表示断路器的型号为 CM1，额定电流为 225 A，带漏电保护，整定电流为 160 A，极数为 4，漏电动作电流为 300 mA。

(5) 总计量：该单元的总计量装置在小区的中心配电房，此系统未设置。

(6) 总等电位联结 MEB：总等电位联结能降低建筑物内间接接触电击的接触电压、不同金属部件的电位差，并消除自建筑物外经电气线路和各种金属管道引入的危险故障电压的危害。它应通过进线配电箱近旁的总等电位联结端子板（接地母排）将下列导电部分互相连通：

① 若有可能，应包括建筑物金属结构。

② 若做人工接地，也包括其接地极引线。

③ 建筑物每个电源进线均应做总等电位联结，各个总等电位联结端子板应互相连通。

(7) 浪涌保护器 SPD：浪涌也叫突波，顾名思义就是超出正常工作电压的瞬间过电压，浪涌是发生在仅仅几百万分之一秒时间内的一种剧烈脉冲。含有浪涌阻绝装置的产品可以有效地吸收突发的巨大能量，以保护连接设备免于受损。浪涌保护器（Surge Protection Device, SPD）也叫信号防雷保护器，是一种为各种电子设备、仪器仪表、通讯线路提供安全防护的电子装置，过去常称为“避雷器”或“过电压保护器”。浪涌保护器的作用是把窜入电力线、信号传输线的瞬时过电压限制在设备或系统所能承受的电压范围内，或将强大的雷电流泄流入地，保护被保护的设备或系统不会因冲击而损坏。

(8) 分支回路：共计 12 个分支回路，分别供电给 10 户室内配电箱，每户一个分支回路，公共用电统一计量后再分出 2 个回路。

WL1 回路向弱电设备供电；WL2 回路向楼梯照明供电；WL3 至 WL12 回路的情况是一样的，分别供电给 10 户室内配电箱 AL。

先以 WL12 回路为例说明供电给住户的回路情况。

(1) 电度表 10（40）A 表示电度表的计量电流的范围为 10（40）A，正常可计量 10 A 的电流，短时间电流可达到 40 A。

(2) C65N-C40A/2P 表示断路器的型号为 C65N 普通型、极数为 2、额定电流为 40 A。

(3) 导线：采用 BV-3 ×10-FC32-WC，表示采用 3 根截面为 10 mm^2 的 BV 型（铜芯塑料绝缘）导线，穿直径为 32 mm 的 FPC 阻燃半硬质塑料管沿墙/地板暗敷设至室内配电箱 AL。

(4) 另注明了回路负荷为 8.0 kW，供电给五层左侧的住户，接在 L1 相序上。

再识读 WL1，WL2 回路。

(1) 电度表 5（20）A 表示电度表的计量电流的范围为 5（20）A，正常可计量 5 A 的电流，短时间电流可达到 20 A。

(2) 控制楼梯照明的开关 C65N-C16A/1P 表示断路器的型号为 C65N 普通型、极数为 1、额定电流为 16 A。控制弱电设备的开关 C65N-C16A/2P（30 mA）表示断路器的型号为 C65N 普通型、极数为 1、额定电流为 16 A，漏电动作电流为 30 mA。

(3) 导线：接到楼梯照明的导线采用 BV-2 ×2.5-FPC16-WC/CC，表示采用 2 根截面为 2.5 mm^2 的 BV 型（铜芯塑料绝缘）导线，穿直径为 16 mm 的 FPC 阻燃半硬质塑料管沿墙/柱暗敷设至楼梯间灯具；接到弱电设备的导线采用 BV-3 ×2.5-FPC16-WC/FC，表示采用 3 根截面为 2.5 mm^2 的 BV 型（铜芯塑料绝缘）导线，穿直径为 16 mm 的 FPC 阻燃半硬质塑料管沿墙/地板暗敷设至弱电设备。

(4) 另注明了回路供电给五层楼梯照明和弱电设备，接在 L3 相序上。

2. 分配电系统图

分支回路分别用 N1 至 N7 表示回路编号。因为每户是单相电源进线，故没有标注相序，其相序与该住户进线相序相同。C65N-D20A/1P 表示断路器的型号为 C65N 动力型、极数为1、额定电流为 16 A。其他识读内容参见总配电系统图。

BV-3 ×4 表示采用 3 根、BV 型（即聚氯乙烯铜芯绝缘导线）、截面面积为 4 mm^2 的导线；PVC20 表示穿管径为 20 mm 阻燃型 PVC 管；FC 代表的含义：F 表示敷设部位为地板，C 表示敷设方式为暗敷设。N3 至 N8 含义类似于 N2，仅是供电区域不同，在此不再赘述。

6.5 配电平面图

6.5.1 配电平面图的主要内容

建筑电气安装工程与土建工程及其他安装工程（给排水管道、通风空调管道）关系密切，在阅读配电平面图时，要同时阅读有关土建工程及其他安装工程的施工图，看是否存在位置的冲突或距离太近的现象，以便及早提出建议，要求设计单位修改设计图纸，避免更大的返工。

电气照明施工平面图是在建筑平面图的基础上绘制而成的。识读照明平面图纸时，可根据电流入户方向，即按进户点→配电箱→支路→支路上的用电设备的顺序进行识读。

配电平面图的主要内容如下：

(1) 电源进户线的位置、导线规格、型号、根数、引入方法（架空引入时注明架空高度，从地下敷设引入时注明穿管材料、名称、管径等）；

(2) 配电箱的位置（包括主配电箱、分配电箱等）；

(3) 各用电器、设备的平面位置、安装高度、安装方法、用电功率等；

(4) 线路型号、规格、敷设方法，穿线管材的名称、管径，导线名称、规格、根数；

(5) 从各配电箱引出回路的编号。

6.5.2 配电平面图的识读要点

(1) 熟悉配电平面图的识读顺序。一般按识读配电平面图纸顺序，顺着电流入户方向，即按进户点→配电箱→支路→支路上的用电设备的顺序进行识读。

(2) 熟悉设计说明，以便了解平面图中无法表达或不易表示，但又与施工有关的问题。同时熟悉主要材料表，熟悉设计中所用的非标准图形符号。

(3) 了解建筑物的基本情况，如建筑物结构、房间分布与功能等。电气管线敷设及设备安装与房屋的结构直接相关。

(4) 熟悉电气设备、灯具等在建筑物内的分布及安装位置，同时了解它们的型号、规格、性能、特点和对安装的技术要求。对于设备的性能、特点及安装技术要求，往往要通过阅读相关技术资料及施工验收规范来了解。

(5) 熟悉各支路的负荷分配情况和连接情况。

(6) 熟悉设备和线路的安装高度（结合设计说明和材料表）。

(7) 应相互对照，综合看图。避免与其他建筑设备及管路在安装时发生冲突。

(8) 了解相关施工规范要求。

6.5.3 配电平面图的识读案例

1. 进户线

在一层照明平面的右上角，标有$\frac{\text{VV22-4}\times\text{70-SC100-FC}}{\text{埋地 0.8 m 引入}}$的地方表示电源进线，VV22-4 ×70-SC100-FC 表示进线采 VV22 型（即聚氯乙烯绝缘、聚氯乙烯护套裸细钢丝铠装电力电缆）、4 根 70 mm^2 的电力电缆，穿直径为 100 mm 的焊接钢管埋地暗敷设。

2. 重复接地及总等电位联结

本工程的重复接地与防雷接地共用，引至总等电位联结端子箱 MEB。MEB 位于一层楼梯间处，紧挨总配电计量箱 AW。

3. 总配电箱

总配电计量箱 AW 的位置在地下室 H 轴与⑨轴相交处，配电箱的规格及内部元件见系统图说明，安装方式（暗装）及安装高度（底边距地 1.5 m）见电气设计说明。

4. 支路

结合系统图和照明平面图，分清每一条支路上的设备及线路的走向。大家可以根据支路的编号顺序来识读每条支路。由电施 03 可见，每户从总配电计量箱 AW 引出 1 个回路至住户室内配电箱 AL，用引上箭头表示导线引上方位；由 AW 引出一个回路至楼梯灯具（注意导线引上位置），结合电气设计说明和材料表可知，楼梯灯具为高效节能型 220 V 40 W 吸顶灯，由声光控延时开关控制，开关暗装，距地为 1.4 m；由 AW 引出一个回路至对讲机电源（弱电电源）。

5. 住户室内配电

根据 AL 的系统图可知，各支路导线的型号、根数、截面、穿管管材管径、敷设部位、敷设方式等。

6. 设备

主要有灯具、开关、插座等。根据房间的功能，布置灯具和插座，选择灯具的形式；根据使用的方便性，布置开关的位置。在识读灯具和开关时，搞清楚它们之间的对应关系。室内未对灯具、开关、导线、插座等进行布置，用户根据实际使用情况在二次装修时布置。

6.6 防雷接地施工图

6.6.1 建筑物的防雷分类

根据《建筑物防雷设计规范》（GB 50057—94）（2000 年版），建筑物应根据其重要性、使用性质、发生雷电事故的可能性和后果，按防雷要求分为三类。

6.6.2 防雷装置

防雷装置是指接闪器、引下线、接地装置、过电压保护及其他连接导体的总合。接闪器是指直接截受雷击的避雷针、避雷带（线）、避雷网，以及作接闪器的金属屋面和金属构件等。引下线是指用来连接接闪器与接地装置的金属导体。接地体是指埋入土壤中或混凝土基础中作散流用的导体。接地线是指引下线断接卡或换线处至接地体的连接导体。接地体和接地线的总合称为接地装置。

6.6.3 防雷接地施工图的主要内容

建筑防雷接地施工图一般包括防雷平面图、接地平面图和施工说明。屋顶防雷平面图及室外接地平面图，反映避雷带布置平面，选用材料、名称、规格，防雷引下方法，接地极材料、规格、安装要求等。主要内容如下：

（1）施工说明反映工程防雷分为类，避雷带、引下线、接地装置采用的方式、使用的材料规格、安装方式及部位、施工采用的标准图集等。

（2）防雷平面图包括避雷带的敷设部位、敷设方式、使用材料规格、支持卡子间距，引下线的位置，敷设方式，使用材料规格等。

（3）接地平面图包括接地体的位置、接地线的位置、使用的材料规格、等电位端子箱 MEB 的位置等。

6.6.4 防雷接地施工图的识读要点

建筑防雷接地施工图的识读应掌握以下主要内容：

（1）掌握该工程的防雷分类。

（2）避雷器采用的方式、敷设方式、敷设部位、使用材料规格、支持卡子间距。

（3）引下线的位置（引下点数量）、敷设方式、使用材料规格，明敷设时固定卡子的间距等，断接卡子的位置、高度。

（4）接地体及接地线的位置、敷设方式，使用材料规格、埋设深度等。

（5）对接地电阻的要求，若达不到要求，应采取的措施。

6.6.5 防雷接地施工图的识读实例

识读私人住宅楼的防雷接地施工图。本工程建筑防雷接地施工图由电施 01 中的电气设计说明和电施 05 屋顶防雷平面图表现，主要有以下方面内容：

（1）该工程按三类防雷考虑。

（2）避雷器：采用避雷带，材料为 $\phi12$ 镀锌圆钢。敷设方式：明敷设（用支持卡子支撑）。敷设部位：沿屋顶女儿墙。支持卡子间距：1 m，转弯处 0.5 m。

（3）引下线：有 10 处引下线。引下线利用结构受力柱内两根对角主筋，上部与避雷带焊接，下部与基础内钢筋焊接。

（4）接地装置：利用基础内钢筋焊接成环形接地体，将所有引下线及重复接地点贯通。综合接地电阻要求，不大于 1 Ω。

（5）防雷接地的相关要求。

6.7 弱电施工图

一般工程弱电施工图包括电话系统、电视系统、宽带系统、门禁对讲系统等，通常由弱电设计说明、系统图和弱电平面图组成。弱电设计说明可以包含在电气设计中，也可能在系统图或平面图中空白区域表达；弱电的系统图一般分开绘制（当仅设计穿线管时，可绘制在一个系统图中）；平面布置图一般不单独绘制，综合在一起表达。

6.7.1 电话系统

1. 电话系统的主要内容

一般建筑物电话系统只表示出电话电缆、电话分线箱、电话线、电话插座的型号及规格、安装方式、安装部位、穿管管材及管径等。

2. 电话系统的识读要点

(1) 掌握电话系统的进线的型号及规格、引入方式、引入部位，穿管管材及管径。

(2) 掌握电话分线箱的数量、型号及规格、安装方式、安装部位、安装高度等。

(3) 掌握电话线的型号及规格，安装方式、敷设路径，穿管管材及管径等。

(4) 掌握室内电话插座的安装方式、安装部位、安装高度等。

(5) 施工安装要求等。

3. 电话系统的识读案例

由设计说明可知，此工程弱电仅进行预埋管系统设计，不包括各弱电工程的各种线缆和设备。

根据电话系统的相关知识，识读到电话系统的以下内容：

在楼前手孔至一层的电话分线箱之间预埋了2根直径为50 mm的PVC管（其中有1根为电信排障管），埋设深度为0.8 m。楼前手孔与建筑物外檐距离3.0 m。电话分线箱布置在一层楼梯间处，暗装，距地2.0 m。为了防止电话进线遭受雷击，装设了信号避雷器SPD。电话分线箱的型号为STO-30，查相关技术资料可知此型号电话分线箱的规格。由电话分线箱（盒）到层弱电接线箱之间预埋了2根直径为25 mm的阻燃型PVC管。层弱电接线箱之间预埋了2根直径为32 mm和2根直径为25 mm的阻燃型PVC管。结合家庭弱电接线箱可知，从层弱电接线箱到家庭弱电接线箱之间预埋了2根直径为25 mm的阻燃型PVC管，用于穿电话线和宽带网线。由家庭弱电接线箱到室内电话插座之间埋设了1根直径为20 mm的阻燃型PVC管，穿型号为RVB-2×0.5电话线。室内电话插座没有布置，但给出了安装高度为0.3 m。弱电管线安装详图集99X601《住宅智能化电气设计施工图集》。

图6-3是某住宅楼一个单元（一梯两户，6层）的电话系统图。

对电话系统进行说明：电话信号由室外引入，采用HYVV-20（2×0.5）型的电话电缆穿管径为40 mm的镀锌钢管沿地板、墙暗敷设至一层的电话分线箱TPA中，该电话分线箱的型号为STO-20（查相关技术资料得其规格为400×650×160）、距地2.0 m、暗装，由TPA分线箱分出12对电话线，分别引至12个住户中，每户设一个电话插座。电话线的标注为RVS－2×0.5－PVC16－WCFC，表示采用1对RVS－2×0.5型电话线穿管径为16 mm的阻燃型PVC管沿墙、地板暗敷设。经过楼梯间的所有电话线敷设在同一根PVC管中，根据电话线的根数不同采用适当的管径，如10对电话线采用管径为32 mm的阻燃型PVC管。

6.7.2 电视系统

1. 电视系统的主要内容

共用电视天线系统图在我国称为CATV系统，它是用来接收、整理、传输以及分配电视信号的设备，其主要目的是要向电视用户提供强度稳定、不失真的电视信号。电视电缆系统是由前端设备（电视天线、天线放大器、混合器、前端箱等）和分配系统（分配器、分支器、终端电阻等）两部分组成的。在系统图上要将这些电气元件的电气特性和线路长度反映出来。目前大多使用城市共用的电视系统，此时可能没有前端设备，只有分配系统。但根据线路情况，会增加线路延长放大器等器件。

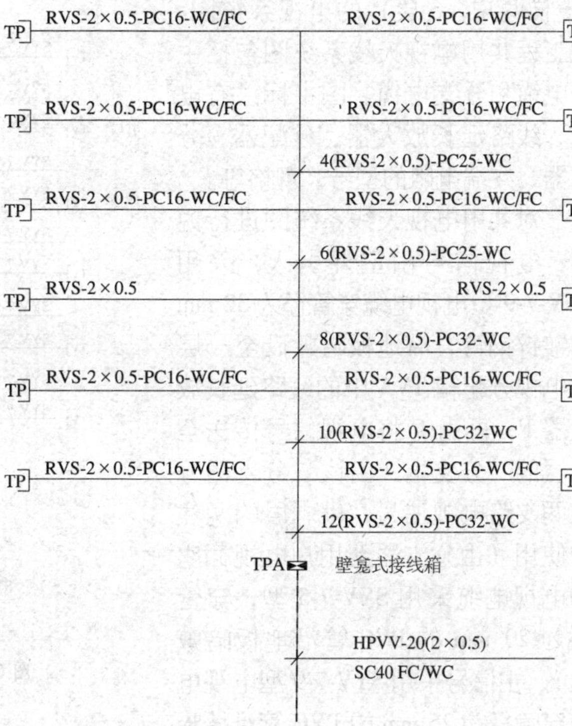

图6-3　电话系统图（一梯两户，6层）

2. 电视系统的识读要点

(1) 掌握电视系统进线的型号及规格、引入方式、引入部位、穿管管材及管径。

(2) 掌握电视信号的分配系统（分配器、分支器、终端电阻等）元件的数量、型号及规格、安装方式、安装部位、安装高度等。

(3) 掌握室内电视电缆的型号及规格、安装方式、敷设路径、穿管管材及管径等。

(4) 掌握室内电视插座（电视终端盒）的安装方式、安装部位、安装高度等。

(5) 施工安装要求等。

3. 电视系统的识读案例

由设计说明可知，此工程弱电仅进行预埋管系统设计，不包括各弱电工程的各种线缆和设备。

根据电视系统的相关知识，识读到电视系统的以下内容：

在平面图中所示的电视电缆进线方向上，预埋了2根直径为50 mm的PVC管，埋设深度为0.8 m，出建筑物外檐距离2.0 m。电视分配器（规格为400×500×160）安装在一层楼梯间的墙上，暗装，距地2.0 m。为了防止电视进线遭受雷击，装设了信号避雷器SPD。由电视分配器箱到层弱电分线箱之间预埋了1根直径为32 mm的阻燃型PVC管。结合家庭弱电接线箱可知，从层弱电接线箱到家庭弱电接线箱之间预埋了1根直径为25 mm的阻燃型PVC管，用于穿电视线。由家庭弱电接线箱到室内电视插座之间埋设为1根直径为20 mm的阻燃型PVC管，穿型号为SYKV-75-5-1电视线。室内电视插座没有布置，但给出了安装高度为0.3 m。

图 6-4 是某住宅楼一个单元（一梯两户，6 层）的电视系统图。此工程共用电视天线系统图包括主干电缆和分支电缆。图中标注有电缆、线路延长放大器、分配器、分支器、终端电阻的型号、规格等。

对共用电视天线系统图进行说明：电视信号由室外引入，采用 SYV-7-9 型电视电缆穿管径为 32 mm 的镀锌钢管、沿地板暗敷设至一层的电视分配箱 TVA 中的线路延长放大器 F，再由 F 将电视信号传送至一层的二分支器，由该二分支器分出两支路电视信号，供本层的两住户使用（由分支器至用户电视插座的电视电缆采用 SYV-7-5 型，穿管径为 20 mm 的 PVC 管沿地板暗敷设），主信号采用 SYV-7-9 型电视电缆穿管径为 25 mm 的 PVC 管沿墙暗敷设至二层的二分支器。在二层中，由一层二分支器的主信号引来的电视信号经二层的二分支器分出两支路电视信号，供本层的两住户使用，主信号引至三层的二分支器，分析方法类似于一层。三层至六层的分配情况同二层相同，只是在六层，二分支器分出的主信号接 75 Ω 的终端电阻。

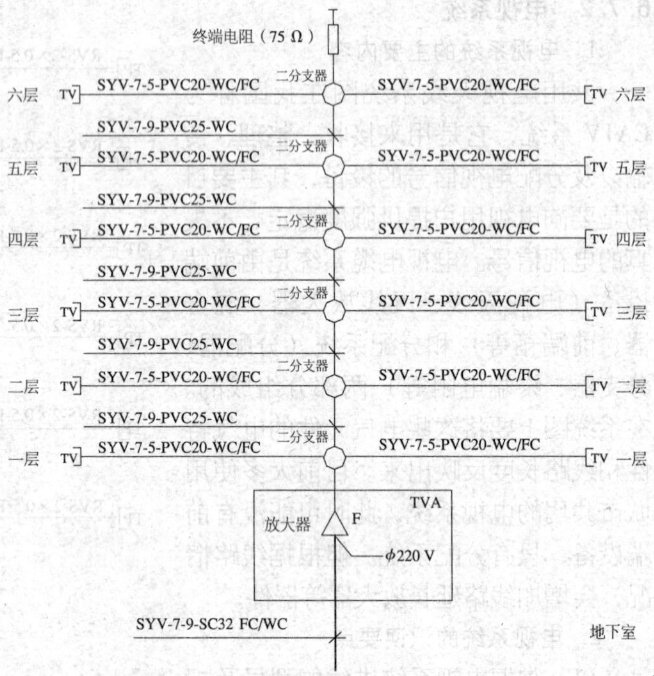

图 6-4 电视系统图（一梯两户，6 层）

6.7.3 宽带系统

1. 宽带系统的主要内容

一般建筑物宽带系统只表示出宽带进线光纤、宽带机柜、网线、网络插座的型号及规格、安装方式、安装部位、穿管管材及管径等。

2. 宽带系统的识读要点

（1）掌握宽带系统进线的型号及规格、引入方式、引入部位、穿管管材及管径。

（2）掌握宽带机柜的数量、型号及规格、安装方式、安装部位、安装高度等。

（3）掌握光纤、网线的型号及规格、安装方式、敷设路径，穿管管材及管径等。

（4）掌握室内网络插座的安装方式、安装部位、安装高度等。

（5）施工安装要求等。

3. 宽带系统的识读案例

由设计说明可知，此工程弱电仅进行预埋管系统设计，不包括各弱电工程的各种线缆和设备。

根据宽带系统的相关知识，识读到宽带系统的以下内容：

在平面图中所示的宽带电缆进线方向上，预埋了2根直径为50 mm的PVC管，埋设深度为0.8 m，出建筑物外檐距离2.0 m。交换机柜（宽带分线盒HUB）安装在一层楼梯间的墙上，暗装，距地2.0 m。为了防止宽带进线遭受雷击，装设了信号避雷器SPD。由交换机柜到层弱电接线箱之间预埋了2根直径为25 mm的阻燃型PVC管。结合家庭弱电接线箱可知，从层弱电接线箱到家庭弱电接线箱之间预埋了2根直径为25 mm的阻燃型PVC管，其中1根用于穿宽带网线。由家庭弱电接线箱到室内网络插座之间埋设为1根直径为20 mm的阻燃型PVC管，穿1根超五类线。室内网络插座没有布置，给出了安装高度为0.3 m。

6.7.4 门禁对讲系统

1. 门禁对讲系统的主要内容

一般建筑物门禁对讲系统表示出联网情况、门禁对讲主机、电控锁、UPS供电电源、控制线、室内对讲分机的型号及规格、安装方式、安装部位、穿管管材及管径等。

2. 门禁对讲系统的识读要点

（1）掌握门禁对讲系统联网进线的型号及规格、引入方式、引入部位、穿管管材及管径。

（2）掌握门禁对讲主机、电控锁、UPS供电电源型号及规格、安装方式、安装部位、安装高度等。

（3）掌握控制线的型号及规格、安装方式、敷设路径，穿管管材及管径等。

（4）掌握室内对讲分机的型号及规格、安装方式、安装部位、安装高度等。

（5）施工安装要求等。

3. 门禁对讲系统的识读案例

由设计说明可知，此工程弱电仅进行预埋管系统设计，不包括各弱电工程的各种线缆和设备。

根据门禁对讲系统的相关知识，识读到门禁对讲系统的以下内容：

此系统没有联网，是普通门禁对讲系统，只对本单元的门禁进行控制，不具备可视功能。在平面图中，可见对讲主机、电控锁的位置，具体安装由专业公司进行。由对讲主机至电控锁和UPS电源之间的线路为RVV-2×0.5，到层弱电接线箱之间预埋了1根直径为32 mm的阻燃型PVC管。从层弱电接线箱到室内对讲分机之间埋设了1根直径为25 mm的阻燃型PVC管，穿RVVP-4×0.5的控制线。每户有1个室内对讲分机，对讲分机明装，距地1.4 m。

单元小结

本单元介绍了建筑电气施工图的基础知识、主要内容，重点介绍了配电系统图、配电平图、防雷接地施工图、弱电施工图的的主要内容、识读要点、案例解读。具体包括：

（1）电气施工图中导线表示法、电气图形符号、线路及照明灯具的标注方法。

（2）电气施工图中室内电力照明工程的任务、供电方式、组成、线路敷设方式、灯具开关的控制线路。

（3）电气施工图的主要内容、图示方法和画法。

(4) 识读电气施工图的方法及步骤。

(5) 电气施工图图纸目录、设计说明、主要材料表的主要内容、识读要点、案例解读。

(6) 配电系统图、配电平面图、防雷接地施工图、弱电施工图的的主要内容、识读要点、案例解读。

思考题

1. 导线的表示方法有哪几种？各代表什么含义？

2. 如何进行线路标注？举例说明。

3. 如何进行灯具的标注？举例说明。

4. 如何区别接户线和进户线？

5. 配电装置包括哪些设备和元件？

6. 线路的敷设方式有哪几种？

7. 如何表示灯具的开关控制线路？

8. 电气施工图一般由哪几部分组成？

9. 识读建筑电气施工图的一般顺序是什么？

10. 电气设计说明主要包括了哪些内容？

11. 主要材料表中罗列了哪些设备？设备的名称、图例符号、型号及规格、数量各是什么？

12. 指出某个工程的设备总量、需要系数、功率因数、计算负荷、计算电流各是多少？

13. 指出某个工程的配电箱、熔断器、电度表、断路器的的型号及规格各是什么？

14. 指出某个工程中有哪些支路？哪些是照明支路？哪些是插座支路？各支路的具体意义是什么？

15. 结合系统图和平面图，搞清楚某个工程各支路所连接的设备及线路走向、导线根数。

16. 指出某个工程从何处进线？进线进行标注所代表的含义是什么？

17. 指出某个工程有哪些不同形式的灯具？是如何标注的？

18. 根据房间功能的不同，插座的形式及安装高度有何不同？

19. 指出某个工程的弱电系统包括了哪些部分？

20. 指出某个工程的电话系统是如何分配的？采用电话线的型号及规格、安装方式是什么？安装部位在哪里？

21. 指出某个工程的电视系统是如何分配的？采用电视电缆线的型号及规格、安装方式是什么？安装部位在哪里？

22. 指出某个工程的是否有与土建及其他设备冲突的地方？若有，如何协调处理？

单元7 建筑工程施工图实例

7.1　某多层框架结构住宅
7.2　某多层食堂

7.1 某多层框架结构住宅

工程名称________

项目名称　　住宅楼

设计号：________　　设计阶段：施工图设计

图　别：　建筑　　日　　期：________

院　　长：________

总工程师：________

设计总负责：________

专业负责人

建　筑：________　　电　照：________

结　构：________　　暖　通：________

水　卫：________　　概　算：________

××××年××月

工程总称________　　设计号________

图　别　　建施

项　　目　　住宅楼　　日　期________

图纸目录

第 1 页　共 1 页

图纸编号	图　名	规格	备注
建总 01	建筑总平面图	A2	
建施 01	建筑设计说明　门窗明细表	A2	
建施 02	一层平面图	A2	
建施 03	二层平面图	A2	
建施 04	三～五层平面图	A2	
建施 05	屋顶平面图　屋顶构架平面图	A2	
建施 06	①—⑮轴立面图	A2	
建施 07	⑮—①轴立面图	A2	
建施 08	Ⓐ—Ⓚ 轴立面图　Ⓚ—Ⓐ轴立面图	A2	
建施 09	A—A 剖面图　楼梯大样图	A2	
建施 10	大样图	A2	

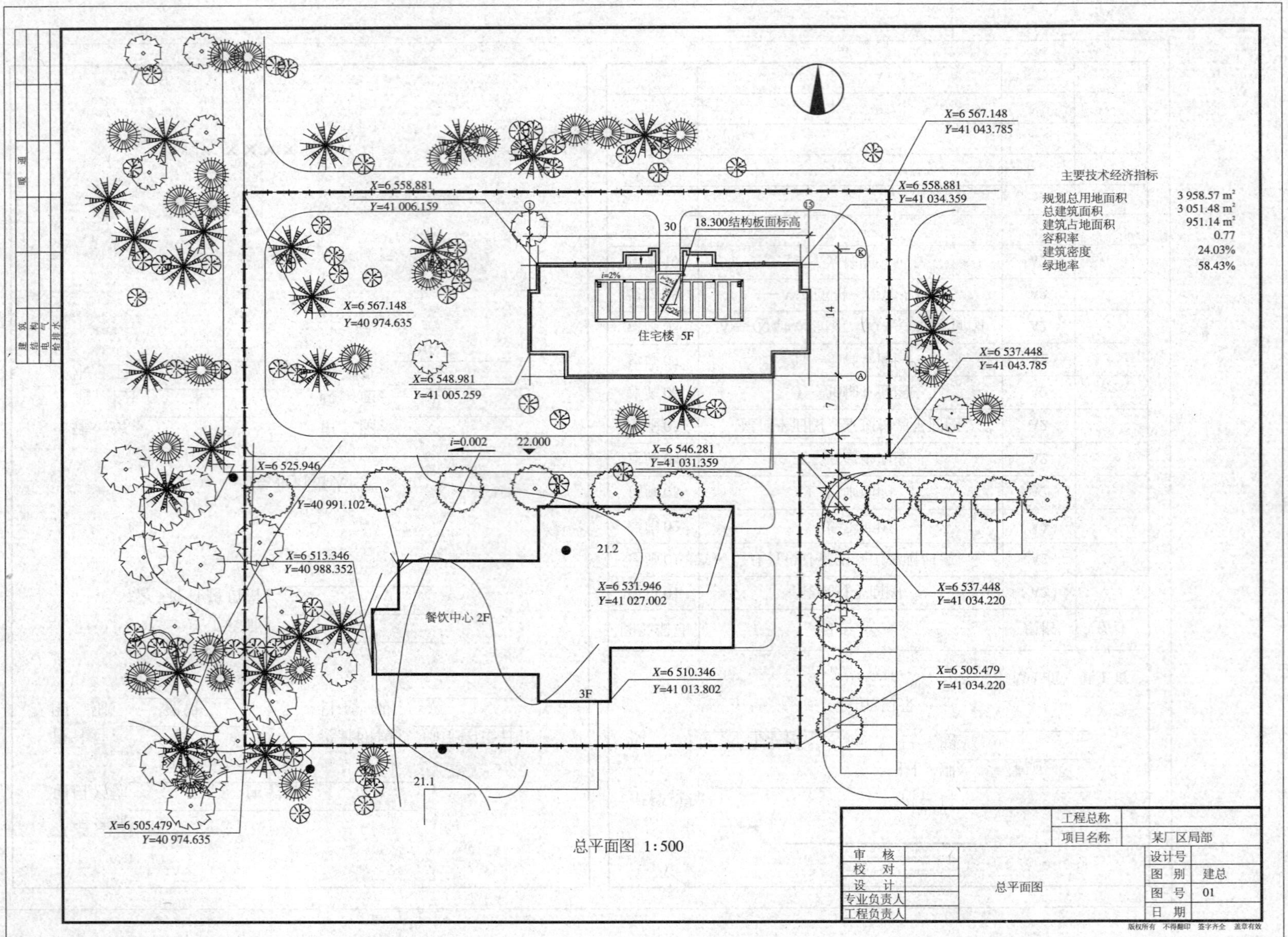
主要技术经济指标
规划总用地面积 3 958.57 m²
总建筑面积 3 051.48 m²
建筑占地面积 951.14 m²
容积率 0.77
建筑密度 24.03%
绿地率 58.43%
X=6 567.148
Y=41 043.785
X=6 558.881
Y=41 034.359
X=6 558.881
Y=41 006.159
18.300结构板面标高
30
14
7
4
住宅楼 5F
i=2%
X=6 567.148
Y=40 974.635
X=6 548.981
Y=41 005.259
X=6 537.448
Y=41 043.785
i=0.002
22.000
X=6 546.281
Y=41 031.359
X=6 525.946
Y=40 991.102
X=6 513.346
Y=40 988.352
21.2
X=6 531.946
Y=41 027.002
X=6 537.448
Y=41 034.220
餐饮中心 2F
X=6 510.346
Y=41 013.802
3F
X=6 505.479
Y=41 034.220
21.1
X=6 505.479
Y=40 974.635
总平面图 1:500
工程总称
项目名称
某厂区局部
审 核
校 对
设 计
专业负责人
工程负责人
总平面图
设计号
图 别
建总
图 号
01
日 期
暖 通
建 筑
结 构
电 气
给排水

建筑	结构	电气	给排水	暖通

建 施 设 计 说 明

一、工程概况

1. 工程名称：××××住宅楼。
2. 建设地点：××××。
3. 建设单位：××××建筑队。
4. 使用功能：住宅楼。
5. 建筑类别：三类建筑，耐火等级：二级。
6. 防水等级：Ⅱ级，防水层耐用年限：15年。
7. 抗震设防烈度：按6度设防。
8. 建筑耐久年限：50年。
9. 主要结构类型：异型柱框架结构。
10. 本工程设计标高±0.000相当于场地标高22.70。

二、设计依据

1. 业主方提供的主要设计任务书以及有关地形图、红线图。
2. 《民用建筑设计通则》（GB 50352—2005）。
3. 《建筑设计防火规范》（GB 50016—2006）。
4. 《住宅建筑设计规范》（GB 50096—1999）。
5. 《建筑内部装修设计防火规范》（GB 50222—95）。
6. 《民用建筑工程室内环境污染控制规范》（GB 50325—2001）。
7. 《城市道路和建筑物无障碍设计规范》（JGJ 50—2001）。
8. 国家及地方现行的建筑设计有关规范、规定及标准。

三、技术经济指标

1. 建筑占地面积：370.0 m²。
2. 总建筑面积：1 752.95 m²。
3. 建筑层数：5层。
4. 建筑总高度：15.30 m。
5. 建筑层高：底层层高3.3 m，2~5层层高3.0 m。

四、建筑主要做法及要求

1. 本工程设计图的尺寸单位除标高以及总平面图尺寸以m为单位外，其余尺寸均以mm为单位。
2. 墙体做法：
   （1）±0.000以上均为加气混凝土砌块砌筑，厚度：外墙体和分户墙体均为250 mm厚，户内墙体均采用200 mm厚。±0.000以下墙体参见结构。
   （2）墙身防潮层：在±0.000以下60 mm处做20 mm厚1∶2水泥砂浆防潮层（内掺5%防水剂）。
3. 内外建筑构造做法
   （1）具体做法及使用部位详见建筑构造做法表。
   （2）卫生间、厨房、阳台楼地面标高均低于该层楼地面标高30 mm，且找i=0.5%坡并坡向地漏。
   （3）内门窗洞口及墙面阳角处做1∶2水泥砂浆护角，高1 800 mm做法详98ZJ501第20页-1。
   （4）房间顶棚粉刷的平顶角线选用98ZJ501–页19–1。
   （5）凡不同墙体材料连接处在做室内抹灰时，加铺宽200 mm小网眼钢板一层。
   （6）凡悬挑部分、雨篷、窗口上沿均做滴水线，做法详98ZJ901第21页–B，第23页–B。
4. 楼梯栏杆做法
   （1）栏杆做法：详05ZJ401–第4页–W型　扶手做法：详05ZJ401–第28页–5踏步防滑做法：98ZJ401–第30页–3。
   （2）楼梯栏杆间距（垂直）≤110，水平栏杆长度超过500时栏杆高度为1 050。
5. 屋面及排水做法
   （1）屋面防水等级为Ⅱ级。
   （2）管道穿屋面泛水做法：除特别注明外见05ZJ201–页14–2。
   （3）雨水管及配件组合：雨水管采用防攀阻燃PVC128型半圆落水管，雨水管配件组合详中南标02ZTJ202-5页。
6. 门、窗
   （1）具体型号及使用的标准图号详门窗表。
   （2）所使用的塑钢外窗及阳台门的气密性等级必须达到现行国家标准《建筑外窗空气渗透性能分级及其检测方法》GB 7107规定的Ⅱ级标准，保温性能要求达到K值为2.5 W/(m²·k)。
   （3）门窗立樘：木门立于平开启方向的墙边，卷帘门立于门洞顶梁的内侧，其余均立于墙的中间。
   （4）窗套、檐口、遮阳板、雨篷采用白水泥底，封固底漆一道，白色外墙涂料2道。
7. 节能设计
   （1）体形系数：0.256。
   （2）最大窗墙面积比：0.46　　外窗外门采用单框PVC塑料中空玻璃窗；传热系数为2.5。
   （3）屋面保温采用干铺55厚挤塑保温板，详建筑构造做法表，其K值为0.87，D值为4.7。
   外墙保温采用ZL胶粉聚苯颗粒浆料外墙外保温系统；保温层厚度25 mm；本工程围护结构各部分传热系数K(W/(m²·k))和热惰性指标：
   屋顶：K值为1；D值为3.2。
   外墙：K_m为1.27，D值为3.57。
   外窗：K值为2.5。
   分户墙：K值为1.4。
   楼板：K值为1.4。

五、其他有关说明

1. 本工程室内装修除按《建筑构造做法表》规定的装修项目外，其余由二次室内装修设计确定，不列入土建施工范围。
2. 二次装修必须符合消防安全要求和符合《民用建筑工程室内环境污染控制规范》（GB 50325—2001）对环保的要求，同时不能影响结构安全和损害水电设施。
3. 本工程室内装修各种材料必须符合《建筑内部装修设计防火规范》。
4. 各种装修材料的质量、颜色、规格尺寸等均应选好样品，经建设单位和设计单位协商认可后，才能订货。
5. 凡风道、烟道、竖井内壁砌筑灰缝须饱满，并随砌随原浆抹平。有检修门的管道井内壁应作水泥混合砂浆粉刷。
6. 有吊顶的房间，其粉刷或装饰面层应做至吊顶标高以上100 mm处。
7. 凡木砖或木材与砌体接触部位均应涂防腐油；凡金属铁件均应先除锈，后涂防锈漆一道，面层再刷调和漆二道。
8. 管道安装：管道安装穿过墙身和楼板需予留孔洞，应用细石混凝土将管井孔洞堵塞严密以满足防火要求。
9. 本建筑所采用的建筑材料和装饰材料必须为A类无机非金属材料；人造及饰面木板采用E1类木板；木材采用非沥青类的防腐剂处理。
10. 面层严禁采用有毒性的塑料、涂料或水玻璃类材料。材料的毒性应经有关卫生防疫部门鉴定。
11. 在施工过程中，有变更要求时，需经设计院同意，由设计人员写出修改通知单后方可施工。

图文未详尽之处，均按国家现行施工验收规范处理或由甲、乙、丙三方共同解决。

建筑构造做法表

部位	装修名称	装修做法 \ 使用部位		客厅	餐厅		厨房	卫生间	储藏间	卧室	楼梯		备注
地面	水泥砂浆地面	05Z J001 地2		●	●		●	●	●		●		
地面	细石混凝土地面	98Z J001 地9											
楼面	地砖防水防滑楼面	05Z J001 楼33					●	●					
楼面	水泥砂浆楼面	05Z J001 楼2									●		
楼面	陶瓷地砖楼面	05Z J001 楼10		●	●				●	●			
内墙面	混合砂浆墙面（二）	05Z J001 内墙4			●				●				
内墙面	粉刷石膏珍珠岩保温砂浆墙面	05Z J001 内墙21		●						●			只用于客厅卧室外墙的内面粉刷
内墙面	乳胶漆涂料	05Z J001 涂23		●	●				●	●			
内墙面	面砖墙面	05Z J001 内墙12					●	●					
顶棚	铝合金封闭式条形板吊顶	05Z J001 顶19					●	●					
顶棚	混合砂浆顶棚	05Z J001 顶3		●	●		●	●	●	●	●		
顶棚	乳胶漆涂料	05Z J001涂23		●	●				●	●	●		
踢脚	面砖踢脚	05Z J001踢20		●	●		●	●	●	●	●		
油漆	调和漆	05Z J001 涂1	用于所有木门和楼梯木扶手										颜色为浅栗色
油漆	调和漆	05Z J001 涂13	用于金属栏杆										颜色除注明者外均为棕色
外墙面	涂料外墙面	05Z J001 外墙24	具体部位及颜色详见各立面所示										
外墙面	面砖外墙面	05Z J001 外墙13	具体部位及颜色详见各立面所示										
屋面	屋A：上人屋面	05Z J001 屋19	用于标高18.3 m 处屋面										
屋面	屋B：不上人屋面	05Z J001 屋11	用于标高21.300 m 处楼梯间屋面										
屋面	屋C：不上人屋面	05Z J001 屋17	用于雨篷及走道										

说明：①客厅、卧室楼面为600×600规格玻化砖；阳台、厨房、卫生间楼面为300×300规格防滑地砖；楼梯间楼面采用防滑地砖，厨房、卫生间内墙采用200×300面砖贴至吊顶上50，应由甲方会同设计人员看样同意后施工。
②所用的98Z J001图集均为2002年的合订本。

门窗明细表

门窗名称	洞口尺寸	门窗数量	备注
C-1	1 500×1 700	30	塑钢窗(参见92SJ704（一))
C-2	1 200×1 700	14	塑钢窗(参见92SJ704（一))
C-3	1 800×1 700	10	塑钢窗(参见92SJ704（一))
C-4	2 100×1 700	10	塑钢窗(参见92SJ704（一))
GC-1	900×1 700	10	塑钢窗(参见92SJ704（一))
GC-2	600×1 700	20	塑钢窗(参见92SJ704（一))
M-1	2 100×2 100	1	防盗门（甲方自理）
M-2	1 200×2 100	10	防盗门（甲方自理）
M-3	900×2 100	40	黑胡桃成品门包木门套
M-4	800×2 100	60	夹板门（参88ZJ601页7M23-0821）
M-6	2 100×2 100	10	塑钢滑拉门（参见92SJ704（一))
M-5	1 800×2 600	10	塑钢滑拉门（参见92SJ704（一))

		工程总称	
		项目名称	
审核		建筑设计说明 门窗明细表	
校对			
设计			
专业负责人			
工程负责人			

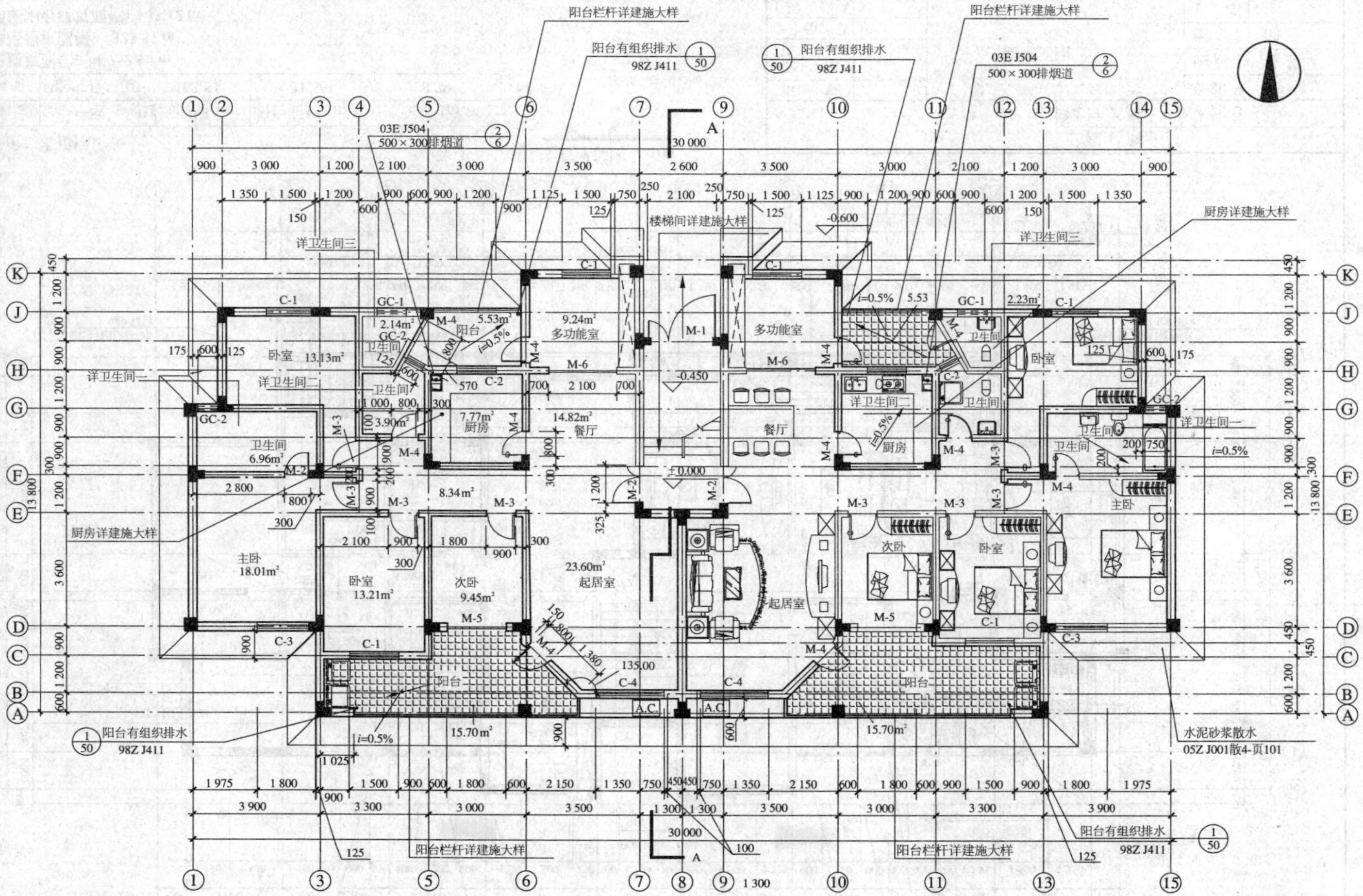

一层平面图 1:100

经济技术指标

编号	户型	建筑面积（m²）	阳台面积（m²）	公摊面积（m²）
A型	四室二厅三卫	163.51	21.56	8.79

总建筑面积：1 752 95 m²

单层建筑面积：325.81 m²

单层阳台建筑面积：43.12 m²

审核		工程总称	
校对		项目名称	私人住宅
设计	一层平面图	设计号	建施
专业负责人		图别	02
工程负责人		图号	
		日期	

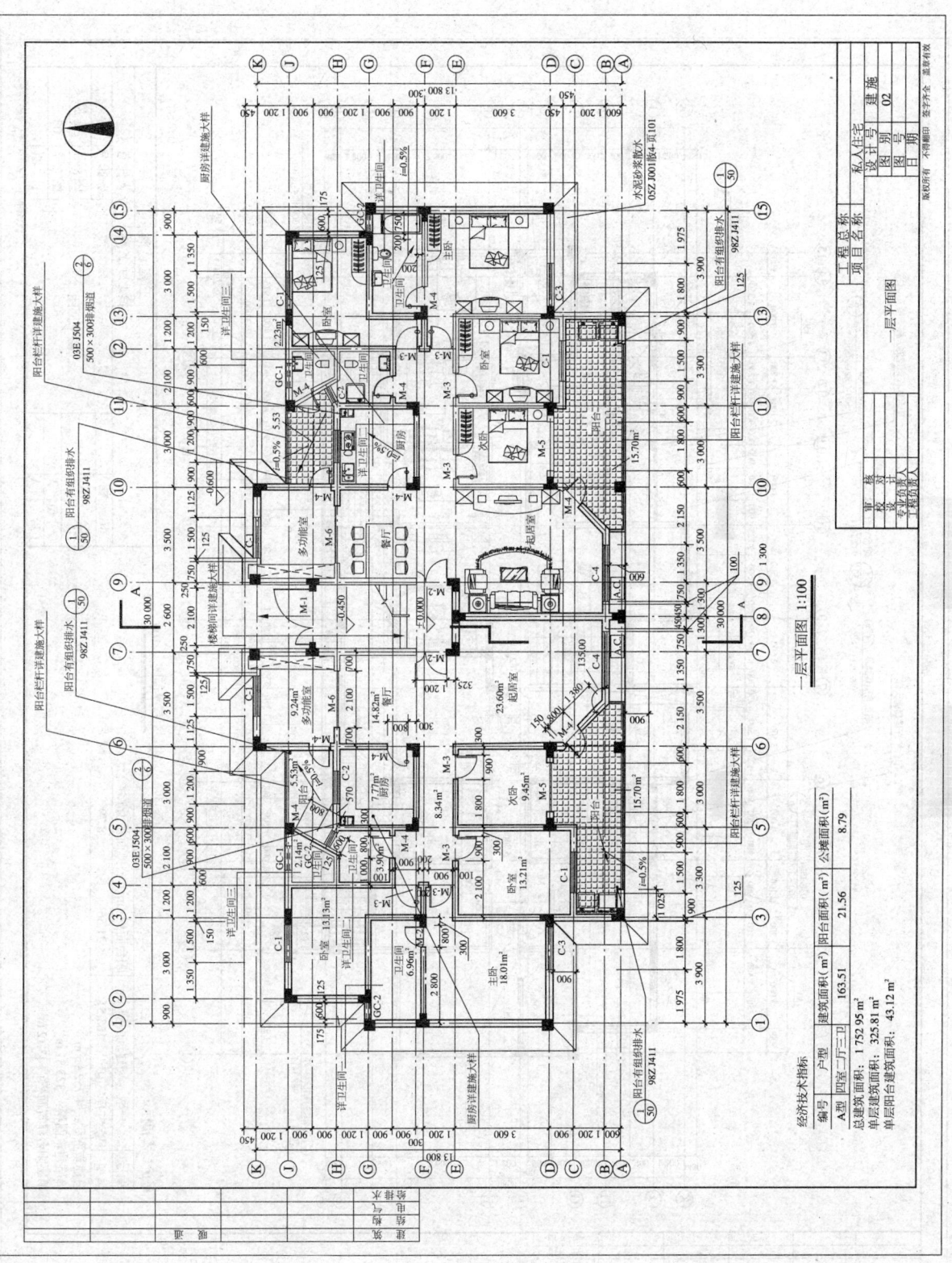

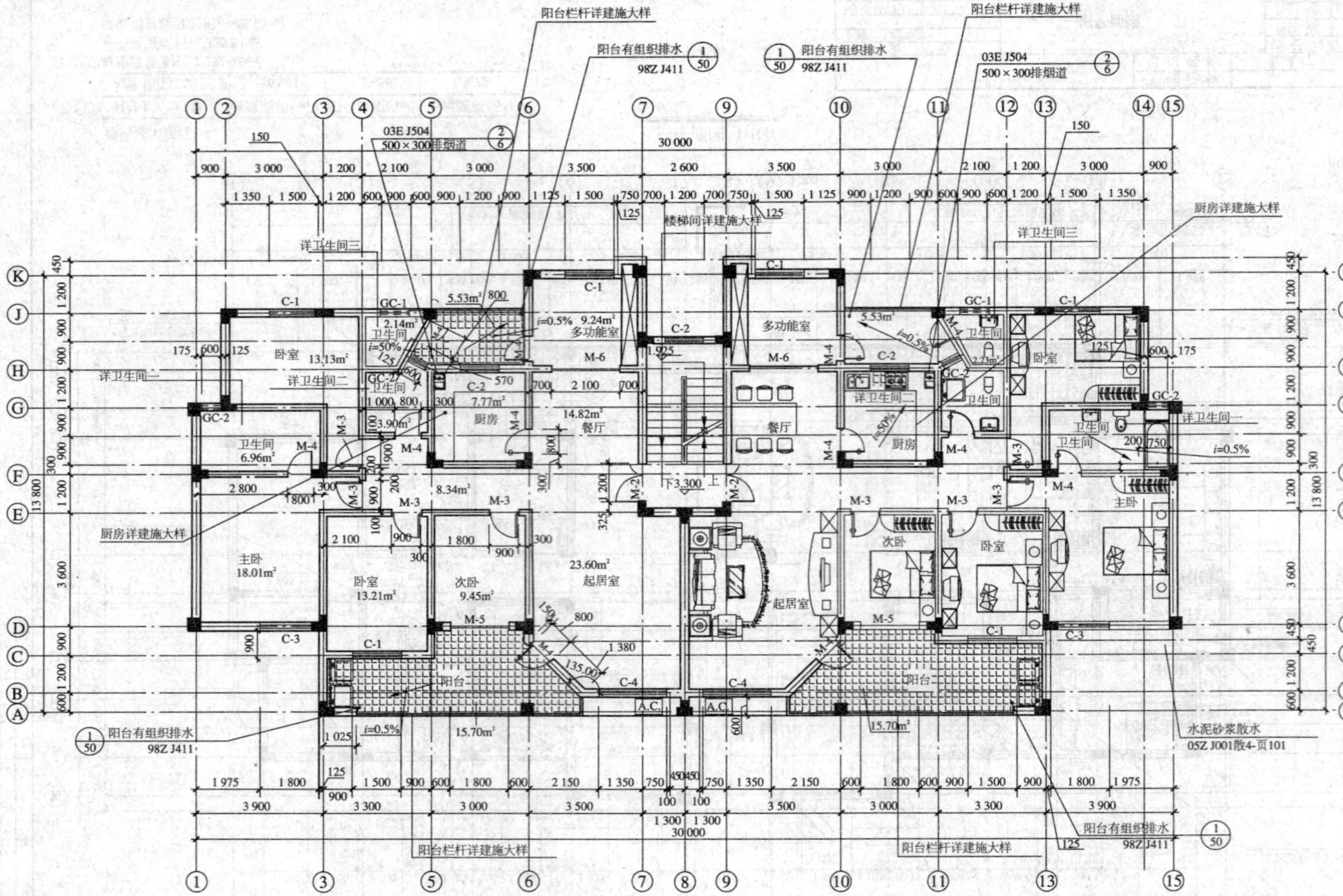

二层平面图 1:100

经济技术指标

编号	户型	建筑面积（m²）	阳台面积（m²）	公摊面积（m²）
A型	四室二厅三卫	163.51	21.56	8.79

总建筑面积：1 752.95 m²

单层建筑面积：325.81 m²

单层阳台建筑面积：43.12 m²

		工程总称	
		项目名称	私人住宅
审　核	二层平面图	设计号	
校　对		图　别	建施
设　计		图　号	03
专业负责人		日　期	
工程负责人			

建　筑
结　构
电　气
给排水
暖　通

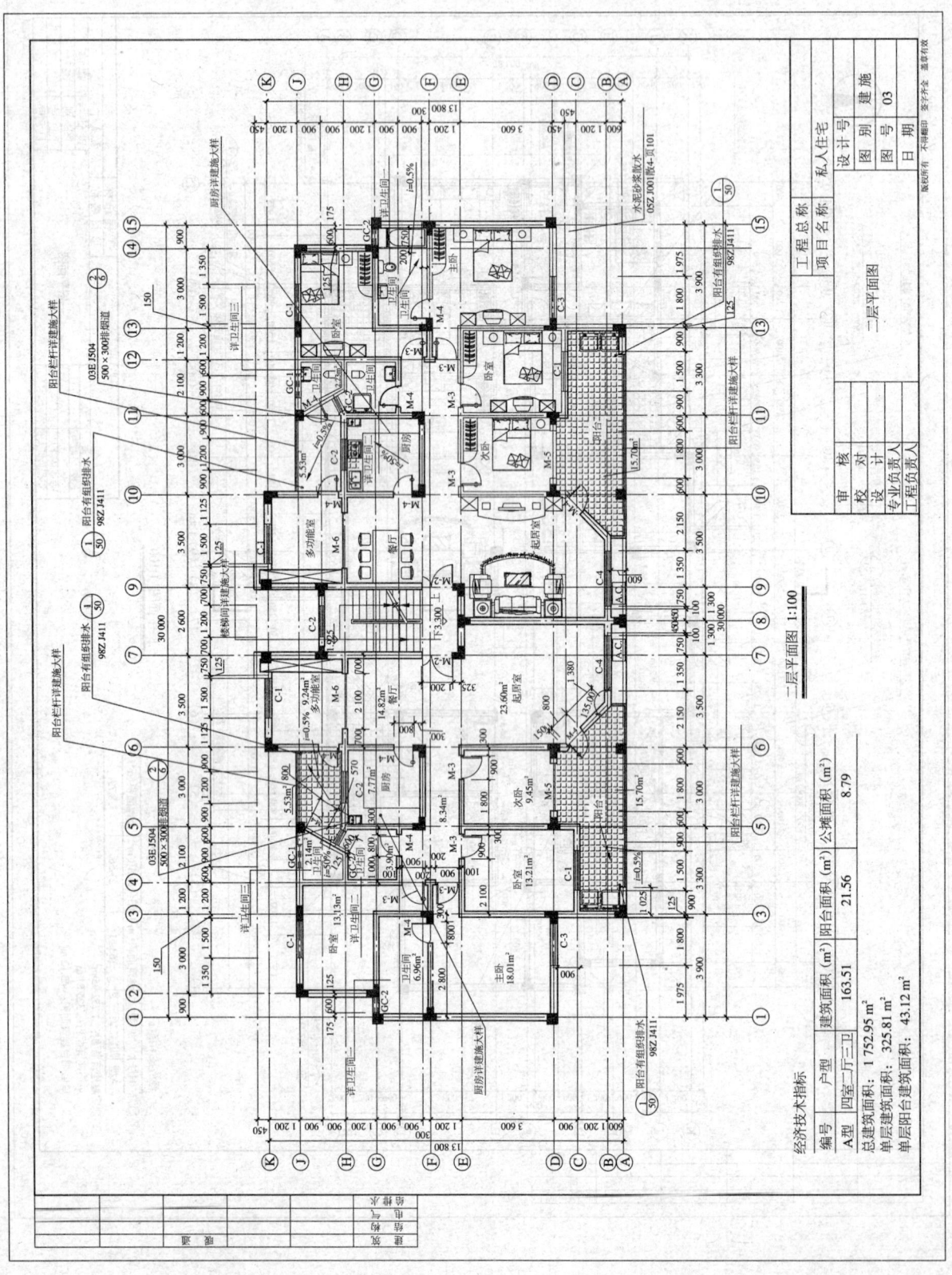

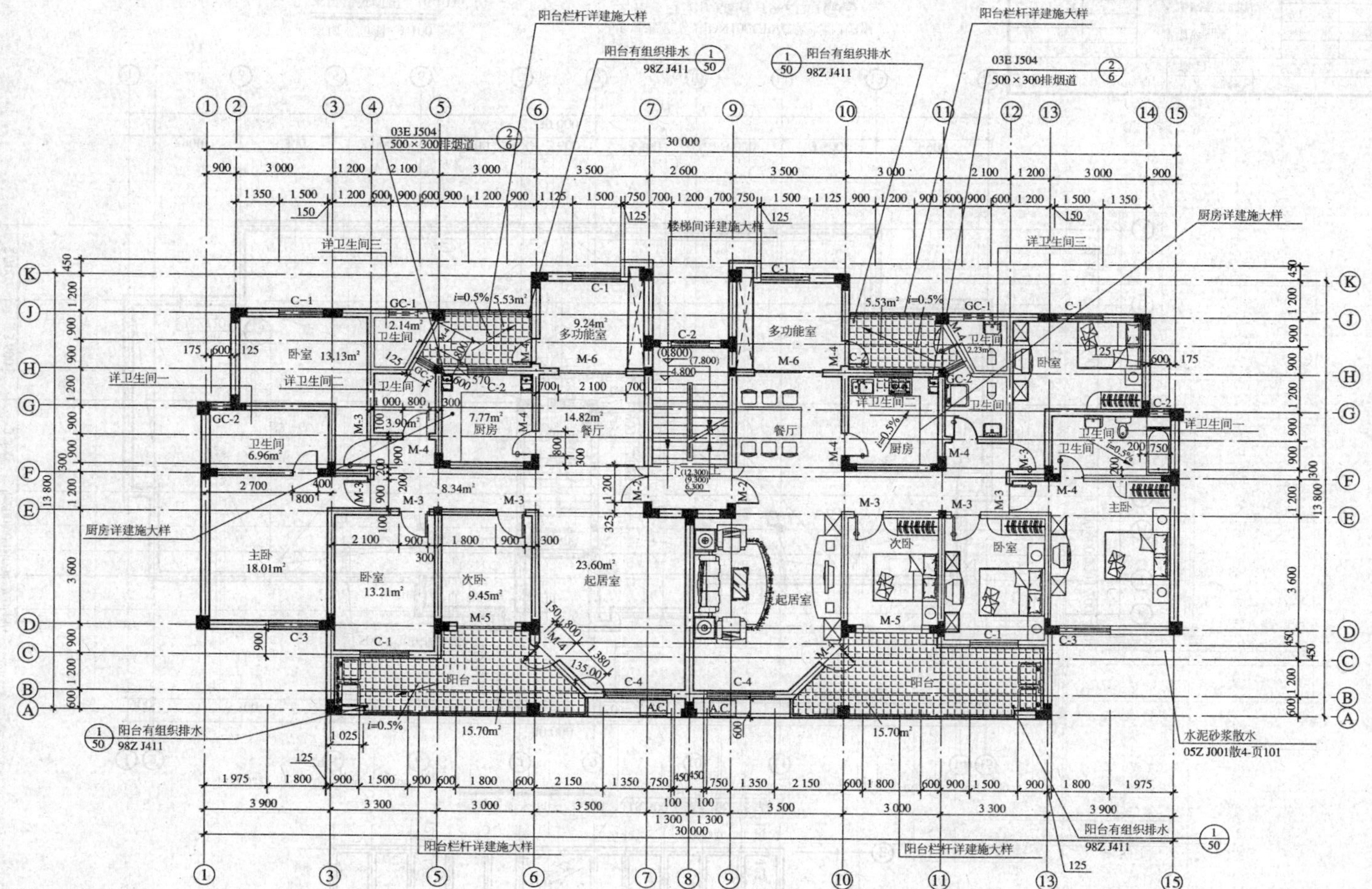

三~五层平面图 1:100

经济技术指标

编号	户型	建筑面积（m²）	阳台面积（m²）	公摊面积（m²）
A型	四室二厅三卫	163.51	21.56	8.79

总建筑面积：1 752.95 m²

单层建筑面积：325.81 m²

单层阳台建筑面积：43.12 m²

			工程总称	
			项目名称	私人住宅
审　核		三~五层平面图	设计号	
校　对			图　别	建施
设　计			图　号	04
专业负责人			日　期	
工程负责人				

建　筑	
结　构	
电　气	
给排水	
暖　通	

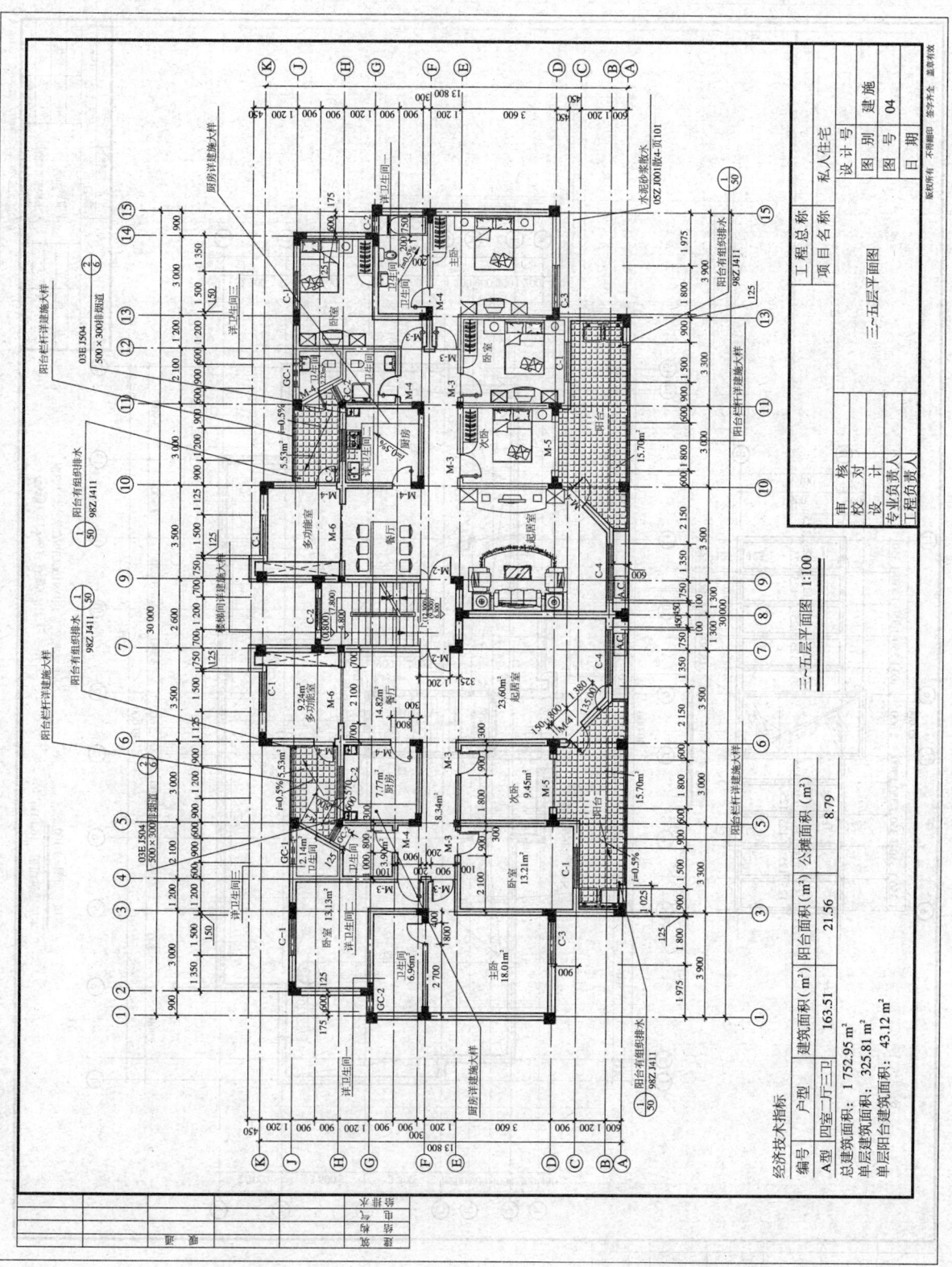

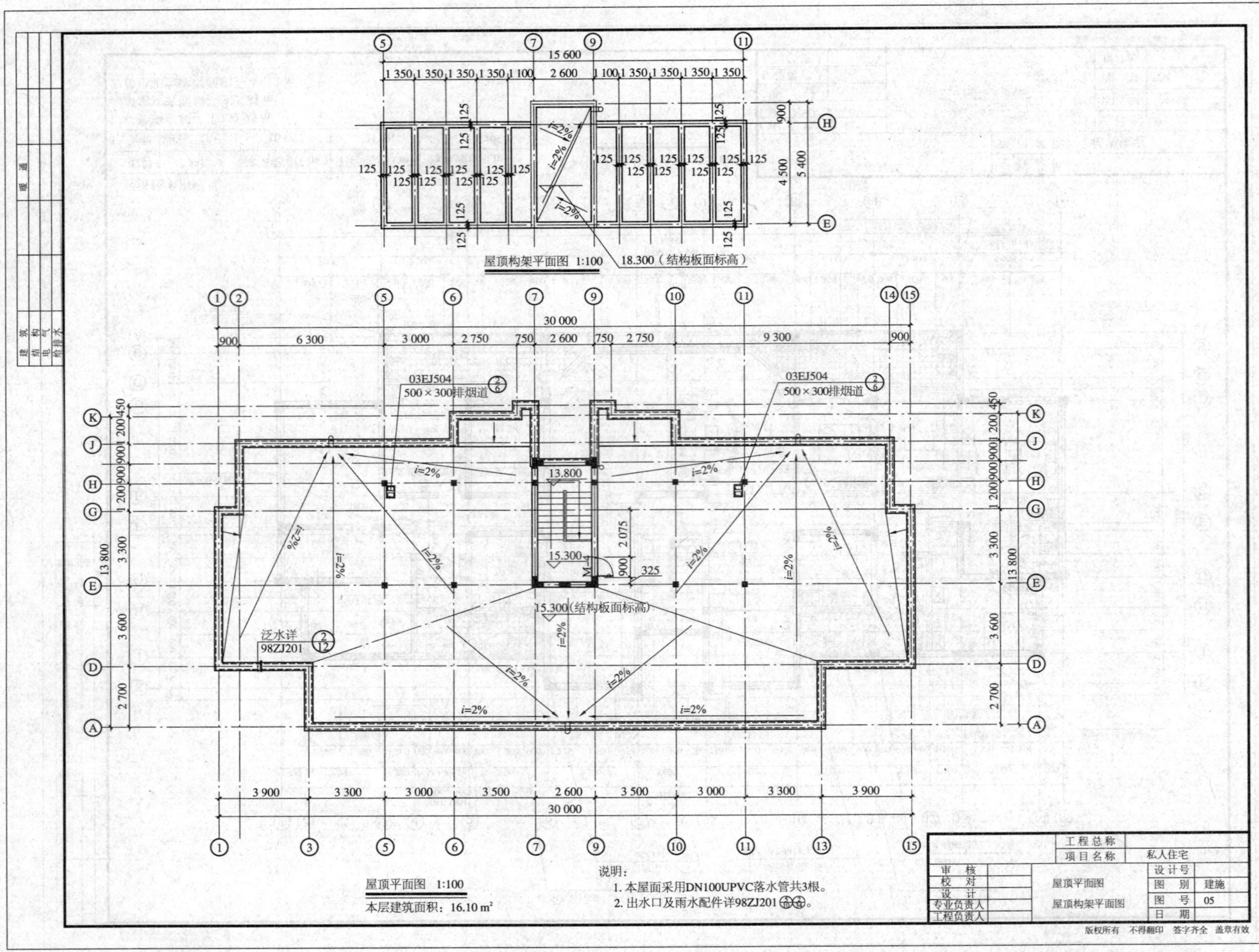
屋顶构架平面图 1:100
18.300（结构板面标高）
15 600
1 350 1 350 1 350 1 350 1 100 2 600 1 100 1 350 1 350 1 350 1 350
5 400
4 500
900
i=2%
03EJ504
500×300排烟道
13.800
15.300
15.300(结构板面标高)
2 075
325
泛水详
98ZJ201
30 000
900 6 300 3 000 2 750 750 2 600 750 2 750 9 300 900
3 900 3 300 3 000 3 500 2 600 3 500 3 000 3 300 3 900
13 800
2 700 3 600 3 300 1 200 900 900 1 200 450
屋顶平面图 1:100
本层建筑面积：16.10 m²
说明：
1. 本屋面采用DN100UPVC落水管共3根。
2. 出水口及雨水配件详98ZJ201
工程总称
项目名称
私人住宅
审核
校对
设计
专业负责人
工程负责人
屋顶平面图
屋顶构架平面图
设计号
图别
建施
图号
05
日期
版权所有 不得翻印 签字齐全 盖章有效
建筑
结构
电气
给排水
暖通

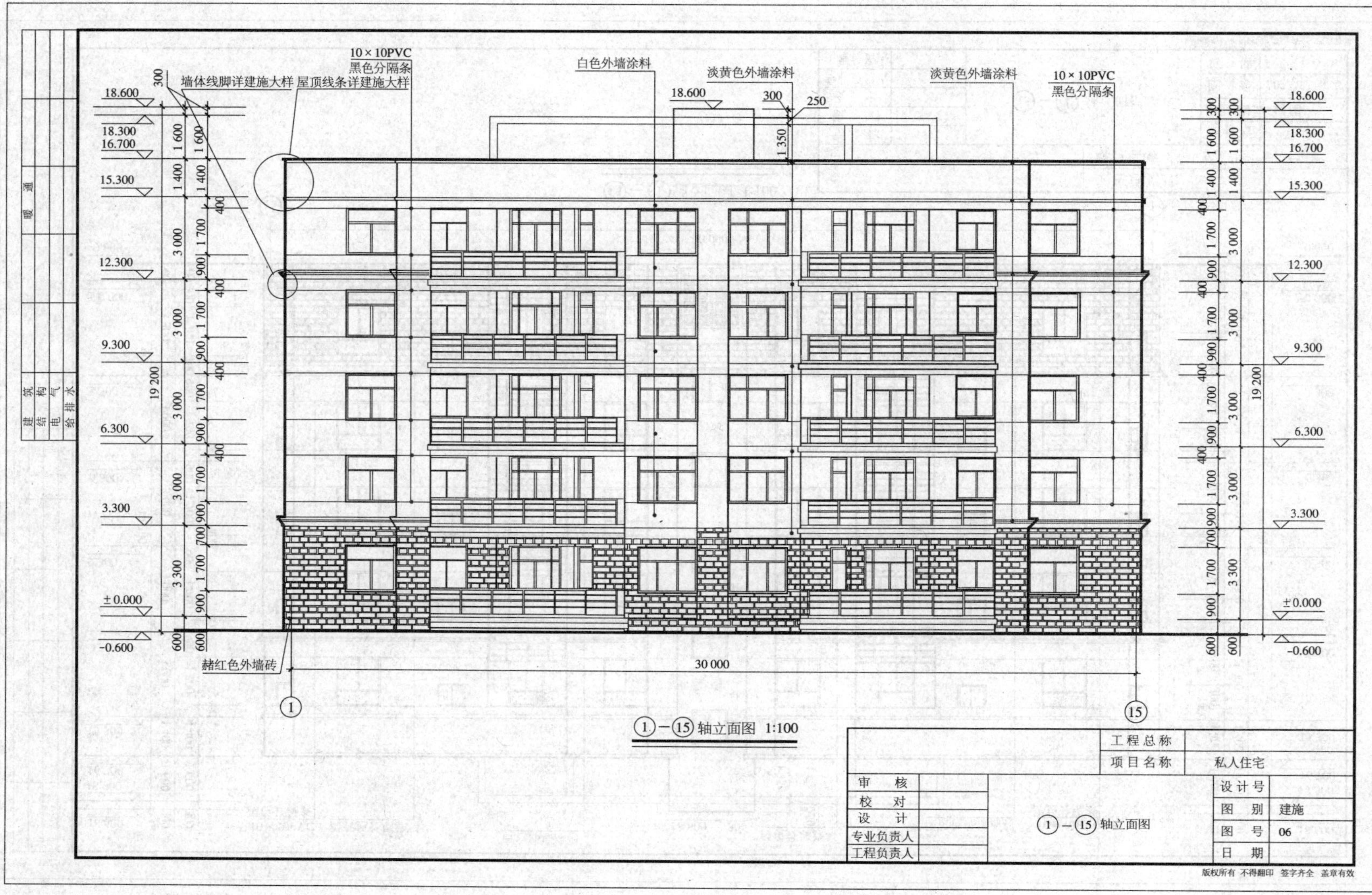
10×10PVC
黑色分隔条
墙体线脚详建施大样
屋顶线条详建施大样
白色外墙涂料
淡黄色外墙涂料
淡黄色外墙涂料
10×10PVC
黑色分隔条
赭红色外墙砖
18.600
18.300
16.700
15.300
12.300
9.300
6.300
3.300
±0.000
-0.600
19 200
30 000
①—⑮轴立面图 1:100
工程总称
项目名称
私人住宅
审核
校对
设计
专业负责人
工程负责人
①—⑮轴立面图
设计号
图别
建施
图号
06
日期
版权所有 不得翻印 签字齐全 盖章有效
建筑
结构
电气
给排水
暖通

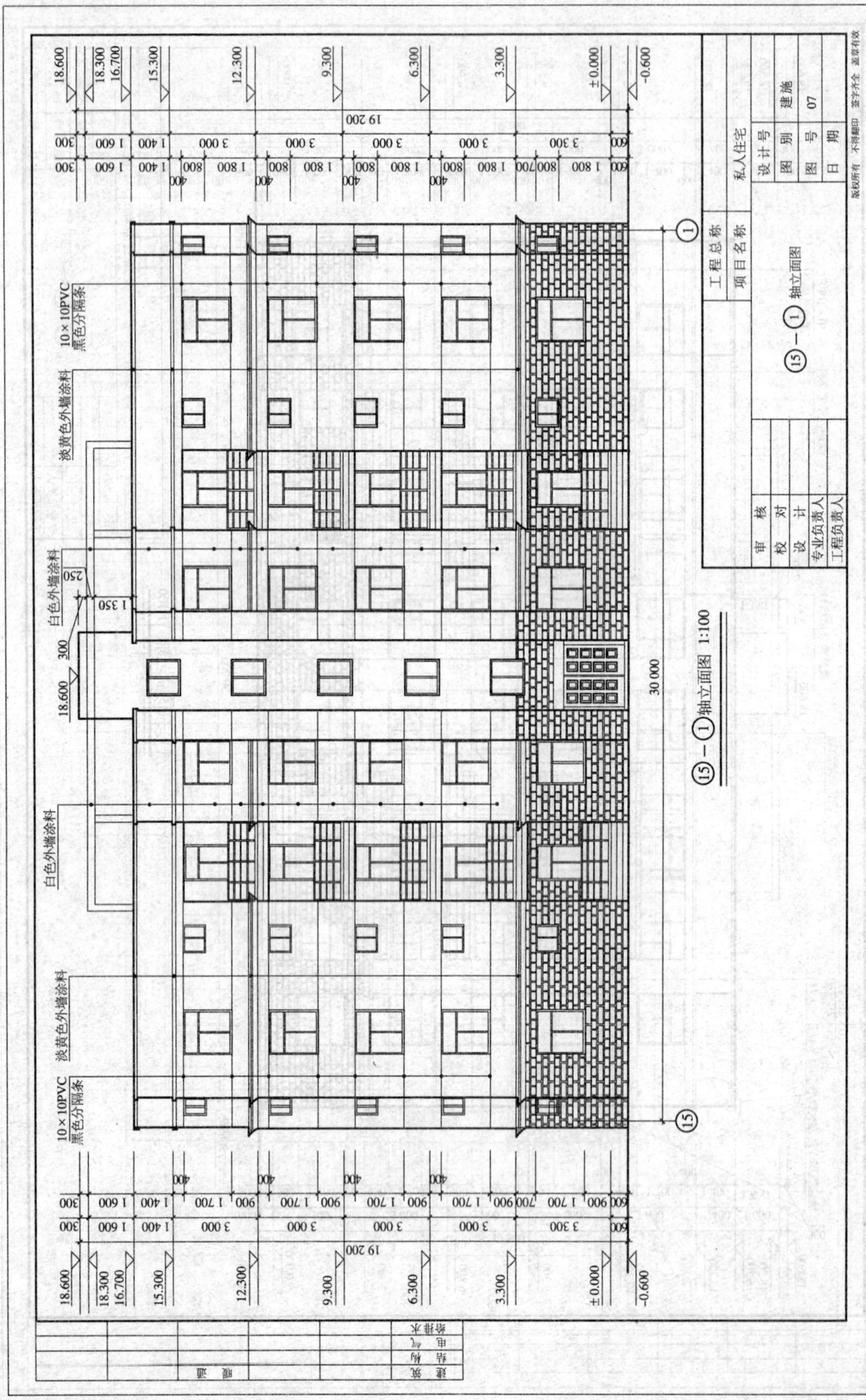

⑮—①轴立面图 1:100
淡黄色外墙涂料
白色外墙涂料
10×10PVC
黑色分隔条
18.600
300
250
1 350
30 000
19 200
18.600
18.300
16.700
15.300
12.300
9.300
6.300
3.300
±0.000
-0.600
工程总称
项目名称
私人住宅
设计号
图别
建施
图号
07
日期
审核
校对
设计
专业负责人
工程负责人
⑮—①轴立面图
版权所有 不得翻印 签字齐全 盖章有效

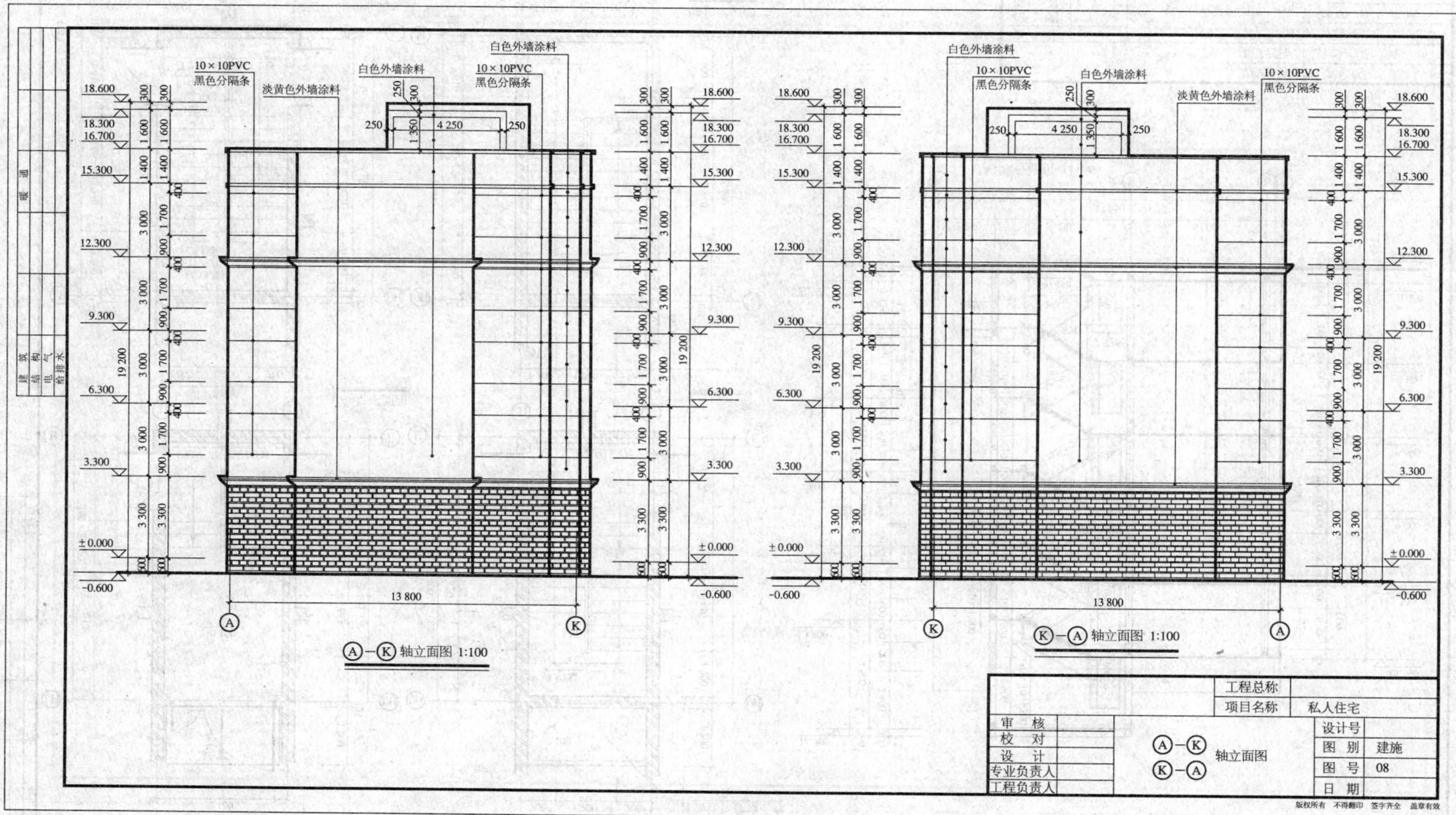
10×10PVC
黑色分隔条
淡黄色外墙涂料
白色外墙涂料
Ⓐ—Ⓚ轴立面图 1:100
Ⓚ—Ⓐ轴立面图 1:100
工程总称
项目名称 私人住宅
审 核
校 对
设 计
专业负责人
工程负责人
Ⓐ—Ⓚ
Ⓚ—Ⓐ 轴立面图
设计号
图 别 建施
图 号 08
日 期
版权所有 不得翻印 签字齐全 盖章有效

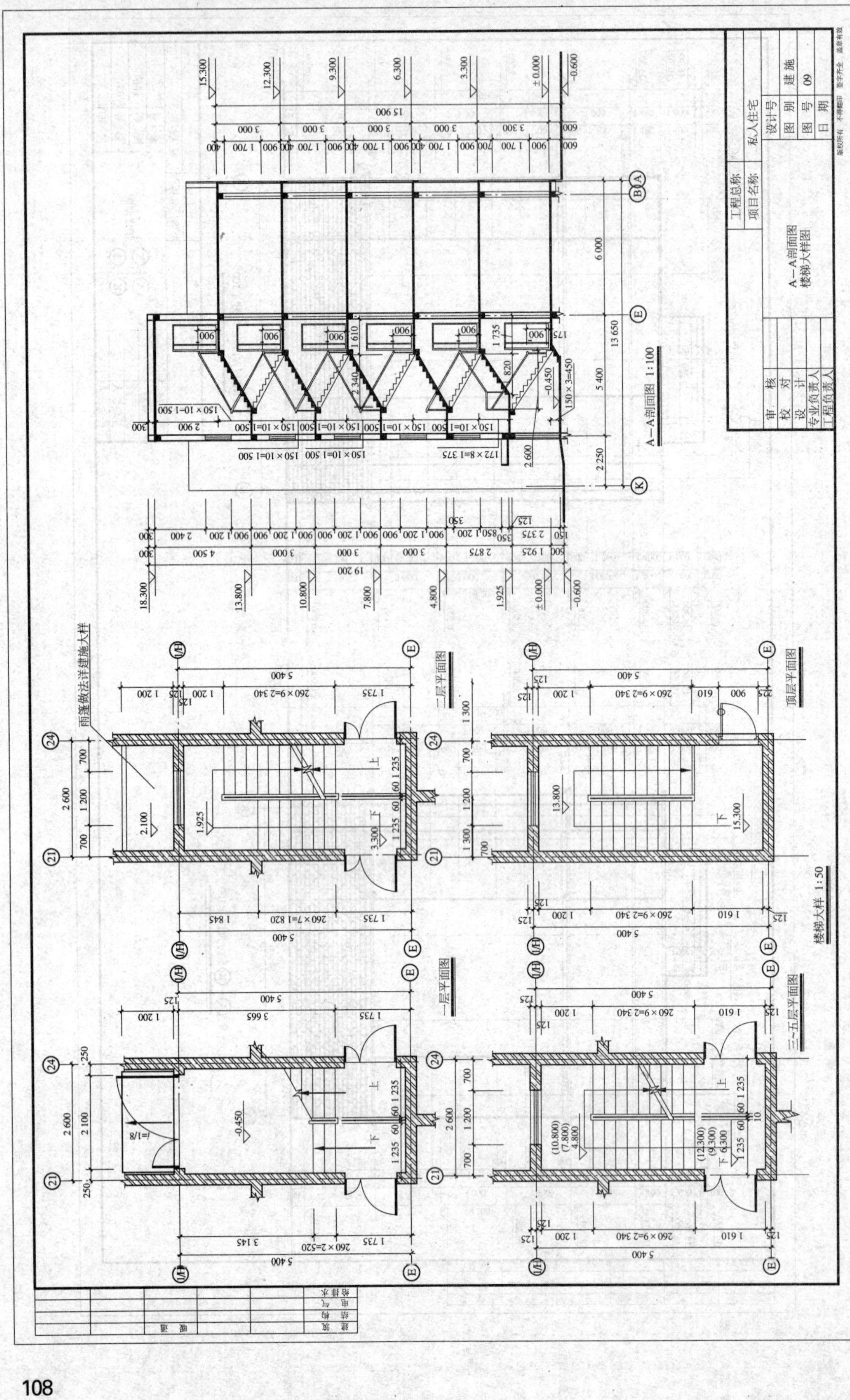

雨篷做法详建施大样
一层平面图
二层平面图
三~五层平面图
顶层平面图
楼梯大样 1:50
A—A剖面图 1:100
工程总称
项目名称
私人住宅
设计号
图别
建施
图号
09
日期
A—A剖面图
楼梯大样图
审核
校对
设计
专业负责人
工程负责人
建筑
结构
电气
给排水
暖通

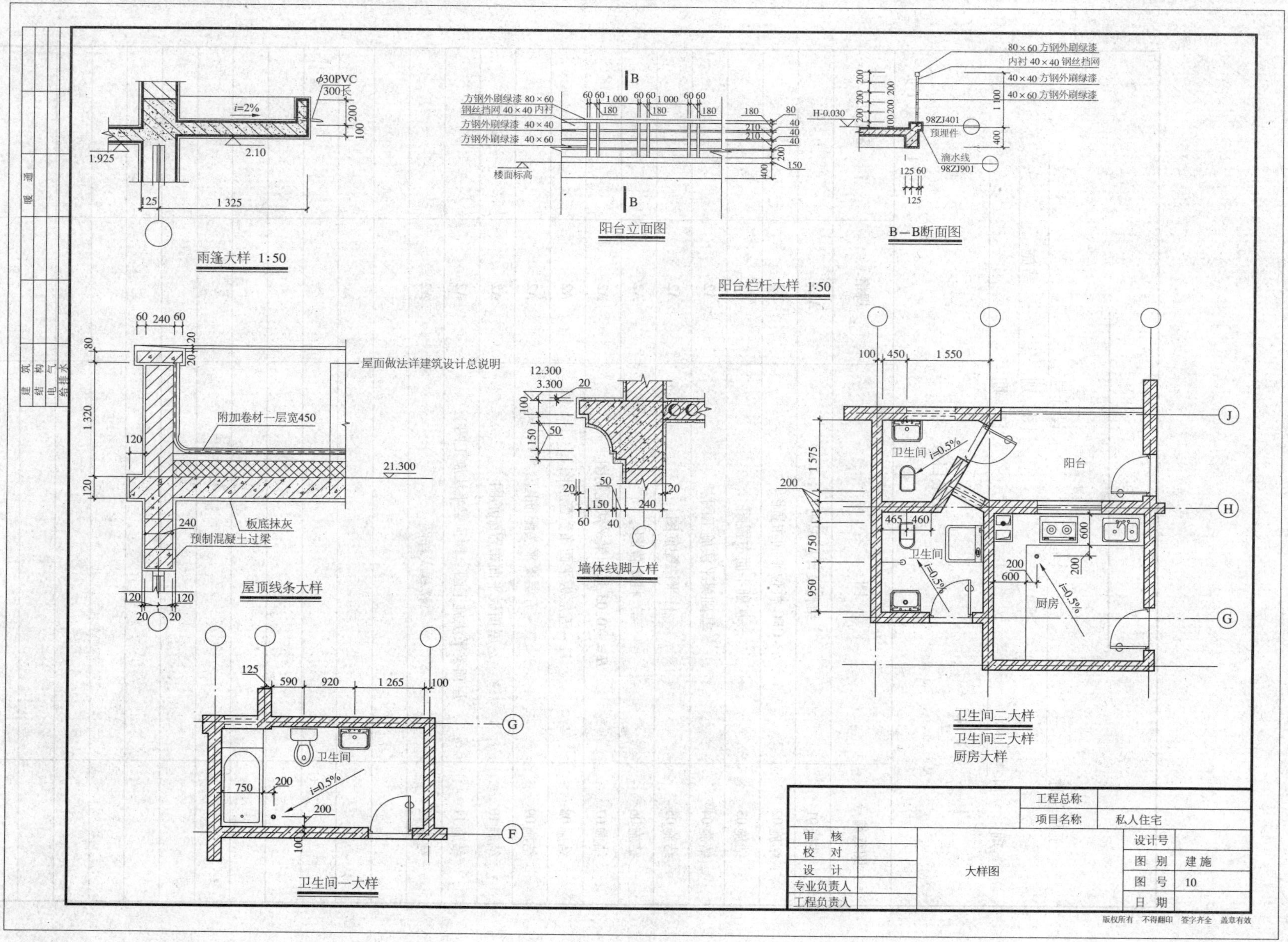
雨篷大样 1:50
φ30PVC
300长
i=2%
1.925
2.10
125
1 325
阳台立面图
方钢外刷绿漆 80×60
钢丝挡网 40×40 内衬
方钢外刷绿漆 40×40
方钢外刷绿漆 40×60
楼面标高
B—B断面图
80×60 方钢外刷绿漆
内衬 40×40 钢丝挡网
40×40 方钢外刷绿漆
40×60 方钢外刷绿漆
H-0.030
98ZJ401
预埋件
滴水线
98ZJ901
阳台栏杆大样 1:50
屋面做法详建筑设计总说明
附加卷材一层宽450
21.300
板底抹灰
预制混凝土过梁
屋顶线条大样
12.300
3.300
墙体线脚大样
卫生间
阳台
厨房
i=0.5%
卫生间二大样
卫生间三大样
厨房大样
卫生间一大样
工程总称
项目名称
私人住宅
审核
校对
设计
专业负责人
工程负责人
大样图
设计号
图别
建施
图号
10
日期
版权所有 不得翻印 签字齐全 盖章有效
建筑
结构
电气
给排水
暖通

工程总称______________ 设计号______________

图 别 结施

项 目______________ 日 期______________

图纸目录

第1页 共1页

图纸编号	图 名	规格	备注
结施 01	结构设计总说明	A2 +	
结施 02	CFG 桩位平面布置图	A2	
结施 03	基础平面布置图	A2	
结施 04	基础梁平法施工图	A2	
结施 05	柱平法配筋图	A2	
结施 06	柱定位图	A2	
结施 07	$H = -0.03$ 基础梁平法配筋图	A2	
结施 08	二~五层板平面布置配筋图	A2	
结施 09	二~五层梁平法配筋图	A2	
结施 10	屋顶板平面布置配筋图	A2	
结施 11	屋顶梁平法施工图 梯顶梁平法施工图	A2	
结施 12	楼梯大样图	A2	

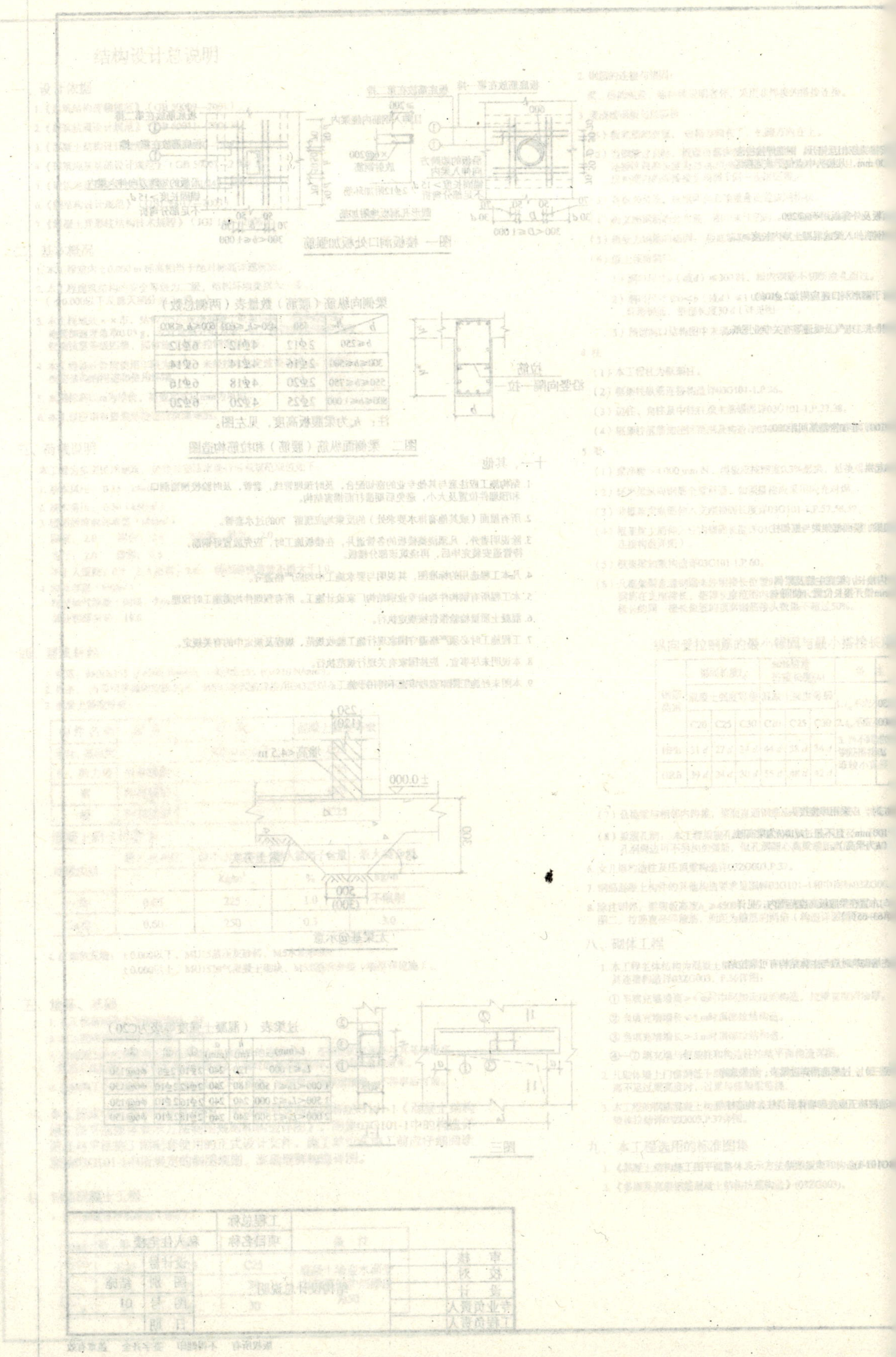

结构设计总说明

结构设计总说明

一、设计依据

1.《建筑结构荷载规范》（GB 50009—2001）。
2.《建筑抗震设计规范》（GB 50011—2001）。
3.《混凝土结构设计规范》（GB 50010—2002）。
4.《建筑地基基础设计规范》（GB 50007—2 002）。
5.《建筑地基基础技术规范》（DB 42/242—2003）。
6.《钢结构设计规范》（GBJ 50017—2003）。
7.《混凝土异形柱结构技术规程》（JGJ 149—2006）。

二、基本概况

1. 本工程室内 ±0.000 m 标高相当于绝对标高详建筑图。
2. 本工程建筑结构的安全等级为二级，结构环境类别为一类。（±0.000以下及露天部分为二a类。）
3. 本工程地处××市，结构为5层现浇混凝土框架结构，属丙类建筑；地震加速度值取0.05 g，设计地震分组为第一组。抗震设防烈度：6度，框架抗震等级四级，砌体施工质量控制等级B级。
4. 本工程设计合理使用年限为50年。未经技术鉴定或设计许可，不得改变结构的用途和使用环境。
5. 本图标高以m为单位，其他尺寸以mm为单位。
6. 本工程应请有资质单位进行沉降观测。

三、荷载说明

本工程为多层民用建筑，荷载依据国家现行荷载规范取值如下：

1. 基本风压：0.35（kN/m^2）
2. 基本雪压：0.50（kN/m^2）
3. 楼面活荷载标准值（kN/m^2）
   卧室：2.0　阳台：2.5　卫生间、厨房：2.0
   客厅：2.0　楼梯：3.5
   不上人屋面：0.5　上人屋面：2.0　楼面装修荷载不得大于1.0。
4. 砌体容重（kN/m^3）
   普通加气混凝土砌块：7.0
   蒸压粉煤灰砖：19.0

四、建筑材料

1. 钢筋：ϕHRB335（f_y=300 N/mm^2），ϕHRB235（f_y=210 N/mm^2）。
2. 焊条：当采用普通焊接接头时，HRB235钢筋焊接用E43型焊条；HRB335钢筋采用E50型焊条。
3. 混凝土强度等级：

构件名称	层序	标高	混凝土强度等级
承台，基础梁		±0.000 m以下	C25
柱，剪力墙	所有楼层		C25
梁	所有楼层		C25
板	所有楼层		C25

混凝土耐久性要求

球境类别	最大水灰化	最小水泥用量	最大氯离子含量	最大碱含量
		kg/m^3	%	kg/m^3
一类	0.65	225	1.0	不限制
二a类	0.60	250	0.3	3.0

4. 框架填充墙：±0.000以下，MU15蒸压灰砂砖，M5水泥砂浆；
   ±0.000以上，MU15加气混凝土砌块，M5.0混合砂浆（墙厚详建施）。

五、地基、基础

1. 本工程基础设计另详结施02，03。
2. 本工程地基基础设计等级：丙级。
3. 基础施工中应参照有关做法并结合电施图纸的避雷设计，在指定的框架柱与其基础板底筋相交处施焊，且延伸至伸出屋面与女儿墙处的避雷带施焊，以确保避雷效果。
4. 基础施工中应参照水施、电施做好上下水管道，电缆管沟的预留预埋，不得事后打凿。

六、本工程梁柱配筋采用平法制图，平法制图规则详国标03G101-1《混凝土结构施工图平面整体表示方法制图规则和构造详图》。图集03G101-1中的构造详图是与平法施工图配套使用的正式设计文件。施工单位在施工前应仔细阅读图集03G101-1中所规定的制图规则，准确理解构造详图。

七、钢筋混凝土工程

1. 受力钢筋保护层厚度（mm）：

环境类别	板、墙、壳	梁	柱	备注
	C25	C25	C25	混凝土墙迎水面受力钢筋保护层厚度为50
一	15	25	30	
二a	20	30	30	

2. 钢筋的连接与锚固：
梁、板的纵筋，除特殊说明者外，采用非焊接的搭接连接。

3. 现浇楼面板与屋面板
（1）板底筋的放置：短跨方向在下，长跨方向在上。
（2）当钢筋过长时，板面负筋应在跨中处接长，纵向受力钢筋的焊接接头应相互错开。钢筋焊接接头连接区段的长度为35 d（d为纵向受力钢筋的较大直径）且不小于500 mm，凡接头中点位于该连接区皮长度内的焊接接头均属于同一连接区段。
（3）各板角负筋，纵横两向必须重叠设置成网格状。
（4）板支座钢筋的分布筋，图中未注明时，楼面板用ϕ6@250，屋面板及外露板用ϕ6@200。
（5）板受力钢筋的锚固：板底筋应伸至梁中心线，且大于5 d；板面钢筋伸入梁或混凝土墙内长度≥L_a。
（6）板上预留洞口：
1）洞口尺寸b（或d）≤300时，板内钢筋不切断绕孔而过。
2）洞口尺寸300<b（或d）≤1 000时，板内附加2ϕ12钢筋，对于圆形洞口还应附加2ϕ10的环形钢筋，搭接长度30 d（详见图一）。
3）预留洞口结构图中未表示者，洞口位置及大小详见建筑、给排水、电气及暖通等有关专业图纸。

4. 柱
（1）本工程柱为框架柱。
（2）框架柱纵筋连接构造详03G101-1,P.36。
（3）边柱、角柱及中柱柱顶主筋锚固详03G101-1,P.37,38。
（4）框架柱箍筋加密区范围及构造详03G101-1,P.40,加密区箍筋间距100，非加密箍筋间距200。

5. 梁
（1）梁净跨>4 000 mm时，模板应按跨度0.3%起拱，悬挑梁按0.5%起拱。
（2）环形梁纵向钢筋全梁贯通，如须搭接应采用闪光对焊。
（3）非框架梁纵筋伸入支座锚固长度详03G101-1,P.57,58,59。
（4）框架梁主筋伸入柱内锚固长度详03G101-1,P.54,55,56（屋面框架梁、楼面框架梁与框架柱连接构造详图）。
（5）框架梁加腋构造详03G101-1,P.60。
（6）凡框架梁直通钢筋未注明接长位置时，梁顶主筋在跨中1/3范围内接长，梁底主筋及梁侧钢筋在支座接长；搭接长度范围内箍筋间距5 d，且不大于100 mm错开接长位置，使同一接长的同一接长位置的顶面钢筋接头数量不超过50%。

纵向受拉钢筋的最小锚固与最小搭接长度

钢筋类别	锚固长度l_{aE}			50%搭接搭接长度(l_l)			备注
	混凝土强度等级			混凝土强度等级			1. l_{aE}不应小于250 2. l_{lE}不应小于300 3. 当不同直径的钢筋搭接时，d取较小直径
	C20	C25	C30	C20	C25	C30	
HPB	31 d	27 d	24 d	44 d	38 d	34 d	
HRB	39 d	34 d	30 d	55 d	48 d	42 d	

（7）悬挑梁与相邻内跨梁，梁面直通钢筋应采用整根钢筋，当需接长时，应采用焊接接头。
（8）梁腹孔洞：本工程梁腹孔洞采用圆形孔洞，孔洞直径小于等于100 mm，且不超过h/10(h为梁高时，孔洞周边可不另加加强筋，但孔洞圆心离梁端距离应大于2.0 h（h为梁高）。

6. 女儿墙构造柱及压顶梁构造详03ZG003,P.37。
7. 钢筋混凝土构件的其他构造要求见国标03G101-1和中南标03ZG003。
8. 除注明外，梁腹板高度h_w≥450时，应设置梁侧面纵筋（腰筋），均匀布置在梁腹板高度范围内，见详图二。拉筋直径同箍筋，间距为箍筋的两倍（构造详图集03G101-1第63~65页）。

八、砌体工程

1. 本工程主体结构为混凝土框架结构，所有的墙体均为填充墙；填充墙砌筑时应与主体结构有可靠拉结，其连接构造详03ZG003，P.36详图：
① 当填充墙墙高>4 m时中间加设拉梁构造，拉梁宽度同墙厚。
② 当填充墙墙长≤5 m时顶部拉结构造。
③ 当填充墙墙长>5 m时顶部拉结构造。
④—⑦ 填充墙与框架柱和构造柱拉结平面构造详图。
2. 凡砌体墙上门窗洞低于梁底标高时，应增设钢筋混凝土过梁（详图三），过梁选用详过梁表；当染底净高不足过梁高度时，过梁与框架梁整浇。
3. 本工程的钢筋混凝土构造柱用GZ表示，位置详结施板配筋图。构造柱施工应先砌墙体后浇柱，构造柱与墙体拉结详03ZG003,P.37详图。

九、本工程选用的标准图集

1.《混凝土结构施工图平面整体表示方法制图规则和构造详图》(03G101-1)。
2.《多层及高层钢筋混凝土结构抗震构造》(03ZG003)。

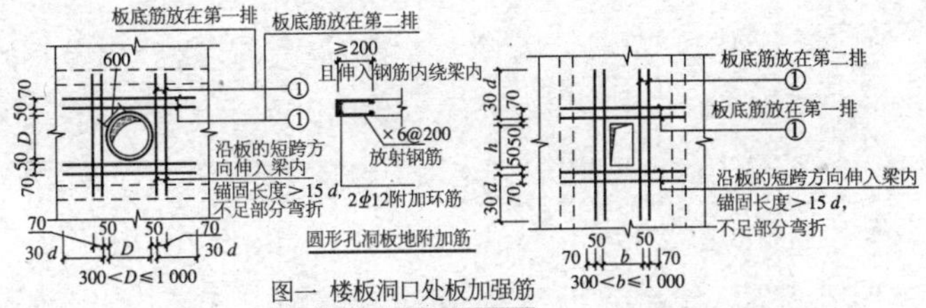

图一 楼板洞口处板加强筋

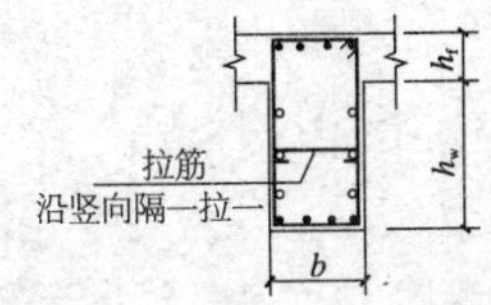

梁侧向纵筋（腰筋）数量表（两侧总数）

b \ h_w	450	450<h_w≤600	600≤h_w≤800
b≤250	2ϕ12	4ϕ12	6ϕ12
300≤b≤500	2ϕ16	4ϕ14	6ϕ14
550≤b≤750	2ϕ20	4ϕ18	6ϕ16
800≤b≤1 000	2ϕ25	4ϕ20	6ϕ20

注：h_w为梁腹板高度，见左图。

图二 梁侧面纵筋（腰筋）和拉筋构造图

十一、其他

1. 结构施工应注意与其他专业的密切配合，及时预埋管线，套管，及时验校预留洞口和预埋件位置及大小，避免后期凿打而损害结构。
2. 所有屋面（或其他有排水要求处）的反梁均应预留 70的过水套管。
3. 除说明者外，凡须浇捣楼板的各管道井，在楼板施工时，应先放置好钢筋，待管道安装完毕后，再浇筑该部分楼板。
4. 凡本工程选用的标准图，其说明与要求施工中均应严格遵守。
5. 本工程所有钢构件均由专业钢结构厂家设计施工。所有预埋件均需施工时预埋。
6. 混凝土质量检验报告按规定执行。
7. 工程施工时必须严格遵守国家现行施工验收规范、规程及规定中的有关规定。
8. 本说明未尽事宜，应按国家有关现行规范执行。
9. 本图未经施工图审查办审查不得用于施工。

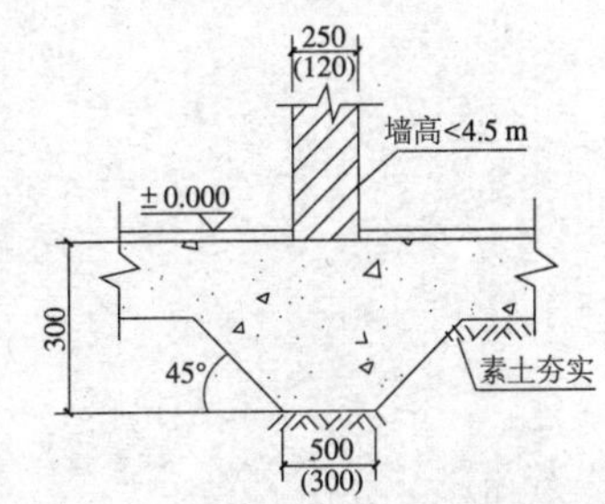

无梁基@示意

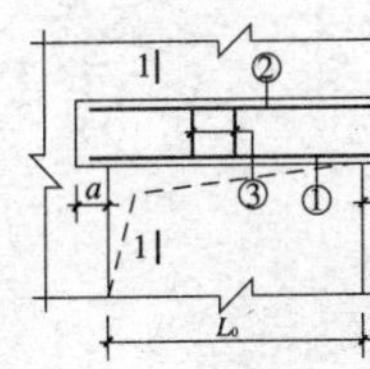

图三

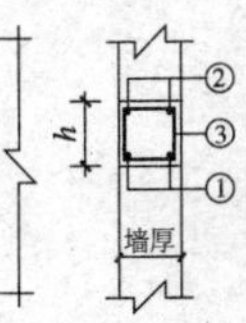

1-1

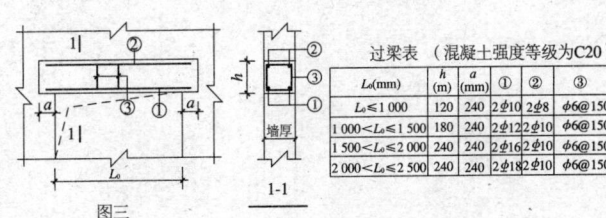

过梁表（混凝土强度等级为C20）

L_0(mm)	h (m)	a (mm)	①	②	③
L_0≤1 000	120	240	2ϕ10	2ϕ8	ϕ6@150
1 000<L_0≤1 500	180	240	2ϕ12	2ϕ10	ϕ6@150
1 500<L_0≤2 000	240	240	2ϕ16	2ϕ10	ϕ6@150
2 000<L_0≤2 500	240	240	2ϕ18	2ϕ10	ϕ6@150

		工程总称	
		项目名称	私人住宅楼
审核	结构设计总说明	设计号	
校对		图别	结施
设计		图号	01
专业负责人		日期	
工程负责人			

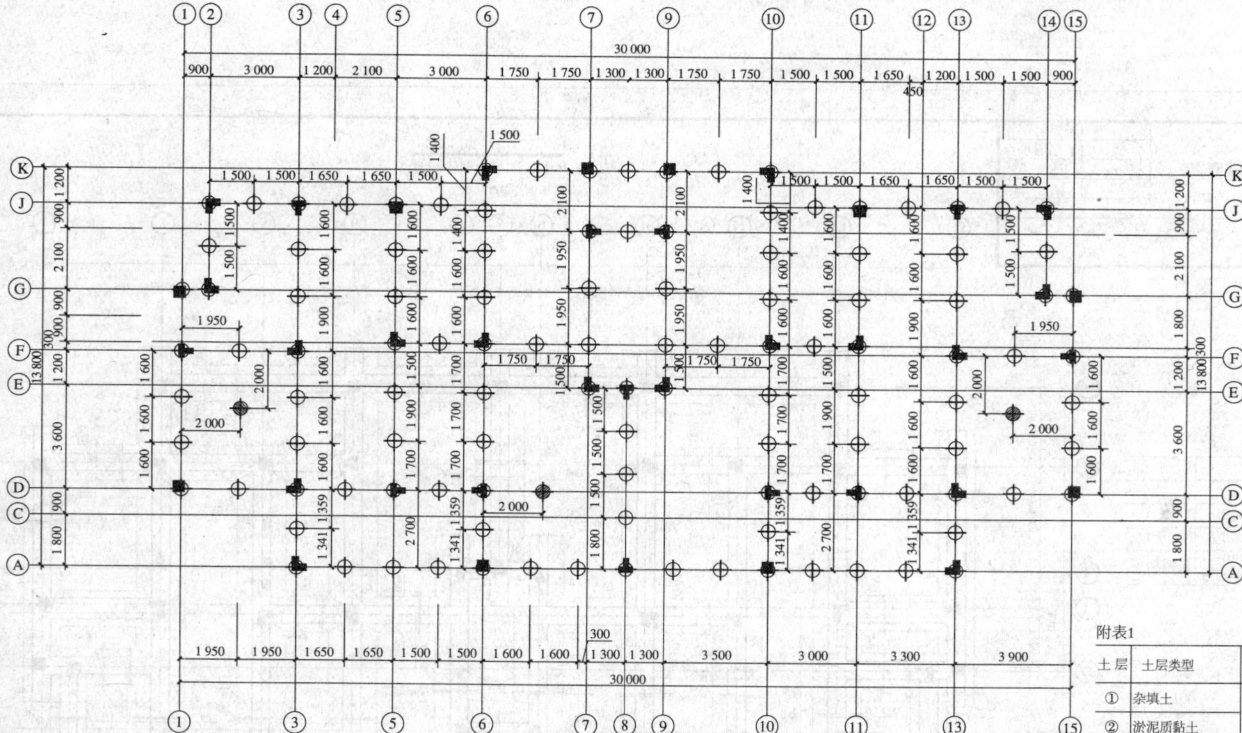

CFG桩位平面布置 1:100

总桩数：118根

为试桩

CFG桩设计与施工说明:

（1）CFG施工时，桩顶标高应高出设计桩顶标高，桩端进入持力层大于1 000。宜使用长螺旋钻孔工艺施工。

（2）CFG桩直径选用D=500，桩有效平均长度18.0 m，凿桩0.5 m，桩数见平面，桩身混凝土强度C20,凿桩时不应采用大锤敲击桩头，宜采用小锤沿桩周边对称截桩或采用专用器械截桩。施工时应及时做好施工记录，检查混凝土塌落度、桩数、桩位偏差、褥垫层厚度、夯填密实度和桩体试块抗压强度等。

（3）CFG桩施工应按工艺流程进行，施工时应按设计配比配置混合料，投入搅拌机加水量由混合料塌落度控制。施工时，桩顶标高应高出设计桩顶标高，高出长度为500。

（4）复合地基的基坑可采用人工或机械、人工联合开挖。机械、人工联合开挖时，预留人工开挖厚度应由现场开挖确定，以保障机械开挖造成桩的断裂部位不低于基础底面标高，且桩间土不受扰动。

（5）在CFG桩桩顶设置300厚粗砂、中砂、级配砂石，碎石的最大粒径不宜大于30 mm层，其重量比为7:3。

（6）在CFG桩施工过程中应观测新施工桩对已施工桩的影响，当发现桩断裂并脱开时，必须对工程桩逐桩静压，静压时间一般为3 min，静压荷载以保证使断桩接起来为准。褥垫层铺设宜采用静力压实法，当基础底面下桩间土的含水量较小时，也可采用动力夯实法。

（7）施工中桩长允许偏差为100 mm，桩径允许偏差为20 mm，垂直度允许偏差为1%。

对条形基础，垂直于轴线方向的桩位允许偏差为0.25倍桩径，顺轴线方向的桩位允许偏差为0.4倍桩径，对单排布桩桩位允许偏差不得大于60 mm。

① 复合地基承载力设计值取f_{spk}=200 kPa；单桩承载力标准值R_a=490 kN。

②复合地基静荷载试验的桩数应不少于总数的1%，且单体工程的实验数量不应少于3点。

③ 桩身质量检测采用低应变动测法，抽检数量为20根。

（8）本工程采用柱下十字形交叉条形基础，基础埋深2.0 m。基坑开挖至设计标高，请通知设计人员现场验槽，许可后方能进行下道工序；地质条件见附表1。

附表1

土层	土层类型	层顶埋深 (m)	层厚 (m)	f_{ak} (kPa)	E_s (MPa)	状 态
①	杂填土	见地质报告	见地质报告	—	—	松散
②	淤泥质黏土			50	2.5	可塑
③	淤泥质粉质黏土			90	4.5	可塑
④	黏土			50	2.5	可塑
⑤	粉质黏土、粉土互层			80	4.0	可塑
⑥	粉土、粉砂互层			120	7.5	可塑
⑦	粉砂			140	10.0	可塑
⑧	粉质黏土			100	5.0	可塑
⑨	粉细砂			190	15.0	可塑

		工程总称	
		项目名称	私人住宅楼
审 核	CFG桩位平面布置图	设计号	
校 对		图 别	结施
设 计		图 号	02
专业负责人		日 期	
工程负责人			

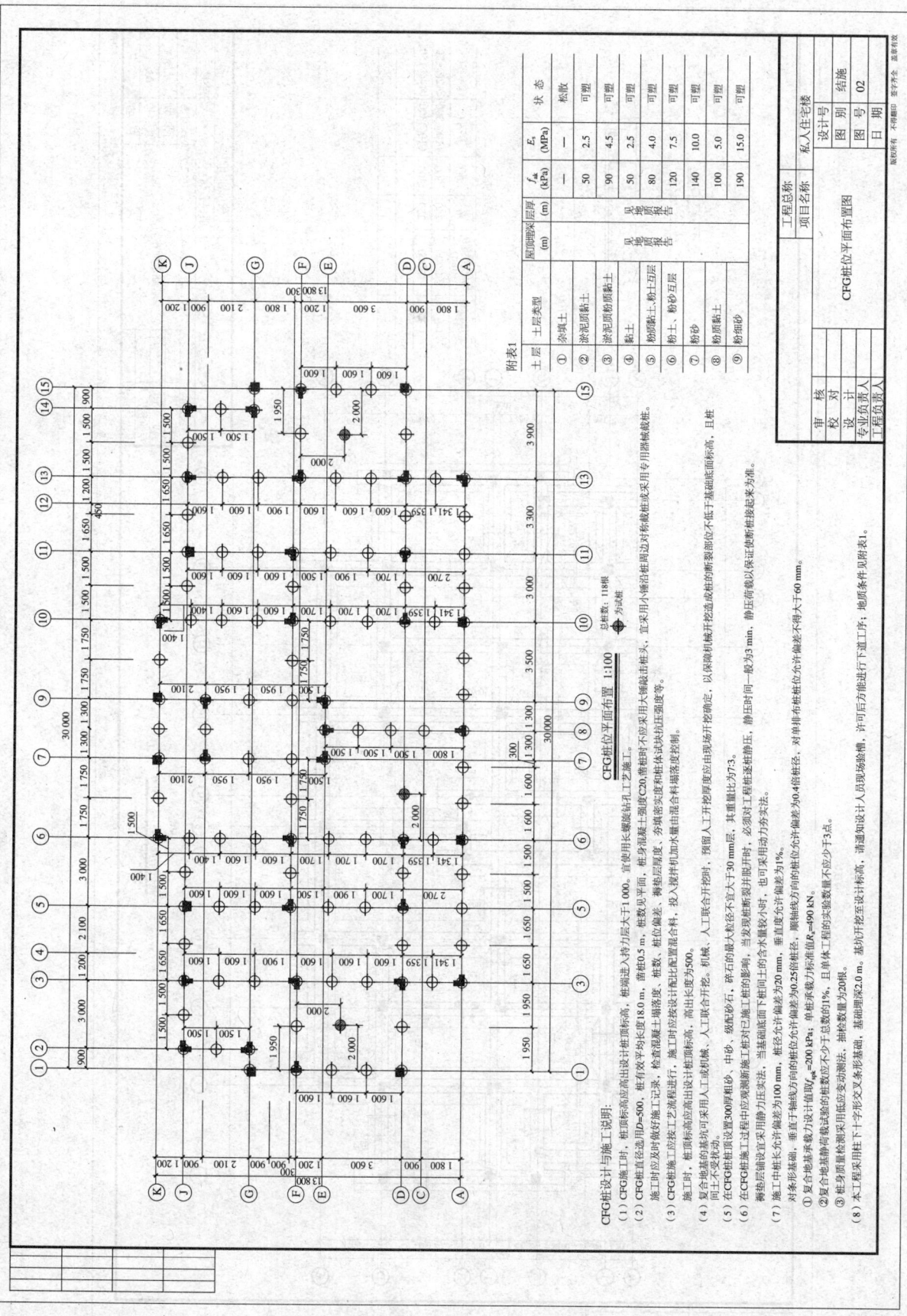

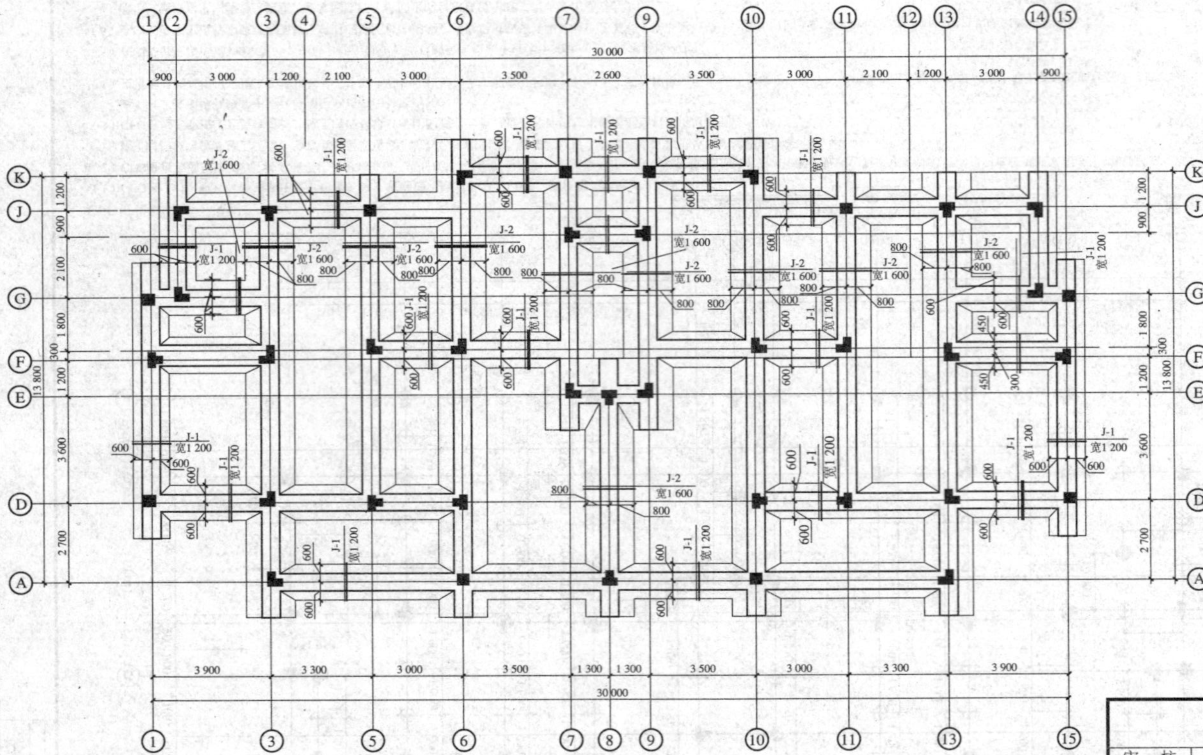

基础平面布置图 1:100

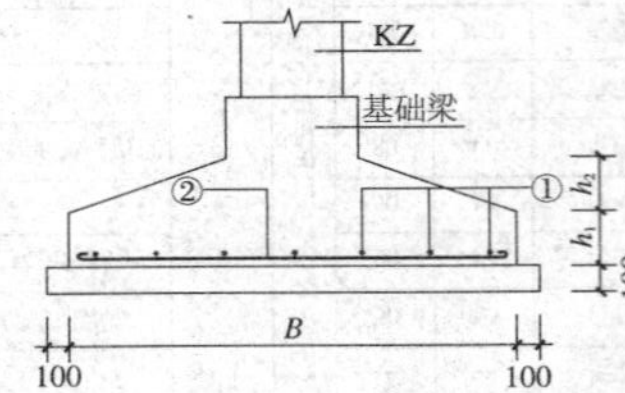

条基配筋表

基础编号	基础宽度B (mm)	h_1	h_2	①钢筋	②钢筋
J-1	1 200	250	200	ϕ10@300	ϕ12@150
J-2	1 600	250	300	ϕ10@300	ϕ14@150

		工程总称		
		项目名称	私人住宅楼	
审　核		基础平面布置图	设计号	
校　对			图　别	结施
设　计			图　号	03
专业负责人			日　期	
工程负责人				

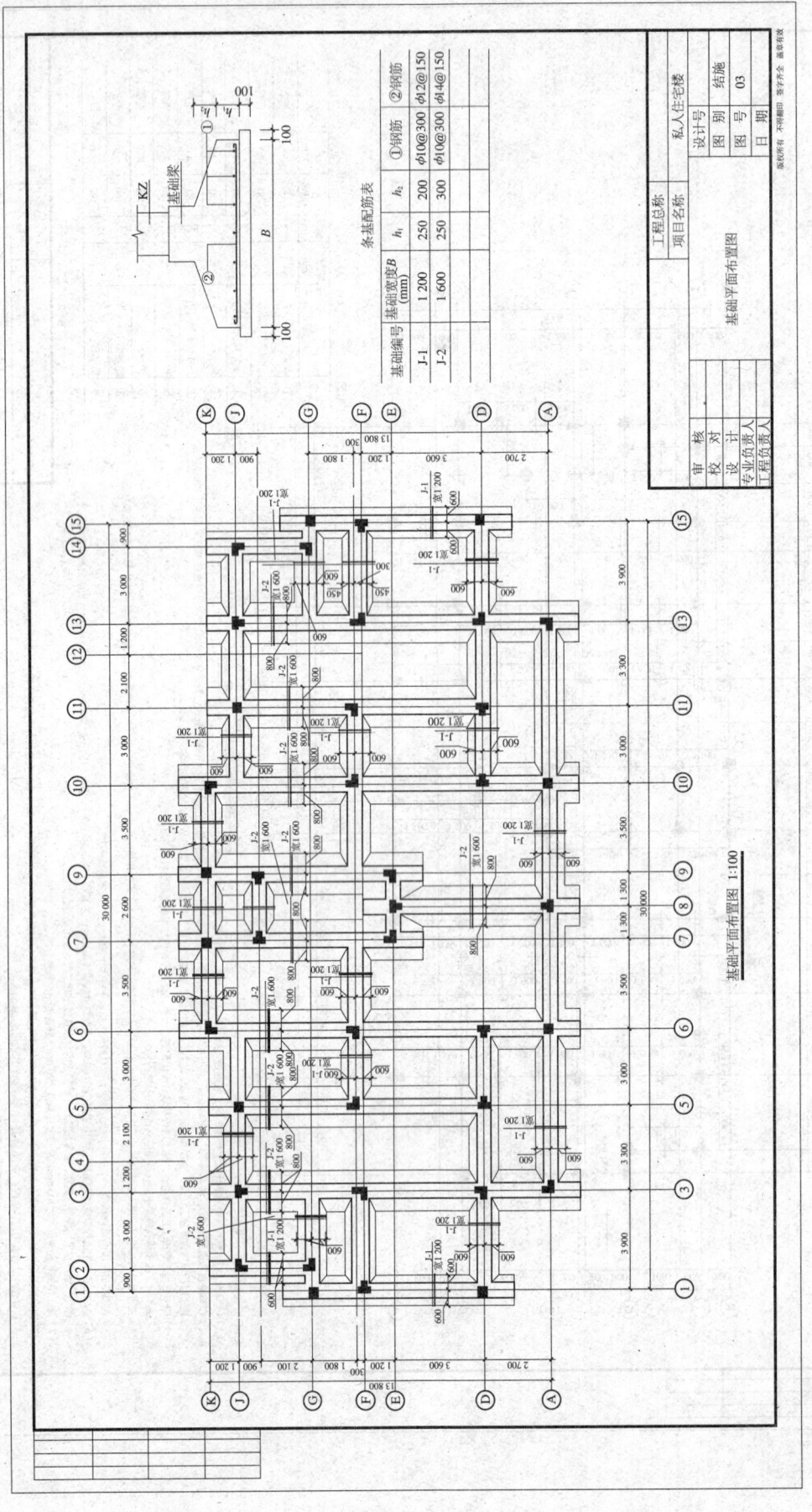

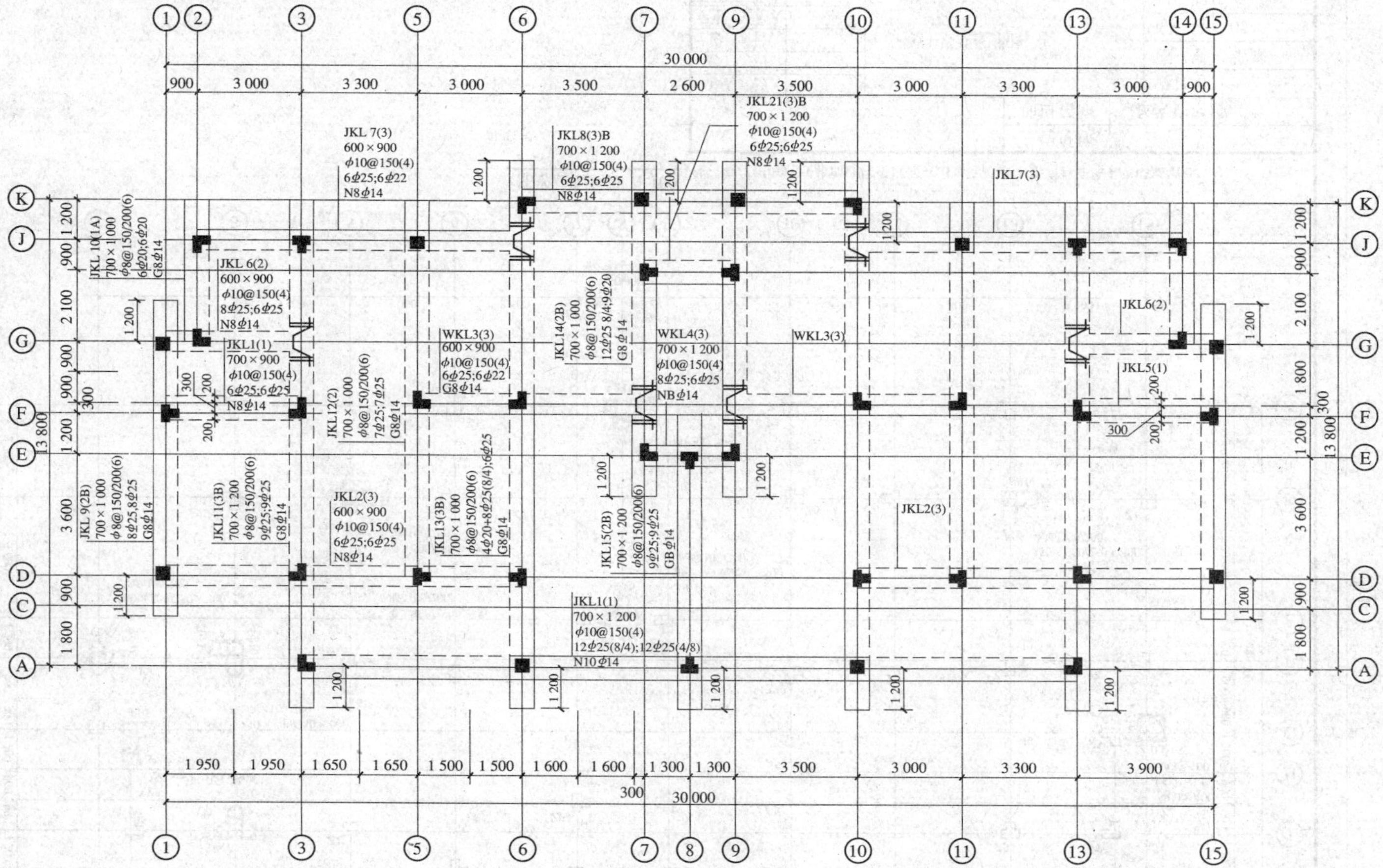

基础梁平法施工图 1:100

注：

1. 图中所有未注明吊筋均为6ϕ25，配筋构造详图集03G101-1第64页。
2. 图中所有梁当主次梁不同高时，在主梁两侧均设附加箍筋；
   当主次梁同高时在主次梁每侧均设附加箍筋。
3. 附加箍筋均为3@50箍筋直径，肢数同主梁，构造详见图集03G101-1第64页大样。
4. 图中所有主次梁除注明外均以轴线对中或平柱边。未注明梁底标高均为-2.000。

			工程总称	
			项目名称	私人住宅楼
审　核		基础梁平法施工图	设计号	
校　对			图　别	结施
设　计			图　号	04
专业负责人			日　期	
工程负责人				

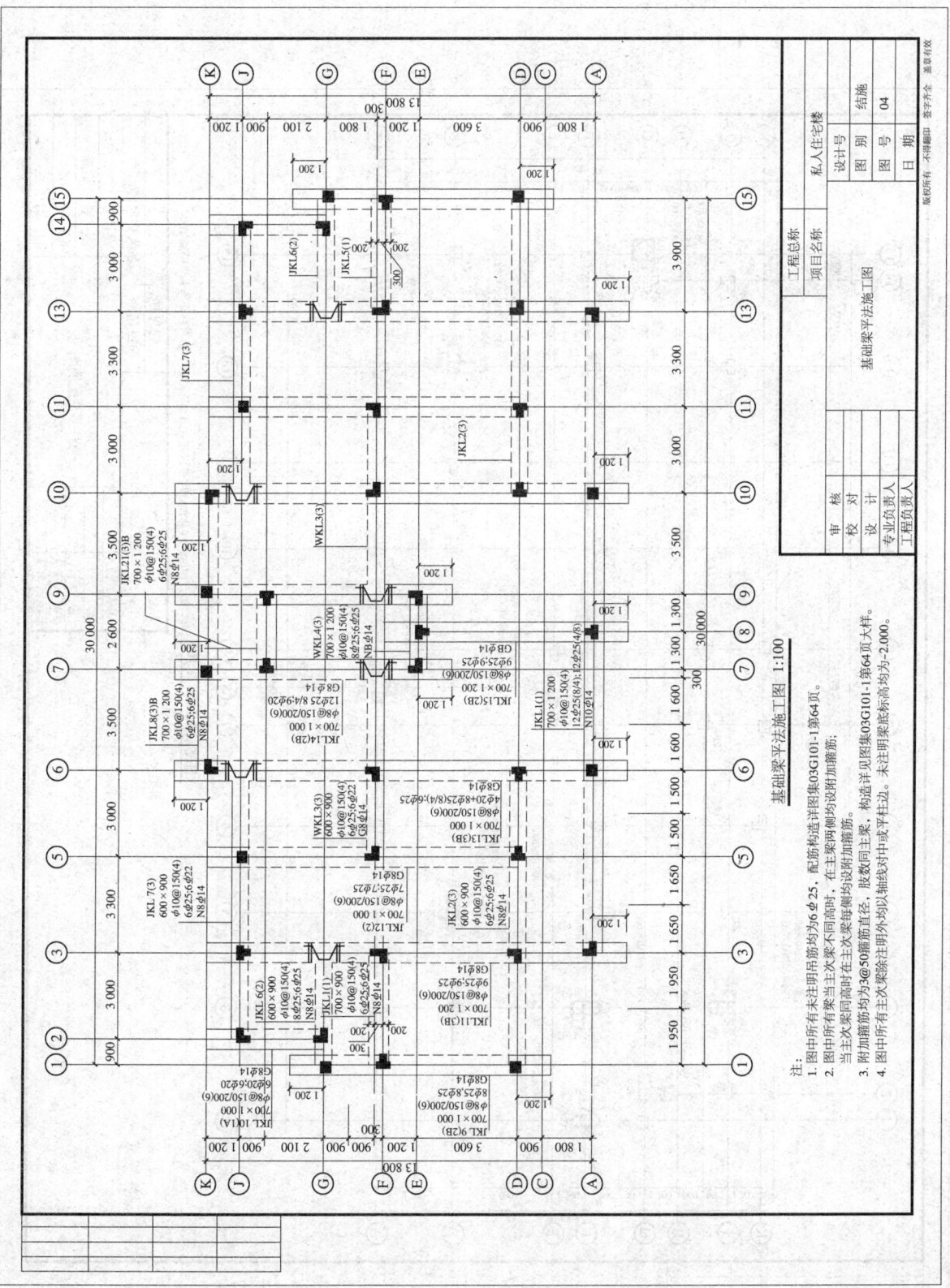

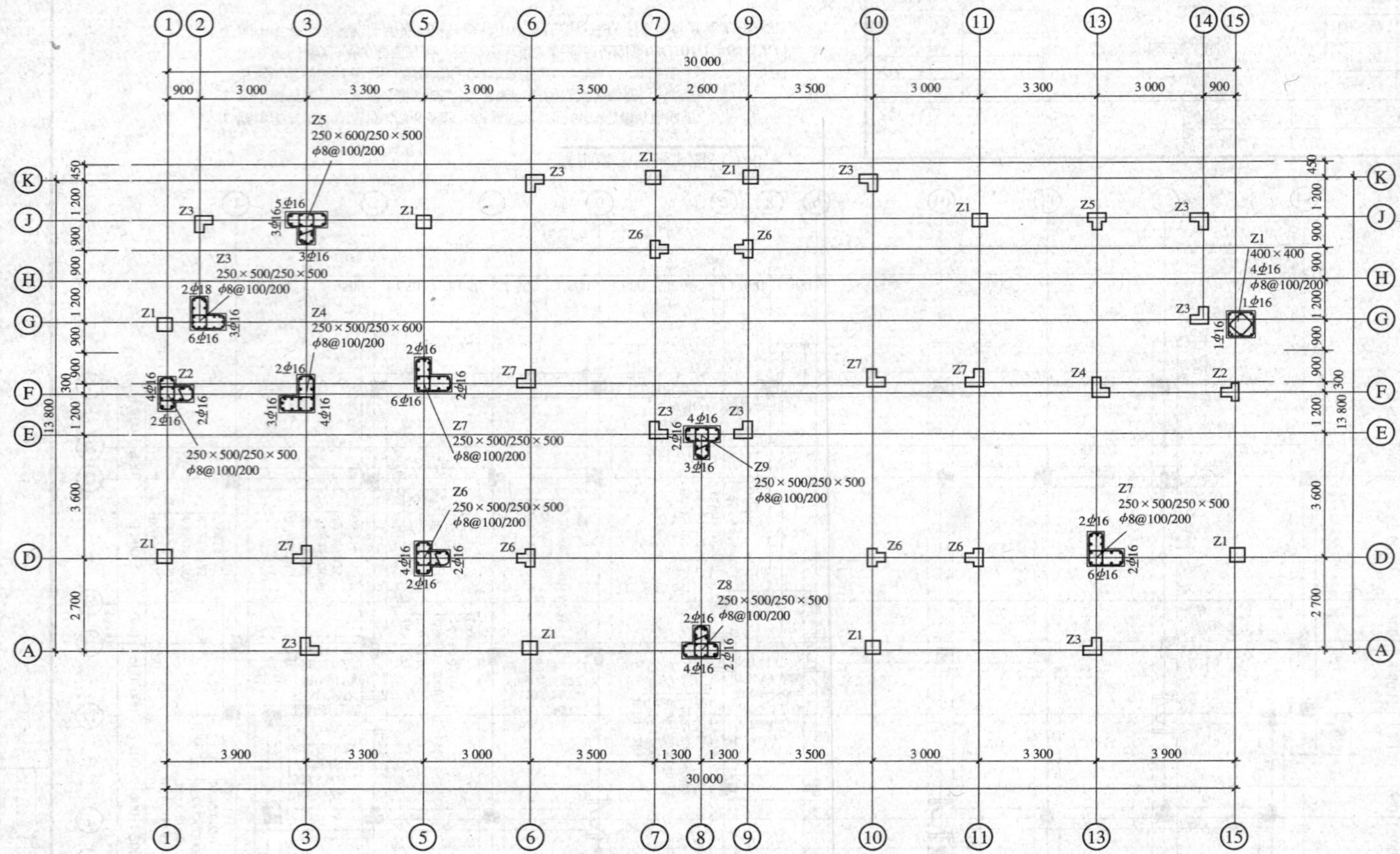

柱平法配筋图 1:100

注：在⑦,⑨轴交Ⓗ轴处柱子以及-0.030标高以下所有柱子全长加密@100。

工程总称			
项目名称	私人住宅楼		
审　核		柱平法配筋图	设计号	
校　对			图　别	结施
设　计			图　号	05
专业负责人			日　期	
工程负责人				

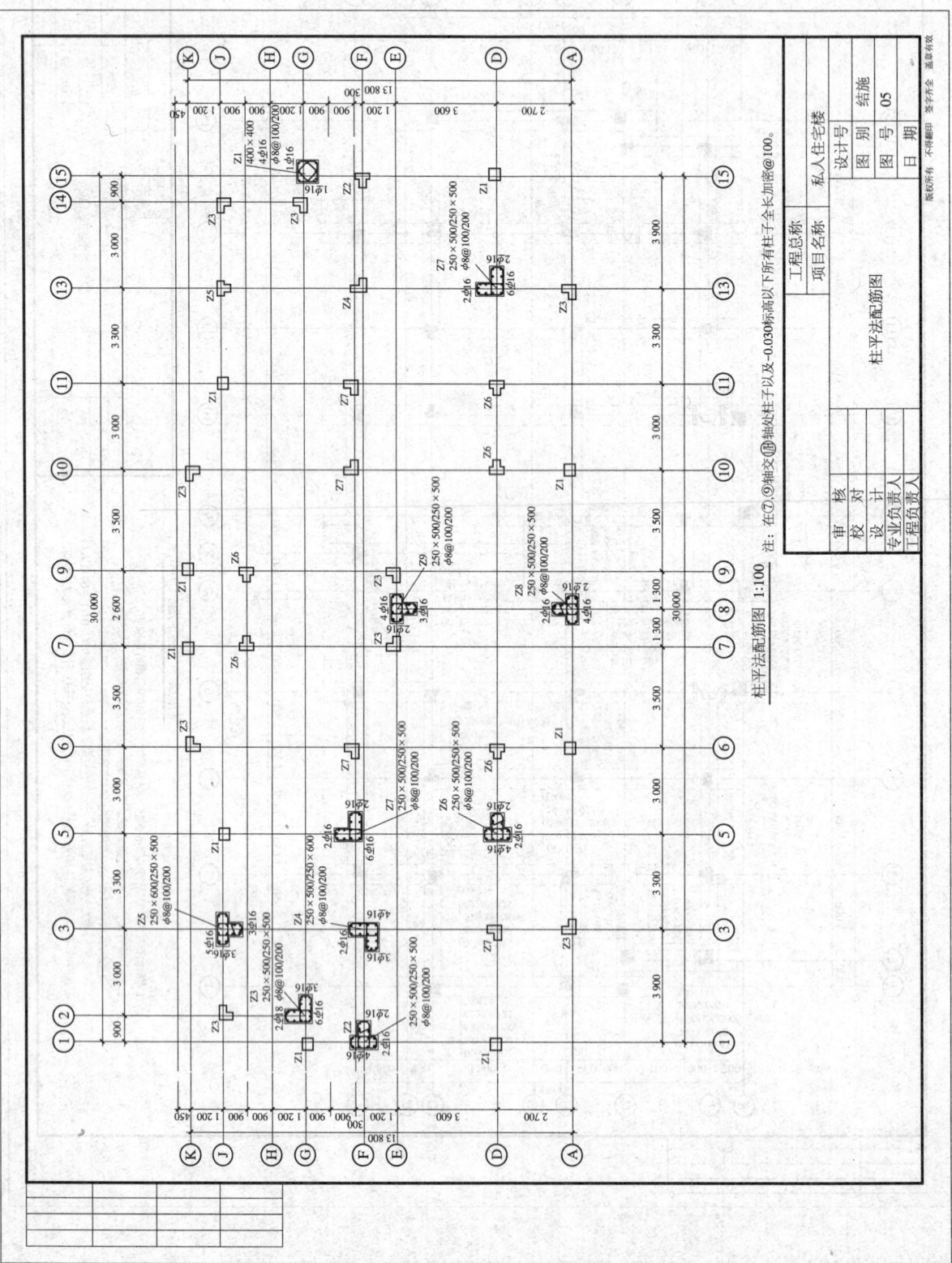

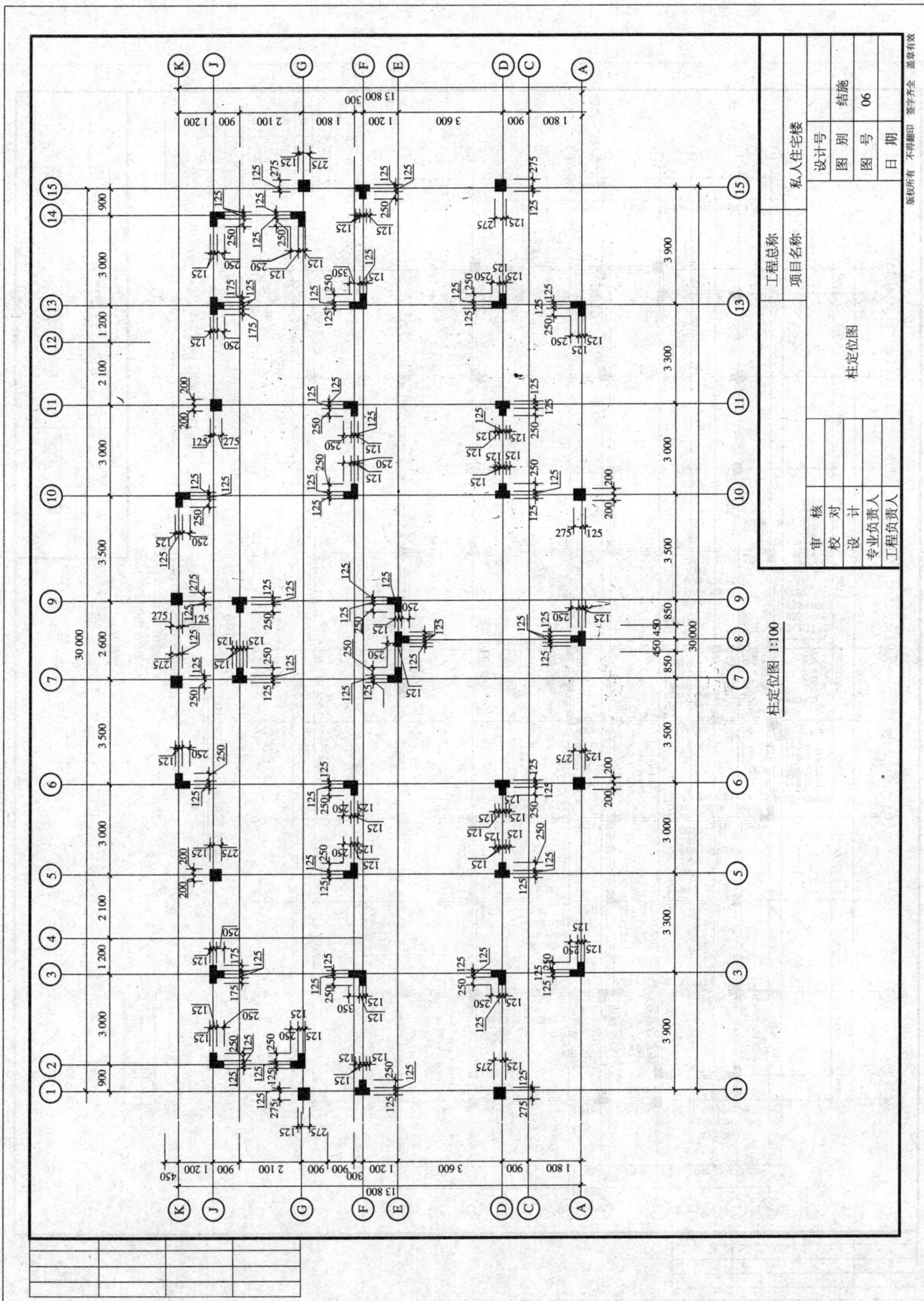
柱定位图 1:100
工程总称
项目名称 私人住宅楼
设计号
图别 结施
图号 06
日期
柱定位图
审核
校对
设计
专业负责人
工程负责人
版权所有 不得翻印 签字齐全 盖章有效

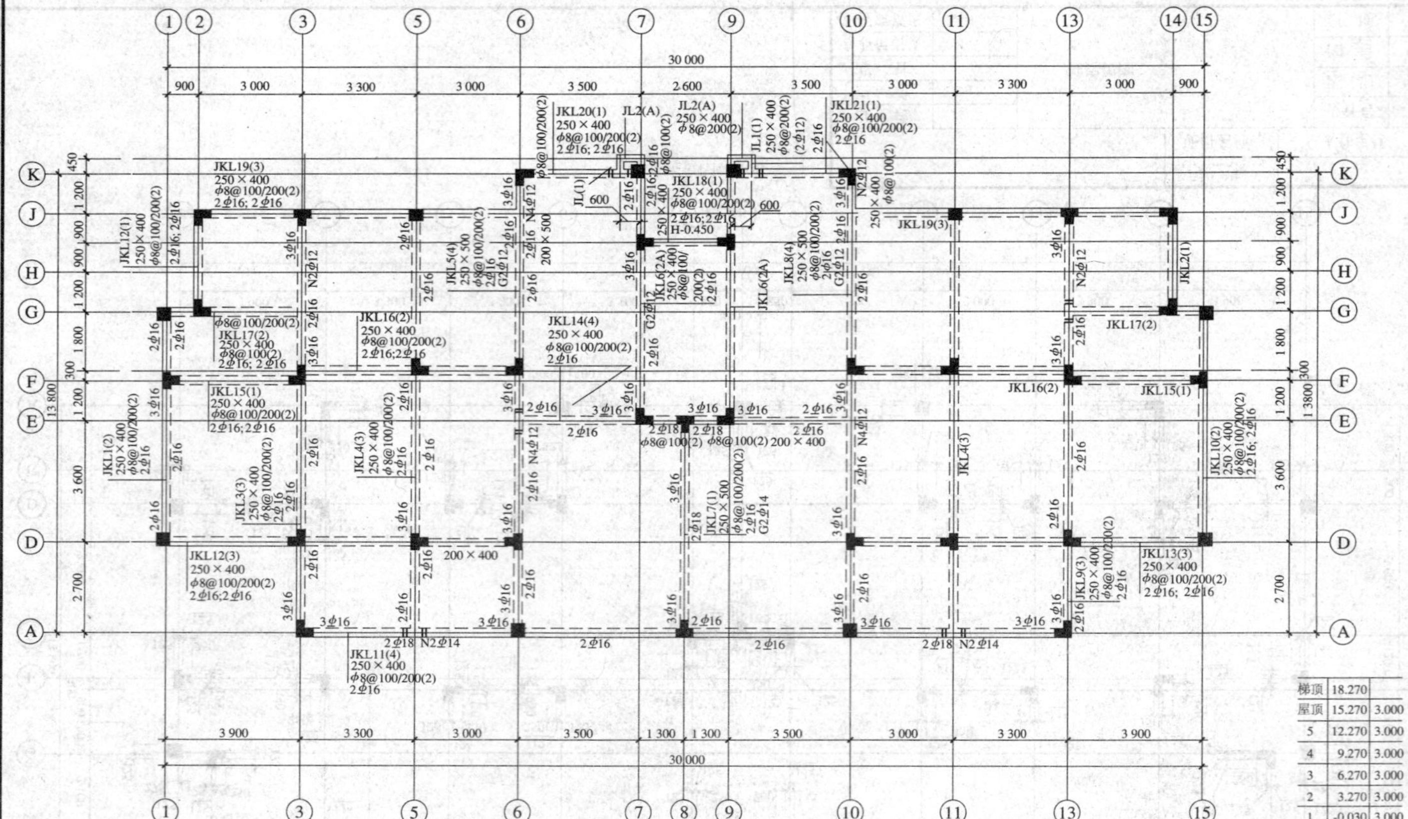

基础梁平法配筋图 1:100

H=-0.030（H为楼面标高）

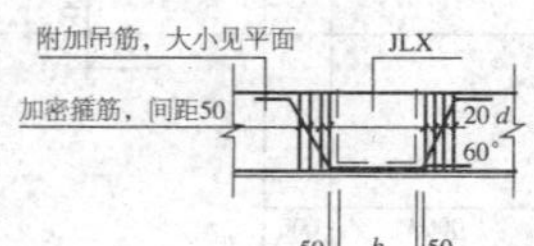

说明：1.主次梁相交处均设加密箍，加密箍为每侧三道，直径同相应梁箍筋；除注明外梁吊筋均为2ϕ12；

2.除注明外梁中心均与轴线重合；

3.除注明外梁顶标高均为H-0.030 m；

4.本图应结合图集03G101-1页22～32进行施工。

层号	标高（m）	层高（m）
梯顶	18.270	
屋顶	15.270	3.000
5	12.270	3.000
4	9.270	3.000
3	6.270	3.000
2	3.270	3.000
1	-0.030	3.000
-1	基础顶	

结构层楼面标高
结构层高

			工程总称	
			项目名称	私人住宅楼
审核		基础梁平法配筋图	设计号	
校对			图别	结施
设计			图号	07
专业负责人			日期	
工程负责人				

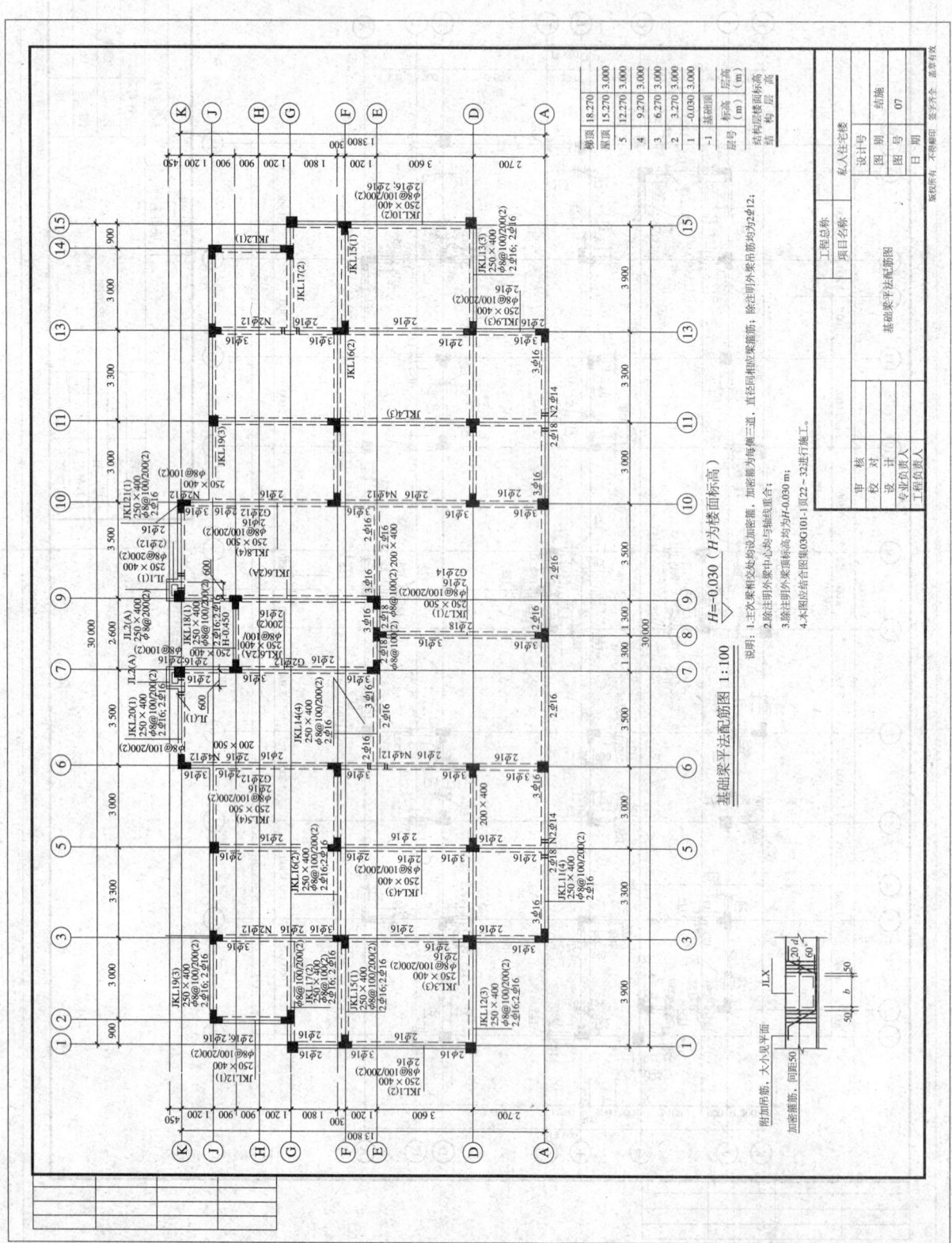

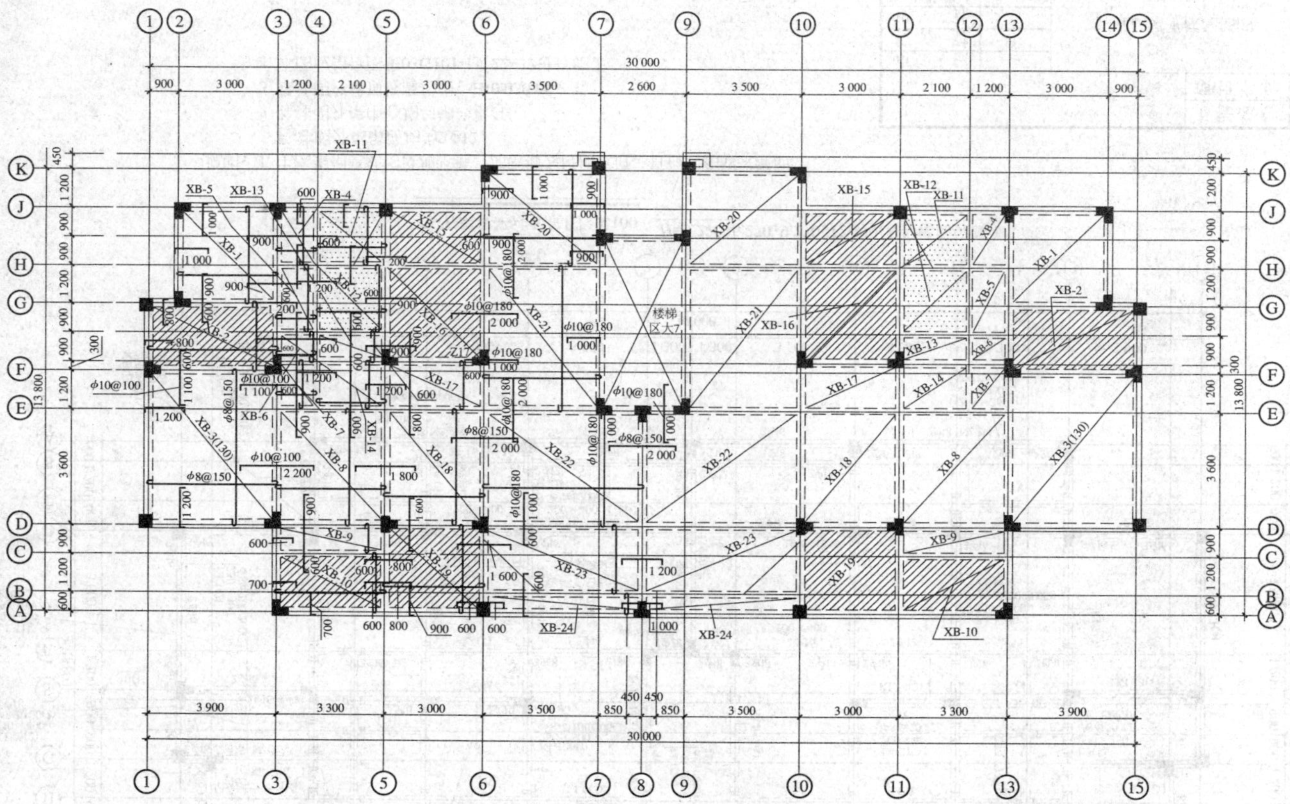

二~五层板平面布置配筋图 1∶100

H=12.270（*H*为楼面标高）
H=9.270（*H*为楼面标高）
H=6.270（*H*为楼面标高）
H=3.270（*H*为楼面标高）

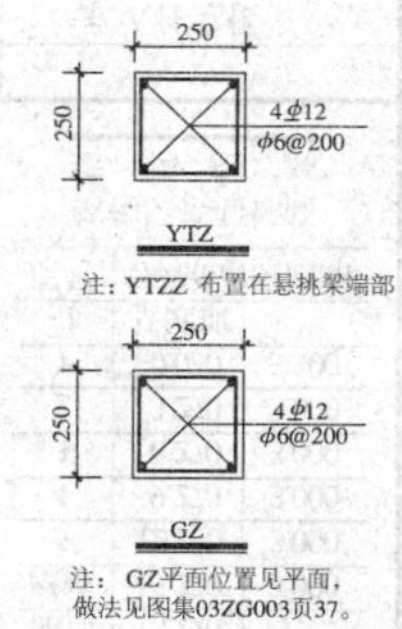

注：YTZZ 布置在悬挑梁端部

注：GZ平面位置见平面，做法见图集03ZG003页37。

层号	标高（m）	层高（m）
梯顶	18.270	
屋顶	15.270	3.000
5	12.270	3.000
4	9.270	3.000
3	6.270	3.000
2	3.270	3.000
1	-0.030	3.300
-1	基础顶	

结构层楼面标高
结 构 层 高

说明：1. 图中钢筋编号为：
A—φ8@180，B—φ8@150，C—φ10@180，D—φ8@100
2. 图中未注明的板厚均为100 mm；未注明的板闸进均为φ8@180；墙下无梁均在现浇板下附加2φ14。
3. 所有洞口均按建筑预留，板钢筋遇≥300洞处自动截断洞口加强筋见总说明。
4. 板面负钢筋图例

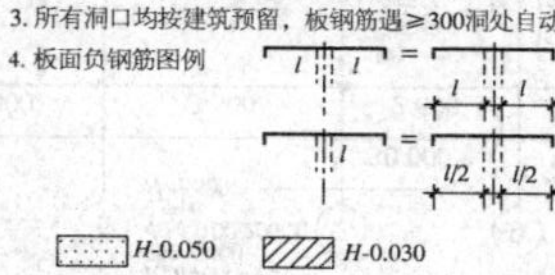

		工程总称	
		项目名称	私人住宅楼
审 核		二~五层板平面布置配筋图	设计号	
校 对			图 别	结施
设 计			图 号	08
专业负责人			日 期	
工程负责人				

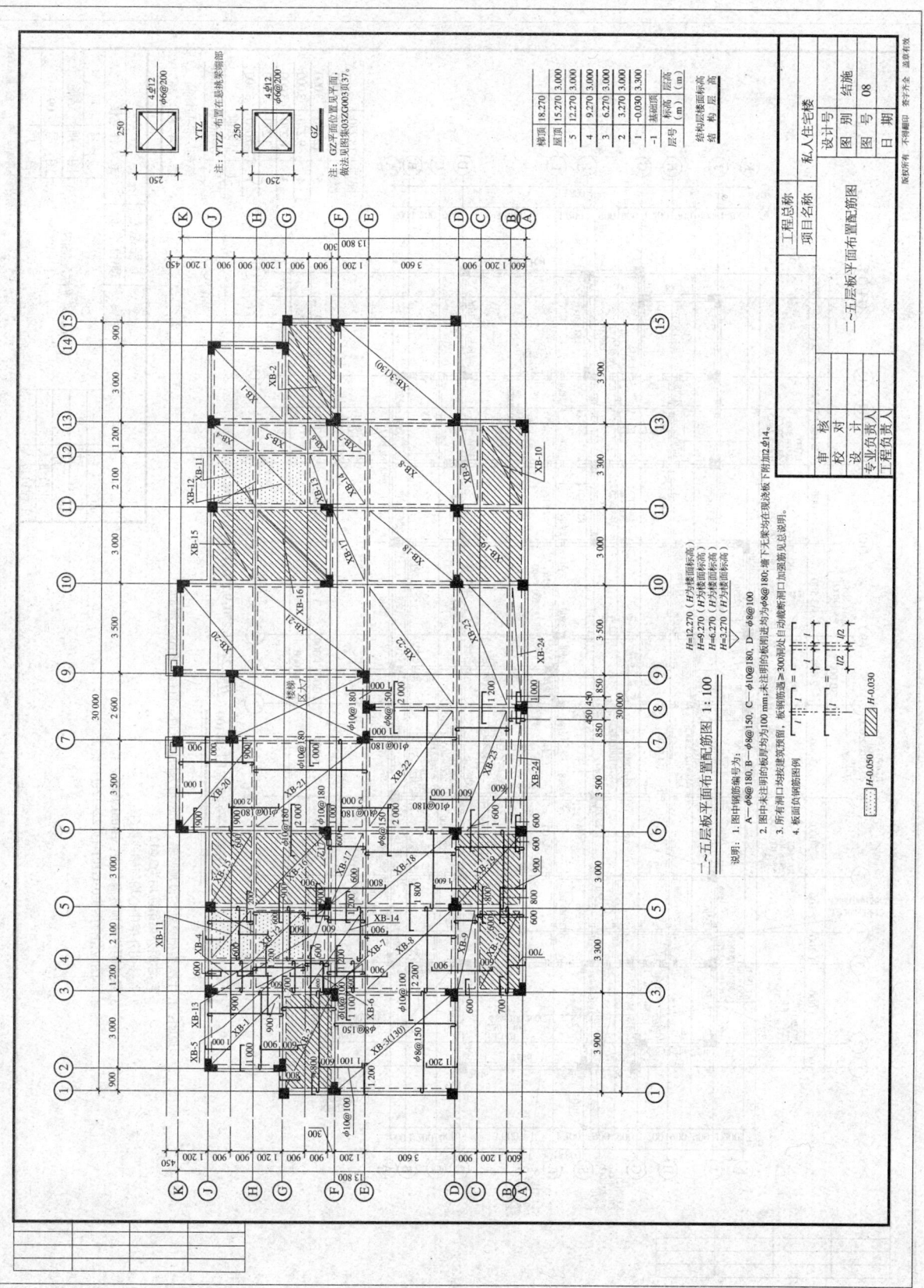

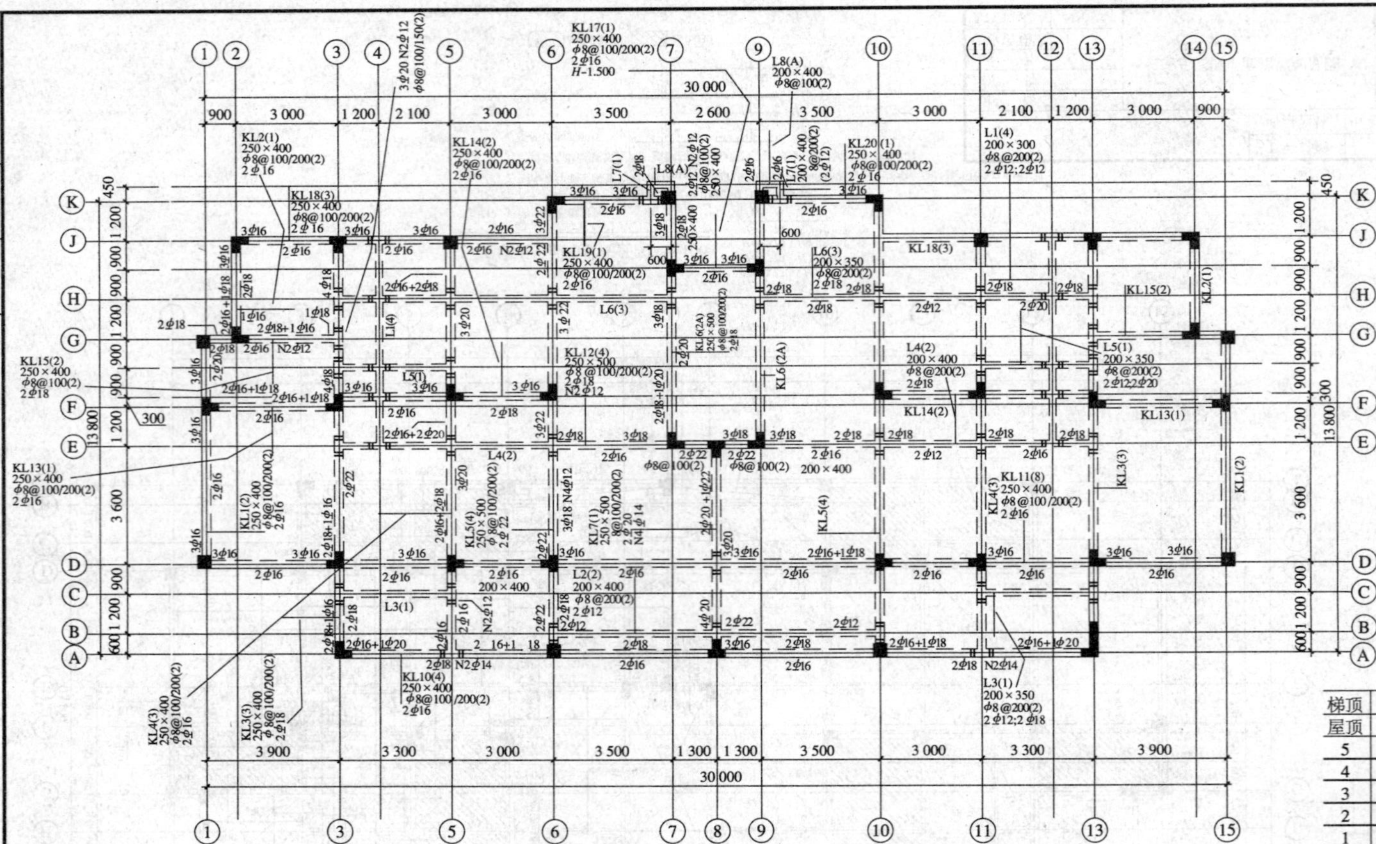

二~五层梁平法配筋图 1:100 H=3.270;6.270;9.270;12.270(H为楼面标高)

层号	标高(m)	层高(m)
梯顶	18.270	
屋顶	15.270	3.000
5	12.270	3.000
4	9.270	3.000
3	6.270	3.000
2	3.270	3.000
1	-0.030	3.300
-1	基础顶	

结构层楼面标高
结构层高

说明：1. 主次梁相交处均设加密箍，加密箍为每侧三道，直径同相应梁箍筋；除注明外梁吊筋均为2ϕ12。
2. 除注明外梁中心均与轴线重合。
3. 除注明外梁顶标高均为：H-0.030 m。
4. 本图应结合图集03G101-1页22~32进行施工。

			工程总称	
			项目名称	私人住宅楼
审核		二~五层梁平法配筋图	设计号	
校对			图别	结施
设计			图号	09
专业负责人			日期	
工程负责人				

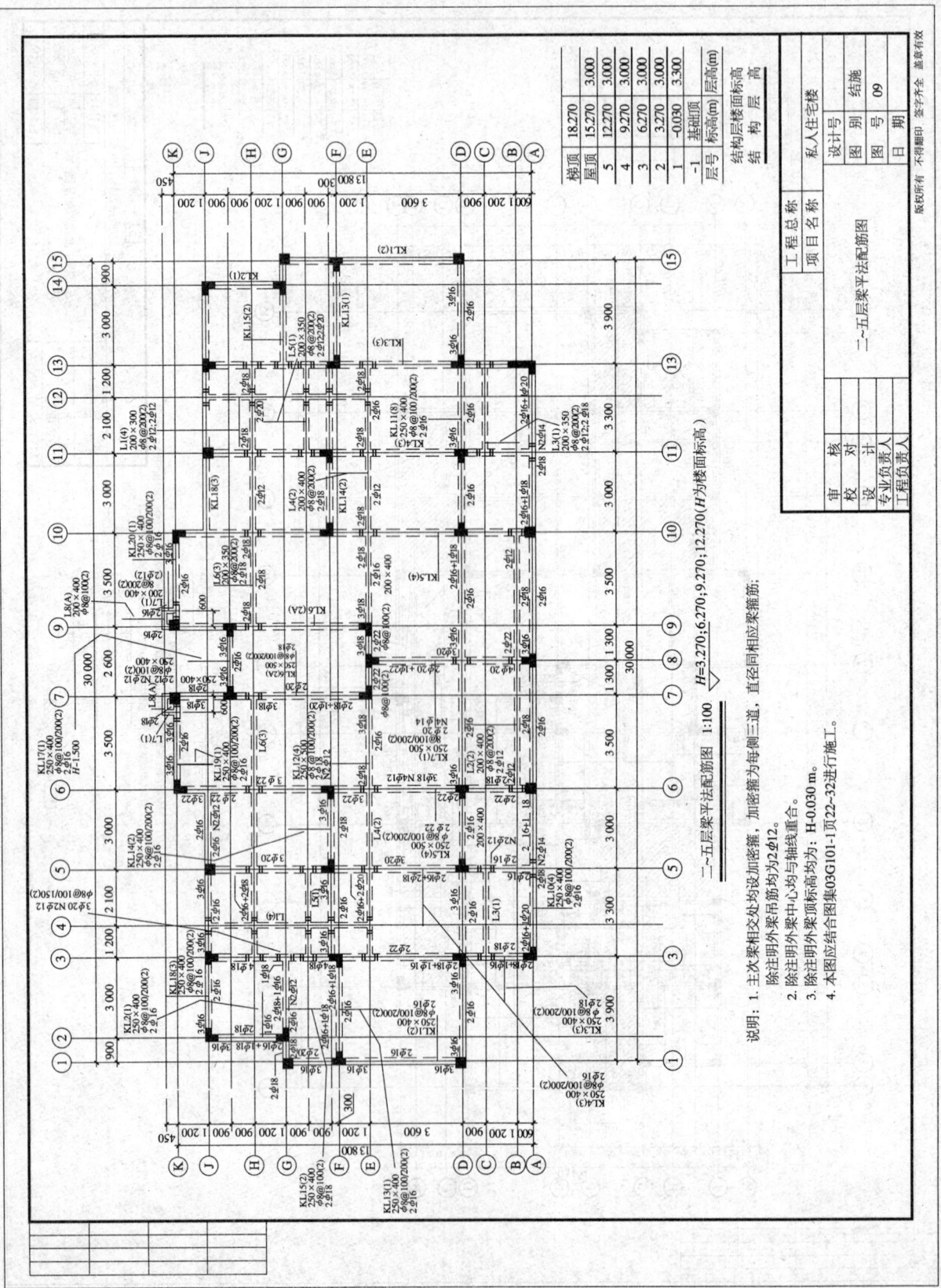

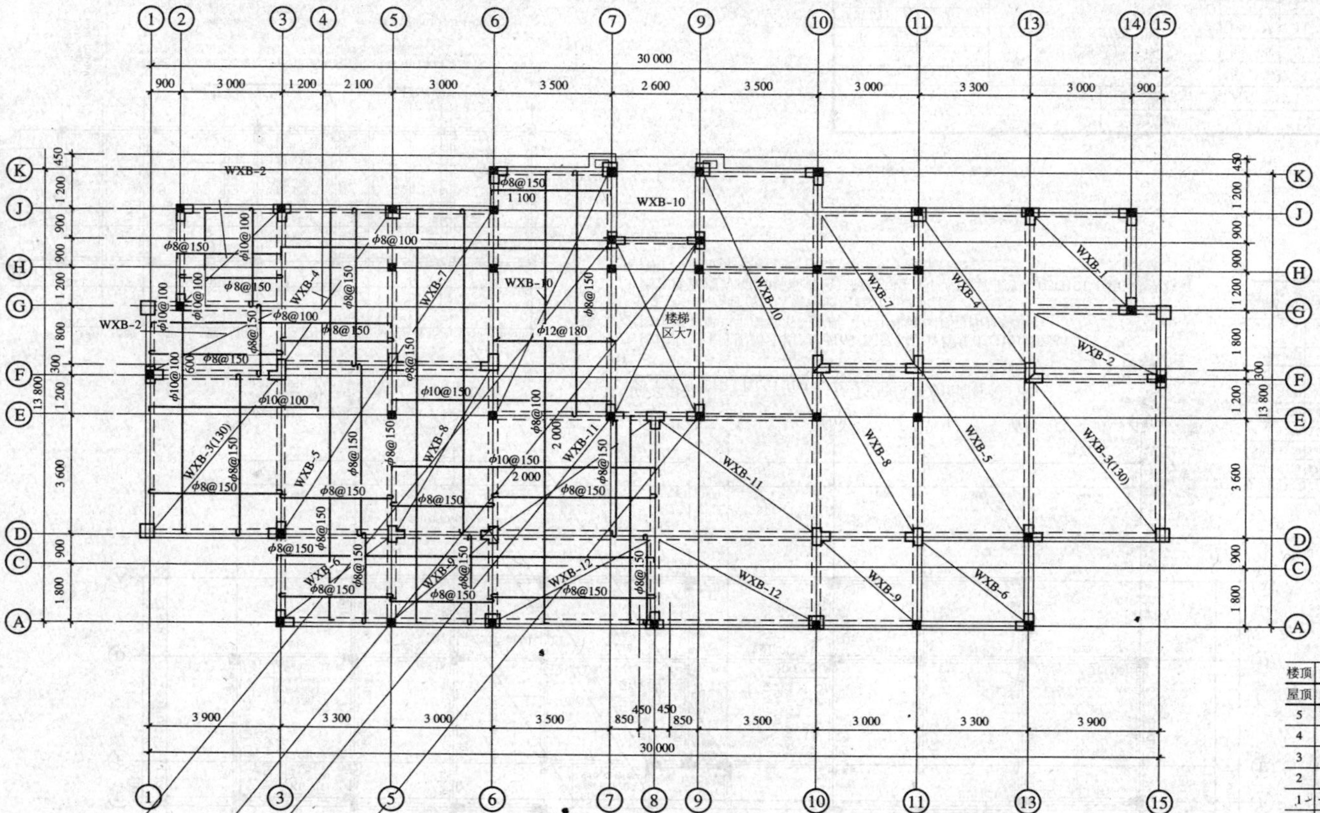

屋顶板平面布置配筋图 1:100

H=15.270（*H*为楼面标高）

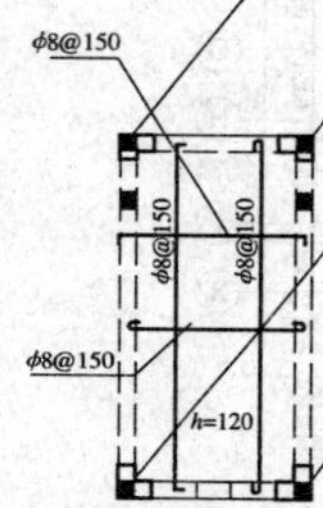

梯顶板平面布置配筋图 1:100 *H*=18.270（*H*为楼面标高）

说明：1. 图中钢筋编号为：

A—ϕ8@180，B—ϕ8@150，C—ϕ10@180，D—ϕ8@100

2. 图中未注明的板厚均为120 mm；未注明的板刚进均为ϕ10@180；墙下无梁均在现浇板下附加2ϕ14。

3. 所有洞口均按建筑预留，板钢筋遇≥300洞处自动截断洞口加强筋见总说明。

4. 板面负钢筋图例

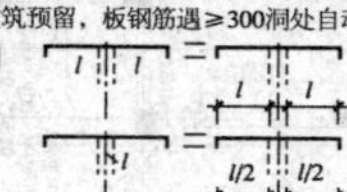

层号	标高（m）	层高（m）
楼顶	18.270	
屋顶	15.270	3.000
5	12.270	3.000
4	9.270	3.000
3	6.270	3.000
2	3.270	3.000
1	−0.030	3.300
−1	基础顶	

结构层楼面标高
结构层高

			工程总称	
			项目名称	私人住宅楼
审核		屋顶板平面布置配筋图	设计号	
校对			图别	结施
设计			图号	10
专业负责人			日期	
工程负责人				

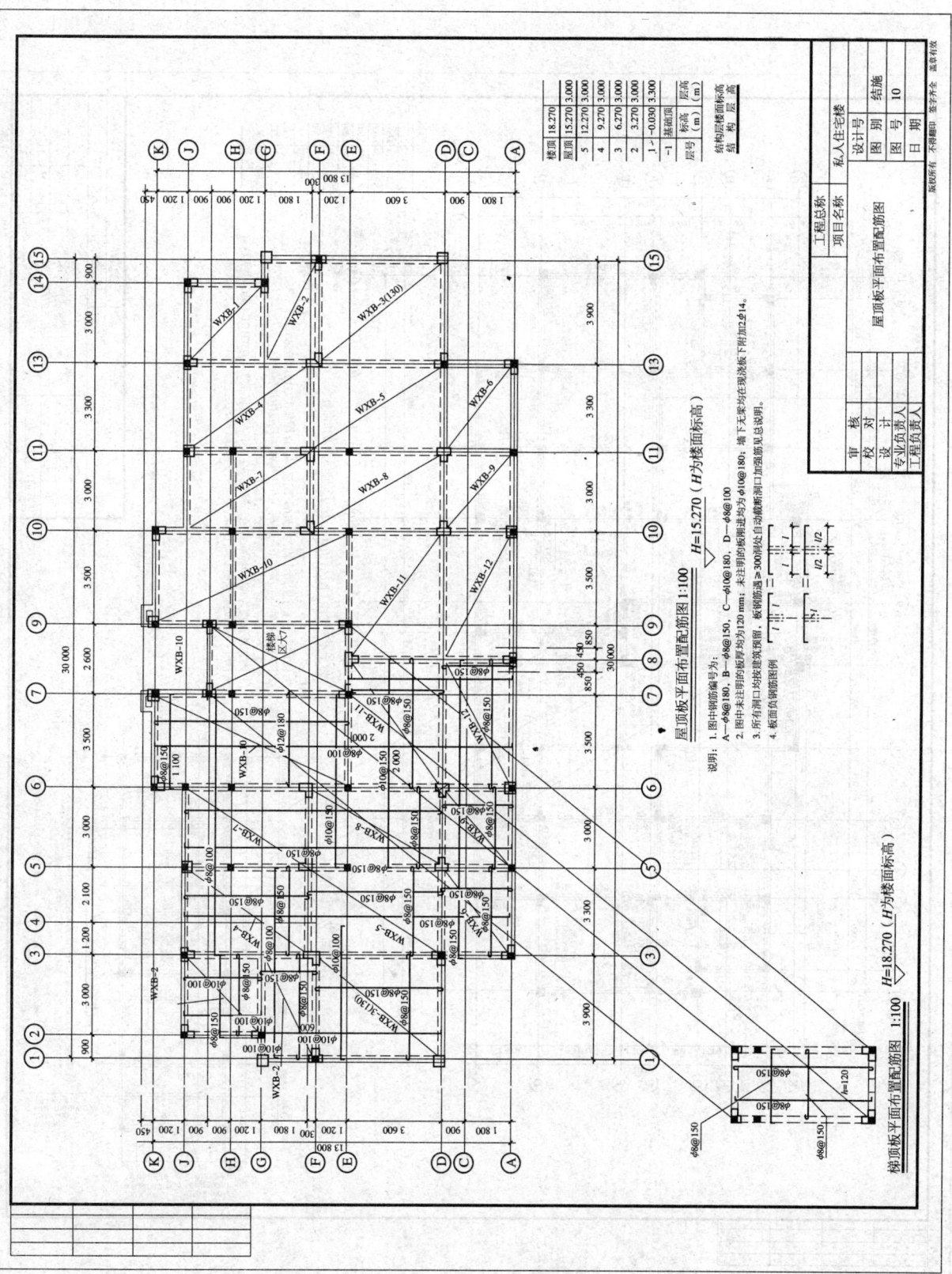

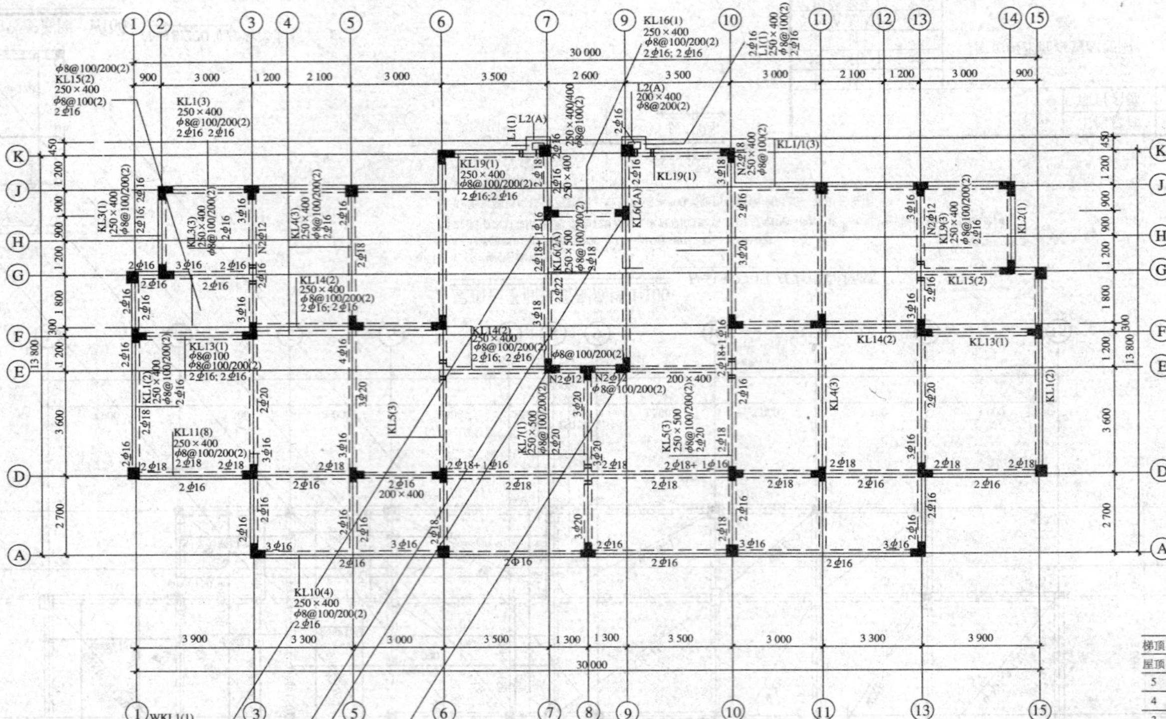

屋顶梁平法施工图 1:100　　H=15.270（H为楼面标高）

注：
1. 图中所有未注明吊筋均为2⌀16，配筋构造详图集03G101-1第64页。
2. 图中所有梁当主次梁不同高时，在主梁两侧均设附加箍筋，当主次梁同高时在主次梁每侧均设附加箍筋。
3. 附加箍筋均为3@50箍筋直径，肢数同主梁，构造详见图集03G101-1第64页大样。
4. 图中所有主次梁除注明外均以轴线对中或平柱边。

层号	标高(m)	层高(m)
梯顶	18.270	
屋顶	15.270	3.000
5	12.270	3.000
4	9.270	3.000
3	6.270	3.000
2	3.270	3.000
1	-0.030	3.300
-1	基础顶	

结构层楼面标高
结构层高

梯顶梁平法施工图 1:100　　H=18.270（H为楼面标高）

注：
1. 图中所有未注明吊筋均为2⌀16，配筋构造详图集03G101-1第64页。
2. 图中所有梁当主次梁不同高时，在主梁两侧均设附加箍筋，当主次梁同高时在主次梁每侧均设附加箍筋。
3. 附加箍筋均为3@50箍筋直径，肢数同主梁，构造详见图集03G101-1第64页大样。
4. 图中所有主次梁除注明外均以轴线对中或平柱边。

工程总称			
项目名称	私人住宅楼		
审核	屋顶梁平法施工图 梯顶梁平法施工图	设计号	
校对		图别	结施
设计		图号	11
专业负责人		日期	
工程负责人			

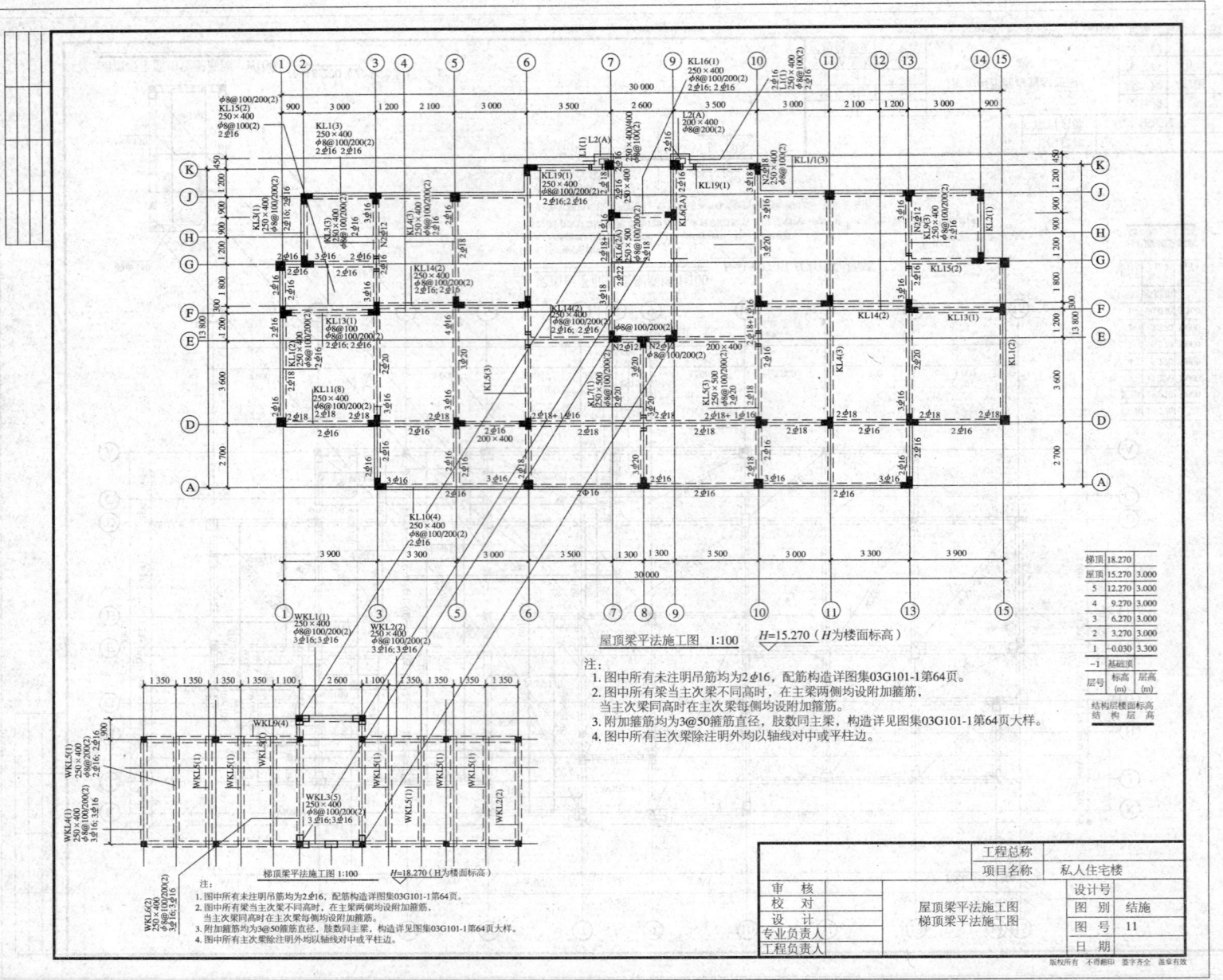

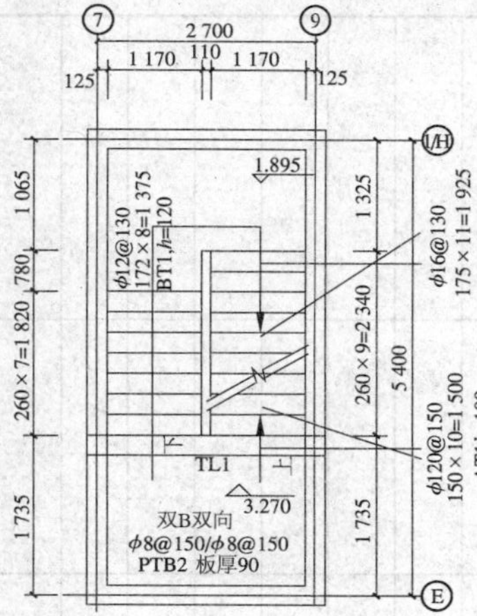

楼梯二层平面大样图 1:50

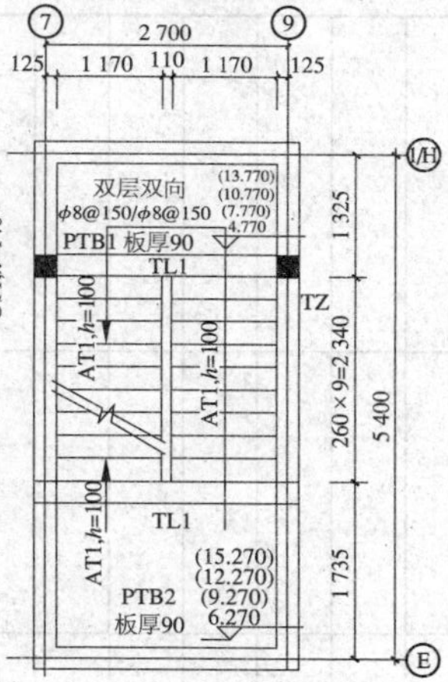

楼梯二~六层平面大样图 1:50

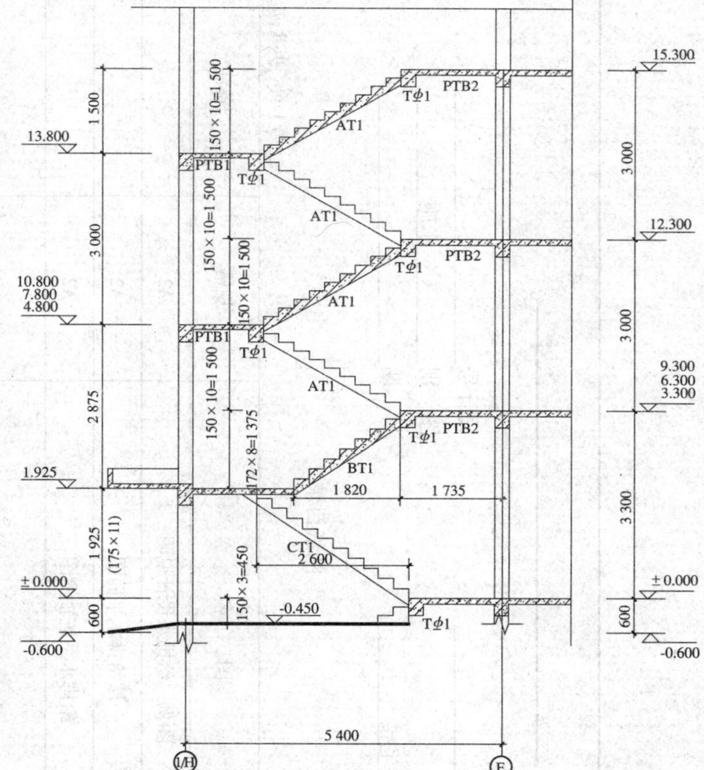

楼梯剖面图1:50

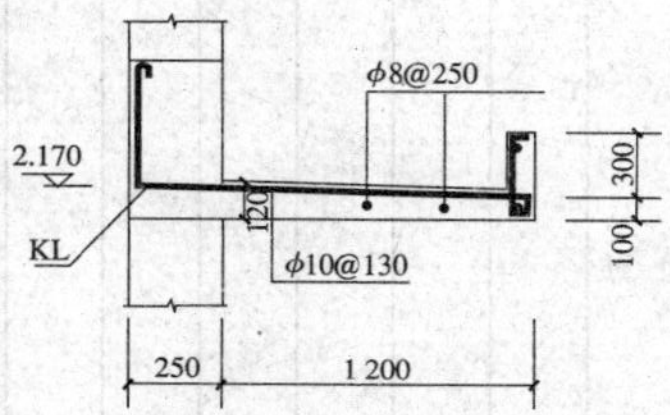

YP-1

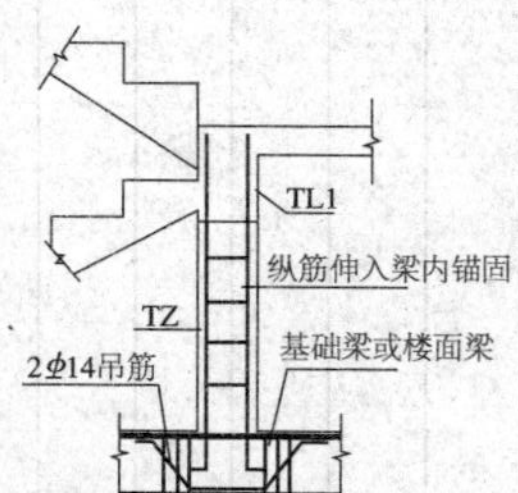

TZ支承大样 每侧三道加密箍筋3φ8@50

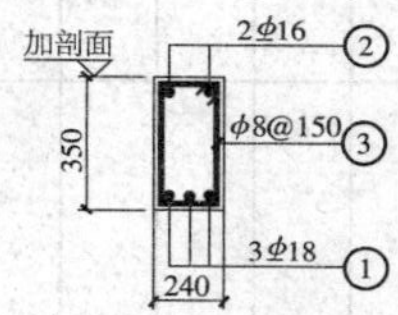

TL-1 1:30

该梁长为轴线尺寸+240

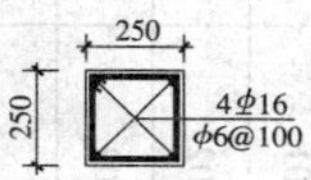

TZ

说明

1. 本图尺寸单位为毫米(mm),标高为米(m)。
2. 材料混凝土强度等级为C25，HPB235(Q235)(φ)f_y=210 N/mm²
   HRB355(20MnSi)(φ)f_y=300 N/mm²。
3. 钢筋净保护层为15 mm,钢筋直钩尺寸为(t-15) mm。
4. HPB235级钢筋伸入支座锚固长度：底筋15 d，面筋30 d，其余接头及锚固长度L_a=35 d，HRB335级钢筋时均加5 d。
5. 钢筋按放样尺寸下料，栏杆，板埋件详建施图。
6. 本图需与建筑图，结构平面图配合施工。
7. 梯柱纵筋应锚入支承梁，锚固长度为L_a。
8. 未注明平台板厚100，未注明钢筋φ 8@180，注：本图应配合03G101-2使用。

		工程总称	
		项目名称	私人住宅楼
审　核	楼梯大样图	设计号	
校　对		图　别	结施
设　计		图　号	12
专业负责人		日　期	
工程负责人			

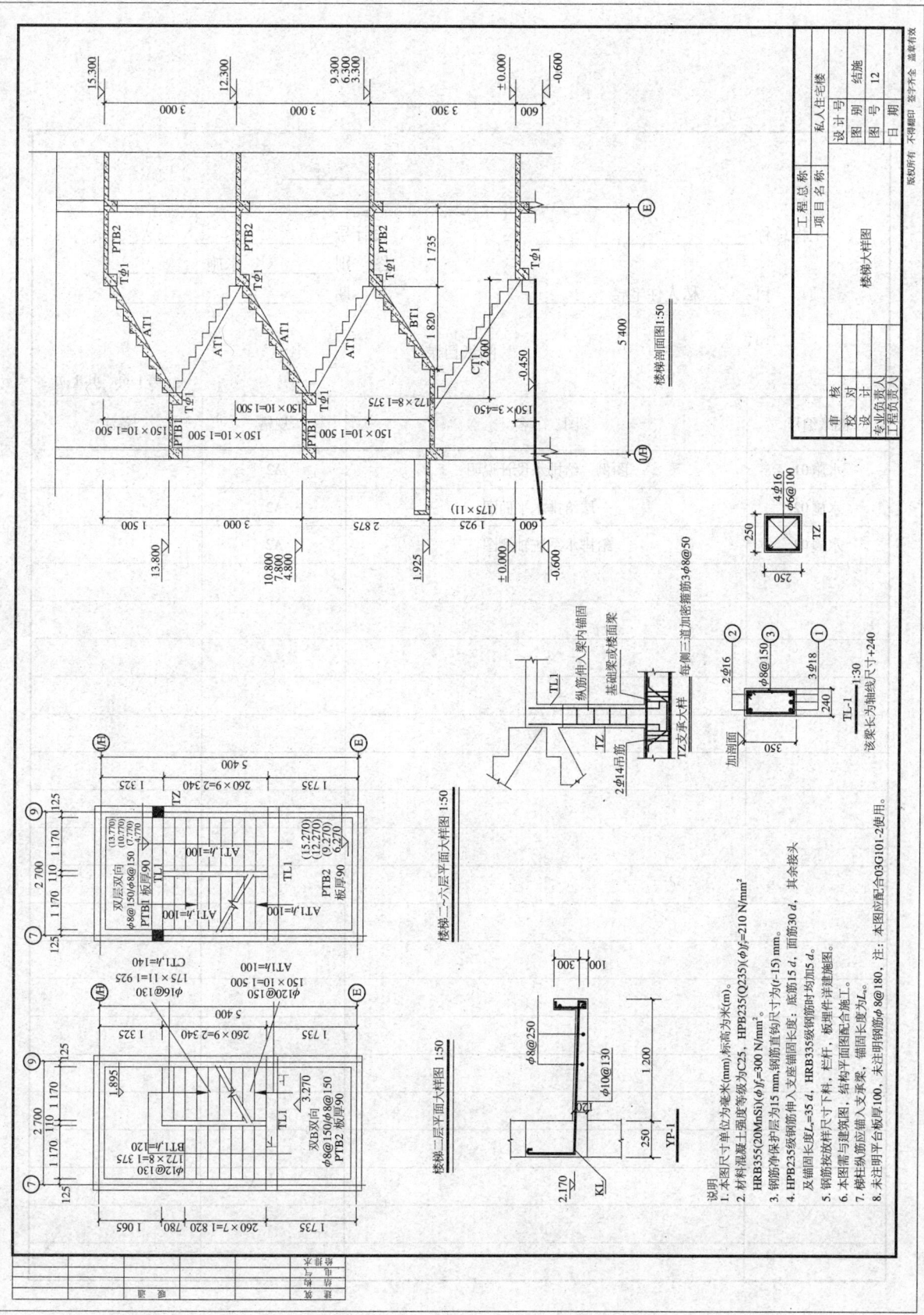

工程总称________________　　设计号________________

图　别　　水施

项　　目　私人住宅楼　　日　期________________

图纸目录

第1页　共1页

图纸编号	图　名	规格	备注
水施01	图例　给排水设计说明	A2	
水施02	一层给排水平面图	A2	
水施03	给排水系统轴测图	A2	

给 排 水 设 计 说 明

一、总则

1. 设计范围：室内给水系统、排水系统。

2. 图中尺寸单位：标高以m计，其余均以mm计。

3. 图中管线设计标高：给水管，排水管均以管中心计。

4. 室内给、排水立管及卫生用具的给排水管在穿过楼板时应配合土建施工预留孔洞，当穿过屋面时应预埋防水套管，详S312。

二、给水、排水系统

1. 给水系统由市政给水供给。

2. 污水经化粪池处理后排入市政下水道。

3. 通气管采用伸顶通气管。

三、消防给水系统

1. 本建筑为5层住宅，根据《建筑设计防火规范》（GB 50016—2006）可不设室内消防给水系统。

2. 该居住区人数N<10 000，室外消防用水量为10 L/s。

四、其他注意事项

1. 管材：

室外DN>100的给水管采用球墨给水铸铁管，胶圈连接；室内给水管采用PP-R管，热熔连接；

室内外DN<150的排水管，均采用UPVC排水塑料管，粘接接口；室外DN>150的排水；

管采用钢筋混凝土排水管，雨水管采用水泥砂浆抹带接口，污水管采用沥青油膏接口。消火栓采用内外壁加厚；

热镀锌钢管，DN<50的采用丝扣连接，DN>50消火栓，采用沟槽式连接件（卡箍）。

埋地金属管均应刷热青2遍，阀门井及阀门套筒见S143。所有消防管上阀门要常开，并有明显的起闭标志。

2. 卫生洁具的安装施工要符合国标99S304的有关规定。

3. 生活污水管道的坡度按下列参数采用：DN50,i=0.035;DN75,i=0.025;DN100,i=0.02;DN150,i=0.01。

4. 排水立管上检查口应安装在离地面1.00 m高处，检查口的朝向应便于检修。

5. 排水地漏的顶面应比装修后地面低 5 mm，地漏水封深度不得小于50 mm。

6. 不得使用一次冲水量大于6 L/s的坐便器。

图　例

编号	图例	名称	编号	图例	名称
1	GL-X	给水立管	14		淋浴喷头
2	XL-X	消防立管	15		地漏
3	PL-X	污水排水立管	16		清扫口
4		阀门	17		检查口
5		止回阀	18		透气帽
6		自闭冲洗阀	19		单出口消火栓
7		水龙头	20		水泵接合器
8		水表	21		存水弯
9		角阀	22		给水管
10		蹲便器	23		排水管
11		坐便器	24		消防管
12		洗脸盆	25		手提式灭火器
13		污水池			

			工程总称	
			项目名称	私人住宅楼
审　核		给排水设计说明图例	设计号	
校　对			图　别	水施
设　计			图　号	01
专业负责人			日　期	
工程负责人				

建　筑	暖　通
结　构	
电　气	
给排水	

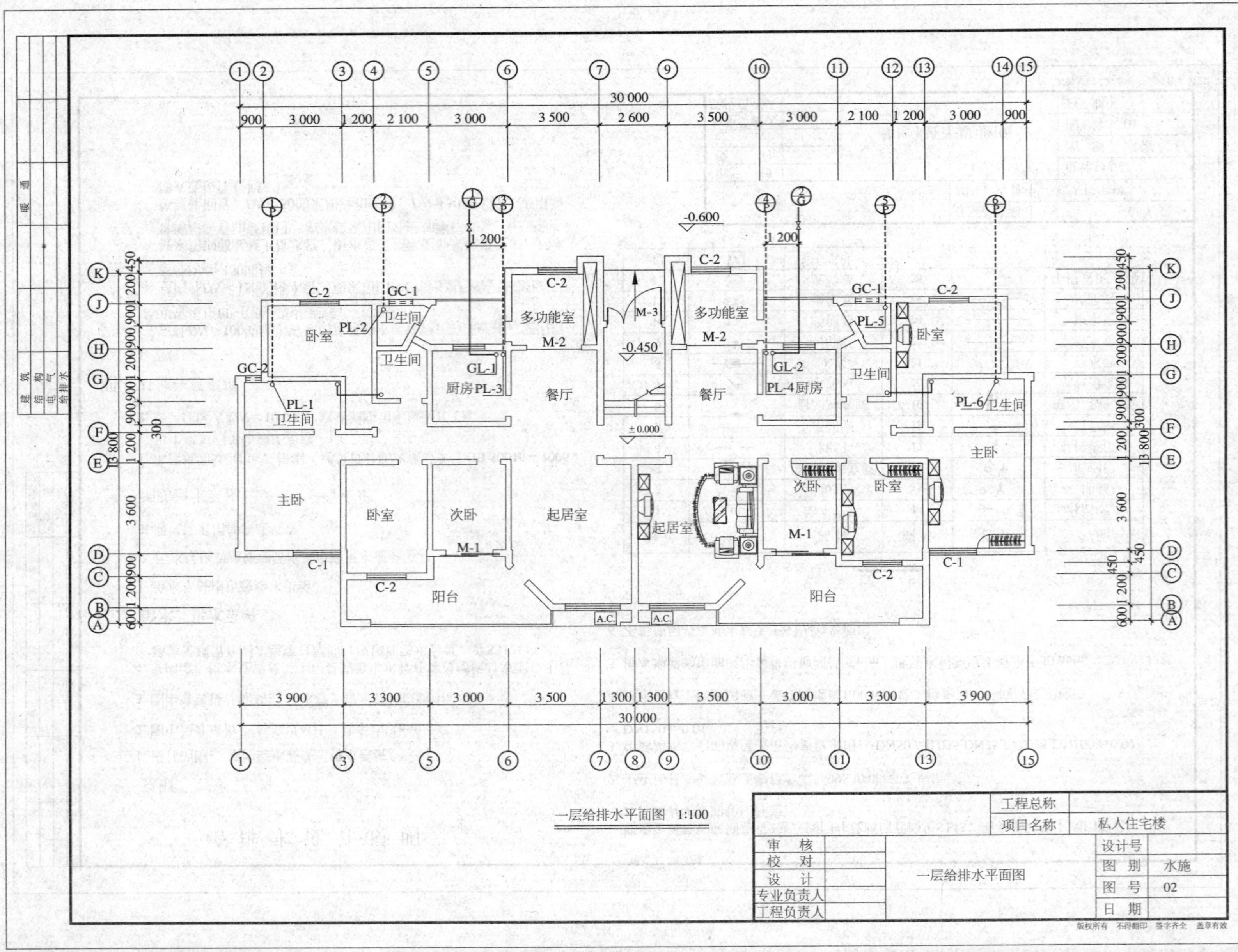

暖通
建筑
结构
电气
给排水
30 000
900
3 000
1 200
2 100
3 500
2 600
13 800
3 600
3 900
3 300
1 300
-0.600
-0.450
±0.000
1 200
C-1
C-2
GC-1
GC-2
GL-1
GL-2
PL-1
PL-2
PL-3
PL-4
PL-5
PL-6
M-1
M-2
M-3
A.C.
卧室
卫生间
厨房
多功能室
餐厅
主卧
次卧
起居室
阳台
一层给排水平面图 1:100
工程总称
项目名称
私人住宅楼
审 核
校 对
设 计
专业负责人
工程负责人
一层给排水平面图
设计号
图 别
水施
图 号
02
日 期
版权所有 不得翻印 签字齐全 盖章有效

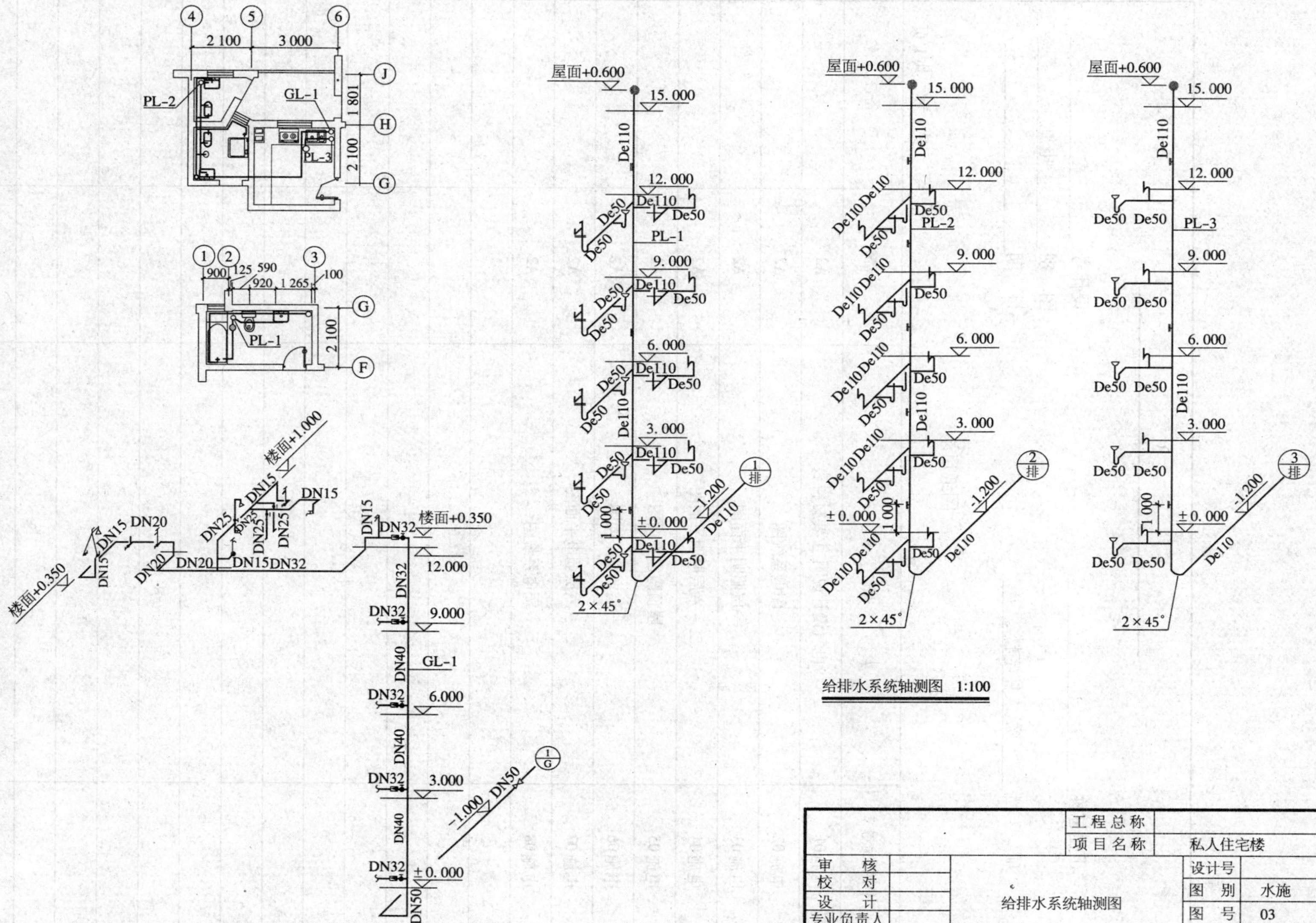

给排水系统轴测图 1:100

		工程总称		
		项目名称	私人住宅楼	
审核		给排水系统轴测图	设计号	
校对			图别	水施
设计			图号	03
专业负责人			日期	
工程负责人				

工程总称________ 设计号________

项　　目　私人住宅楼 图　别　电施

日　期________

图纸目录

第1页　共1页

图纸编号	图　名	规格	备注
电施01	电气设计说明 主要材料表	A2	
电施02	配电系统图	A2	
电施03	一层照明平面图	A2	
电施04	二~六层照明平面图	A2	
电施05	屋顶防雷平面图	A2	
电施06	一层弱电平面图	A2	
电施07	二~六层弱电平面图	A2	
电施08	弱电系统图	A2	

电气设计说明

一、设计范围

本工程供电负荷为三级负荷，包括住宅配电、照明与弱电、防雷与接地设计。

二、设计依据

建设单位委托设计任务书及有关纪要。

《民用建筑电气设计规范》JGT/T 16—92。

《住宅设计规范》GB 50096—1999(2003版)。

《低压配电设计规范》GB 50054—95。

《建筑防雷设计规范》GB 50057—94（2000版）。

三、电源及设备安装

1. 本工程各单元电源进线采用VV22—1kV电力电缆，埋地（0.8 m）引入，电缆入户处应穿钢管保护。电源电压380/220V，50 HZ，采用TN-C-S接地系统。
2. 设备的安装高度：

所有灯具均吸顶安装，各户内以及公共部位的灯具应采用高效节能型灯具，凡安装高度低于1.8 m的插座均应采用安全型插座。

总配电箱底边离地1.5 m	厨房，厕所及洗衣机用插座中心离地为:1.4 m
照明配电箱底边离地为1.8 m	电视终端离地为:0.3 m
暗装灯开关离地为:1.4 m	电话插座离地为：0.3 m
普通插座底边离地为:0.3 m	信息插座离地为：0.3 m
卫生间电热水器插座离地为:2.0 m	空调插座卧室2.0 m,客厅离地为:0.3 m
家庭弱电接线箱底边距地:0.3 m	室内对讲分机底边离地为:1.4 m

四、线路敷设

本建筑内照明干线以及各户内照明线路穿阻燃半硬塑料管沿墙、板暗敷设，导线采用BV—500 V铜芯塑料绝缘线。

五、防雷与接地

1. 本工程按三类防雷考虑，避雷带采用ϕ12镀锌圆钢沿屋顶女儿墙，构架四周敷设，支持件预埋每隔1 m一个，转角处0.5 m一个。利用结构受力柱内两根对角主筋作为引下线，下部与基础内钢筋焊接；基础钢筋焊成闭合环形，将所有引下线及重复接地点贯通。利用基础内钢筋焊成闭合环形作为接地体，将所有引下线及重复接地点贯通。
2. 防雷接地与重复接地、弱电接地共用接地装置，接地电阻不大于1 Ω，如达不到要求，则须另加设人工接地体。
3. 接地：本工程采用TN-C-S接地系统，电源入户处PEN线进行重复接地以后，中性线N与保护线PE应严格分开，不得混接。
4. 为防止雷电波的侵入，将单元总电源进建筑物入口处铠装电缆金属外皮及金属套管与电气设备接地装置作可靠连接。
5. 突出屋面的金属管道、太阳能集热器、太阳能水箱均应和屋面防雷装置相连；在屋面接闪器保护范围之外的非金属物体应装接闪器，并和屋面防雷装置相连。
6. 总等电位联结端子箱设在总电源进线处（暗敷，箱底距地0.3 m），总等电位联结应将保护干线、接地干线、进出建筑物的各种金属管道以及建筑金属构件、基础钢筋等分别可靠连接，MEB线采用40×4镀锌扁钢在墙内或地面内暗敷，做法详标准图集02D501—2《等电位联结安装》第13页。卫生间均作局部等电位联结，在面盆下距地0.5 m处预留LEB端子板，施工详见国家标准图集02D501—2《等电位联结安装》第16页，第33页。
7. 进入建筑物的强、弱电线路，在入口处装设适配的浪涌保护器。

六、其他

1. 施工时应参照的国家安装标准图集：《常用低压配电设备及灯具安装》D702—1～2，《室内管线安装》D301—1～2，《电缆敷设》D101—1～7。
2. 本工程图中未尽事项按国家现行施工规范执行。

主要材料表

序号	图例	名称	型号、规格	单位	数量	备注
1		电表箱	见系统	台		
2		照明配电箱	PZ30	台		
3	⊗	花灯	220 V 4×25 W	盏		
4		防潮灯	220 V 1×25 W	盏		厨房用
5		吸顶灯	220 V 40 W	盏		
6	Ⓢ	吸顶灯	220 V 1×25 W	盏		吸顶装
7	⊕	吸顶灯	220 V 1×7 W	盏		链吊式
8		声光控延时开关	E31ETR60	个		
9		单联单控跷板开关	NEW8-001/10 A	个		
10		双联单控跷板开关	NEW8-005/10 A	个		
11		双控开关	NEW8-005/10 A	个		
12		安全型单相二、三极暗插座	NEW8-111/10 A	个		厨、卫用防溅型
13		安全型单相三极暗插座	NEW8-109/16 A	个		空调用
14		安全型单相三极暗插座	NEW8-109/16 A	个		热水器用
15		安全型单相三极暗插座	NEW8-109/16 A	个		厨房用
16		避雷带，ϕ12镀锌圆钢				
17		铜芯电缆	W22-1 kV-			见系统图
18		铜芯塑料线	BV-2.5，4，10，16	m		见系统图
19		PVC 塑料管	ϕ16 20 25 40	m		
20		SC 钢管	ϕ100	m		
21						
22						

电气图用文字符号

导线敷设方式		导线敷设部位		灯具的安装方式	
SC	穿焊接钢管敷设	WC	暗敷设在墙内	R	嵌入式
PC	穿硬塑料管敷设	CC	暗敷设在屋面或顶板内	W	壁装式
FPC	穿阻燃半硬聚氯乙烯管敷设	FC	地板或地面下敷设	C	吸顶式
CT	电缆桥架敷设	WS	沿墙面敷设	HM	座装
PR	塑料线槽敷设	AB	沿屋架或跨屋架敷设	DS	管吊式
MR	金属线槽敷设	SCE	在吊顶内敷设	CS	链吊式
TC	沿电缆沟敷设	BC	暗设在梁内	SW	线吊式管自在管线吊式
M	用钢索敷设	AC	沿或跨柱敷设	CR	顶棚内安装
DB	直接埋设	CE	沿天棚或顶板面敷设	WR	墙壁内安装
KPC	穿聚氯乙烯塑料波纹电线管敷设	CLC	暗敷设在柱内		

		工程总称	
		项目名称	私人住宅楼
审 核	电气设计说明 主要材料表	设计号	
校 对		图 别	电施
设 计		图 号	01
专业负责人		日 期	
工程负责人			

建筑	
结构	
电气	
给排水	
暖通	

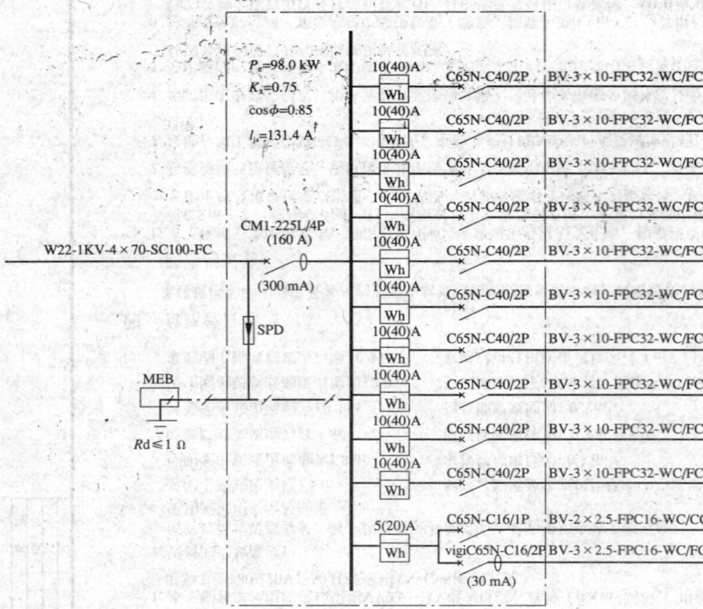

负荷	楼层	左右	相序
8.0 kW	5	左	L1
8.0 kW	5	右	L1
8.0 kW	4	左	L2
8.0 kW	4	右	L2
8.0 kW	3	左	L3
8.0 kW	3	右	L3
8.0 kW	2	左	L1
8.0 kW	2	右	L1
8.0 kW	1	左	L2
8.0 kW	1	右	L3
楼梯照明			L3
弱电设备			L3

单元配电系统图

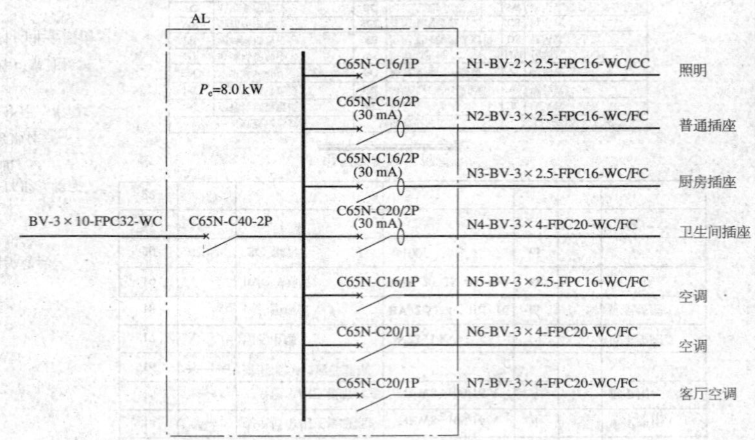

一～五层分户配电箱接线图

		工程总称		
		项目名称	私人住宅楼	
审　核		配电系统图	设计号	
校　对			图　别	电施
设　计			图　号	02
专业负责人			日　期	
工程负责人				

建　筑	暖　通
结　构	
电　气	
给排水	

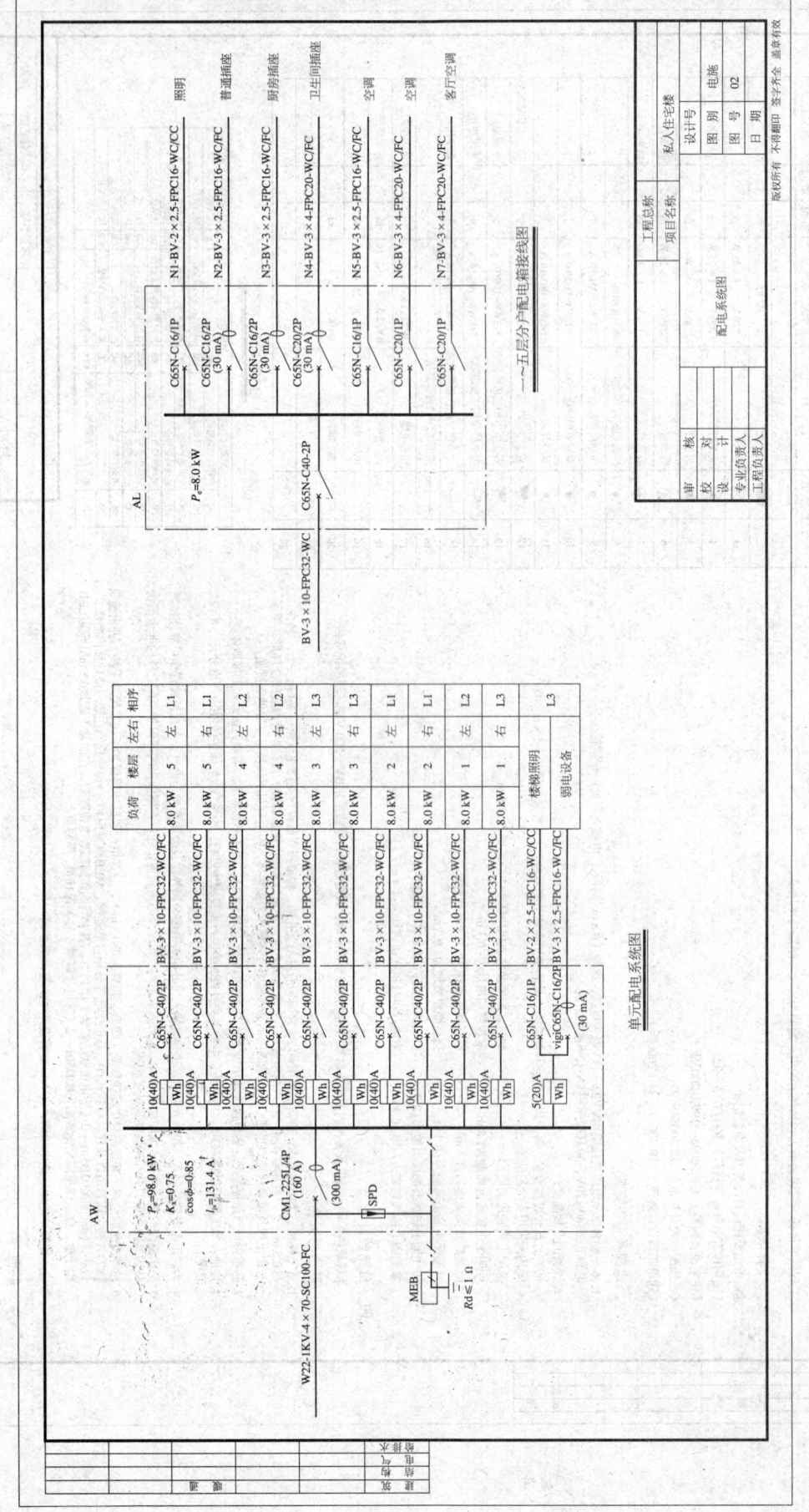

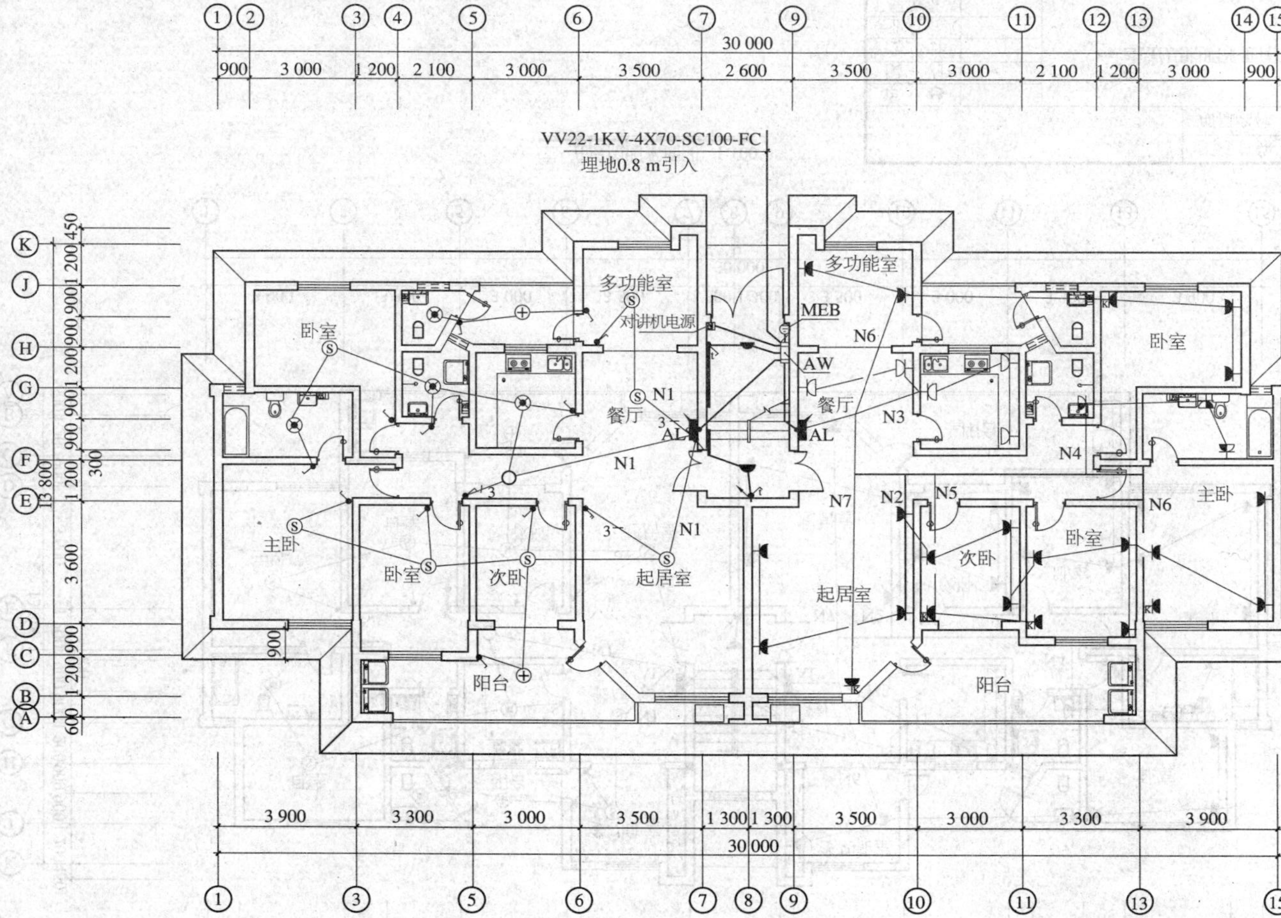

一层照明平面图 1:100

		工程总称	
		项目名称	私人住宅楼
审　核	一层照明平面图	设计号	
校　对		图　别	电施
设　计		图　号	03
专业负责人		日　期	
工程负责人			

建筑
结构
电气
给排水
暖通

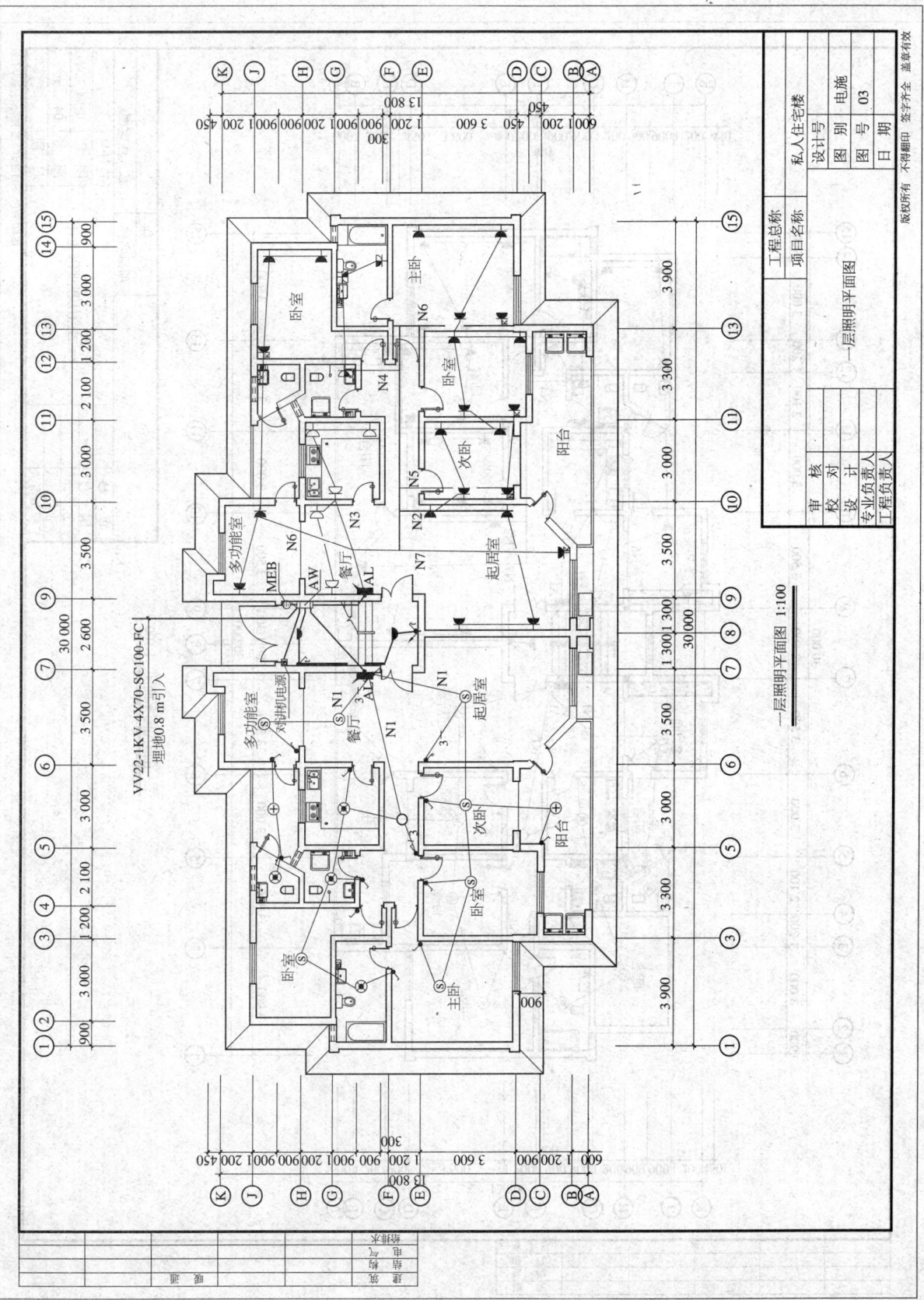

建筑	结构	电气	给排水	暖通

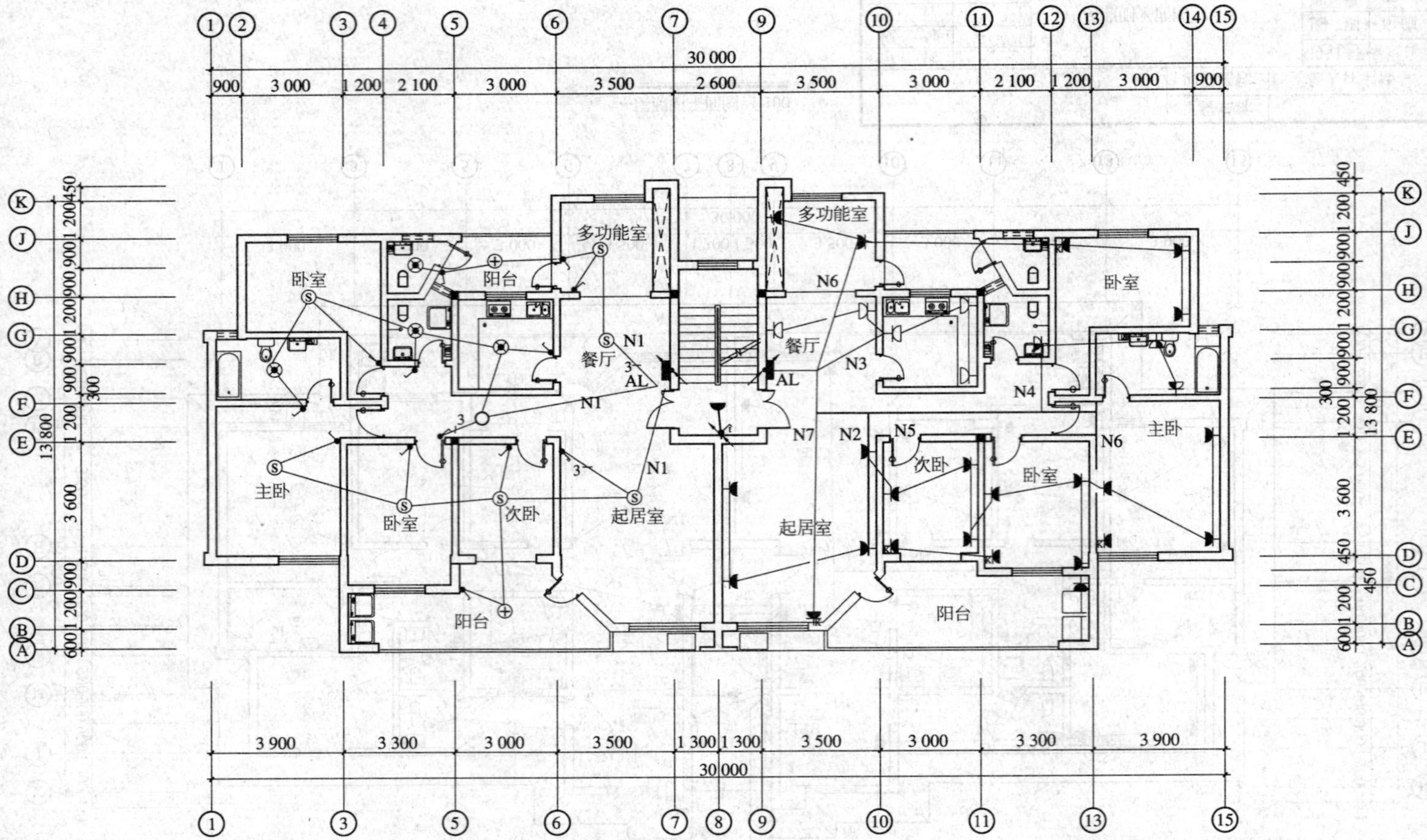

二~五层照明平面图　1:100

			工程总称	
			项目名称	私人住宅楼
审　核		二~五层照明平面图	设计号	
校　对			图　别	电施
设　计			图　号	04
专业负责人			日　期	
工程负责人				

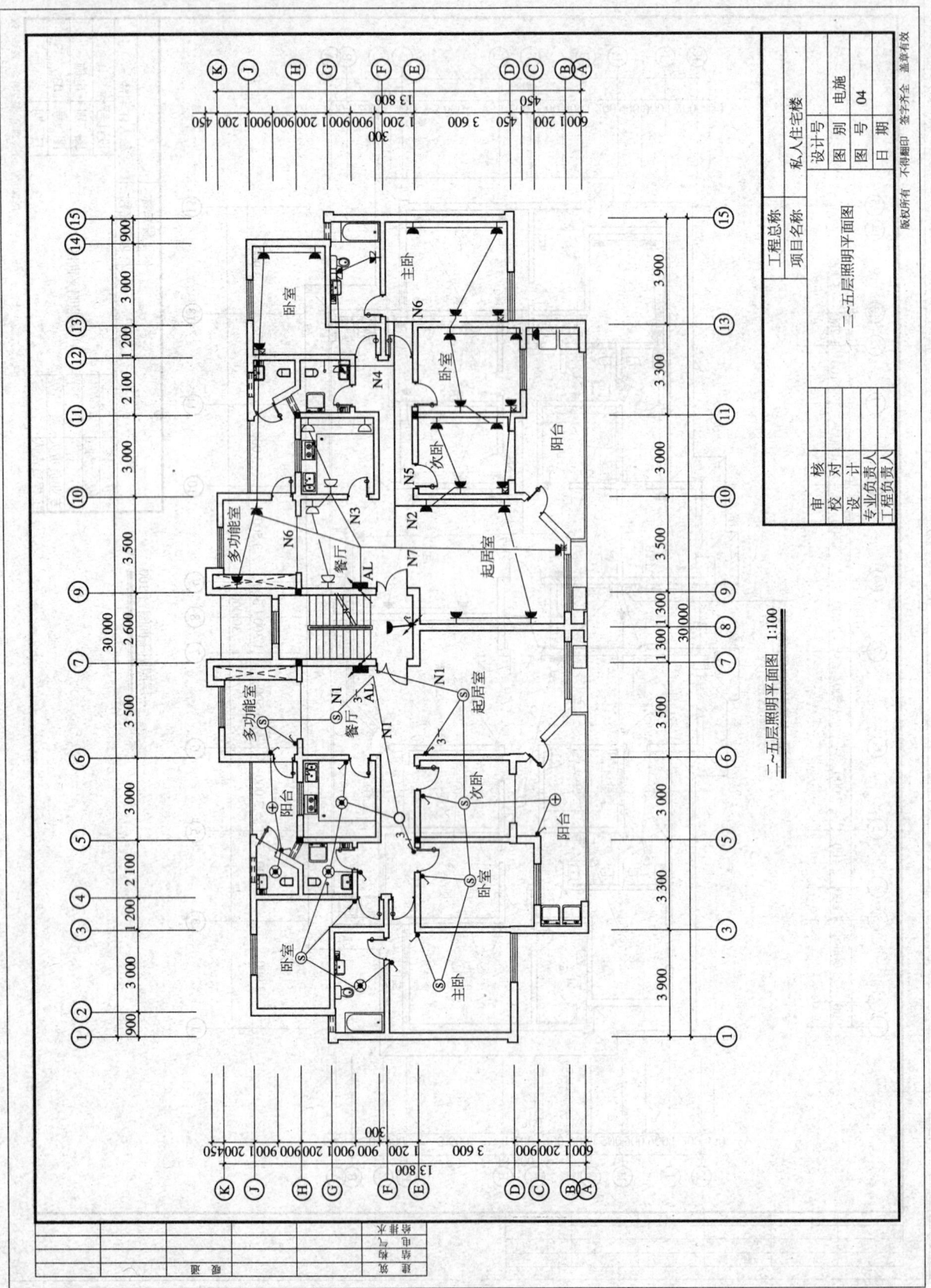

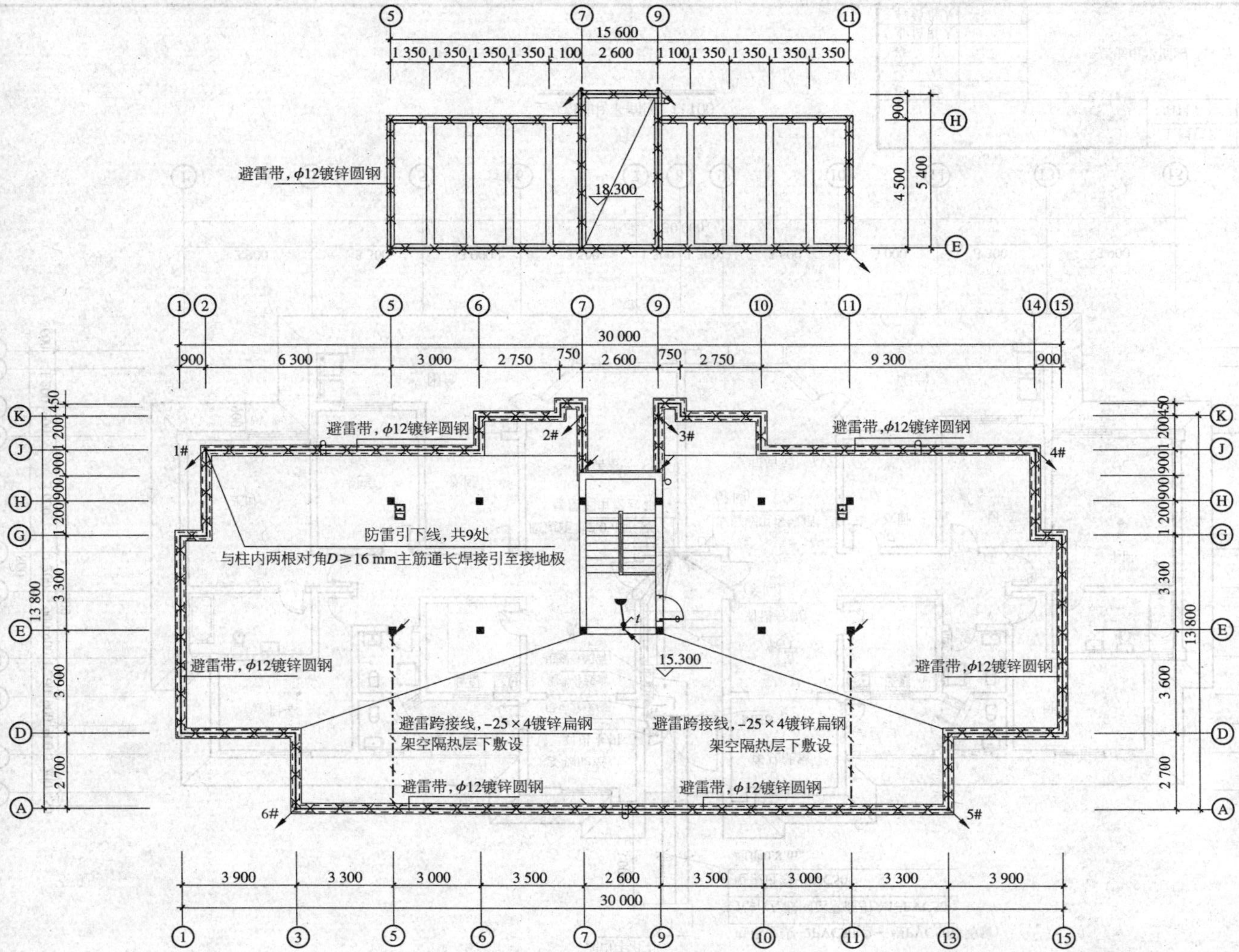

屋顶防雷平面图　1:100

		工程总称		
		项目名称	私人住宅楼	
审　核		屋顶防雷平面图	设计号	
校　对			图　别	电施
设　计			图　号	05
专业负责人			日　期	
工程负责人				

建　筑	
结　构	
电　气	
给排水	
暖　通	

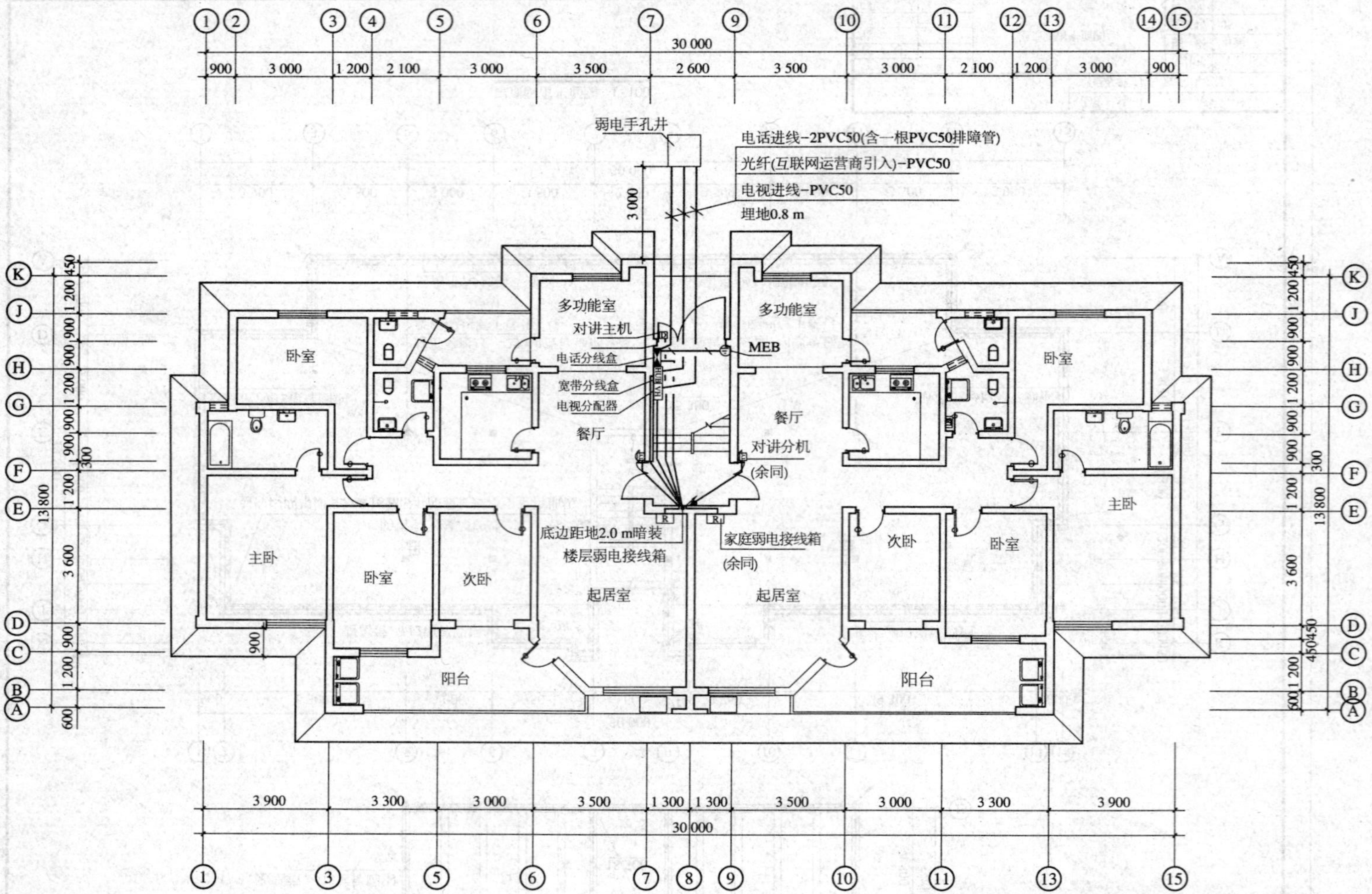

一层弱电平面图 1:100

		工程总称	
		项目名称	私人住宅楼
审　核	一层弱电平面图	设计号	
校　对		图　别	电施
设　计		图　号	06
专业负责人		日　期	
工程负责人			

建筑	
结构	
电气	
给排水	
暖通	

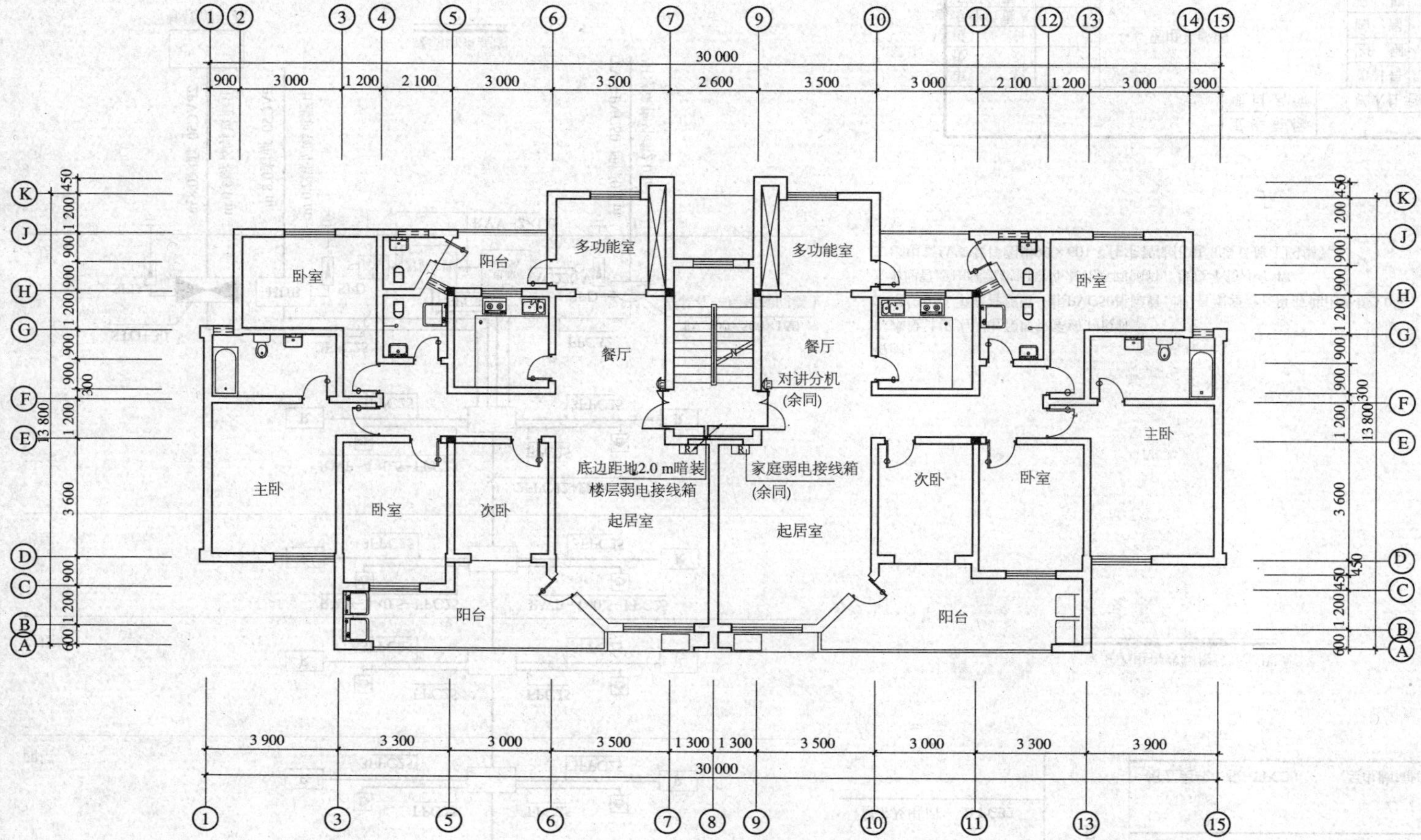

二~五层弱电平面图　1:100

		工程总称		
		项目名称	私人住宅楼	
审　核		二~五层弱电平面图	设计号	
校　对			图　别	电施
设　计			图　号	07
专业负责人			日　期	
工程负责人				

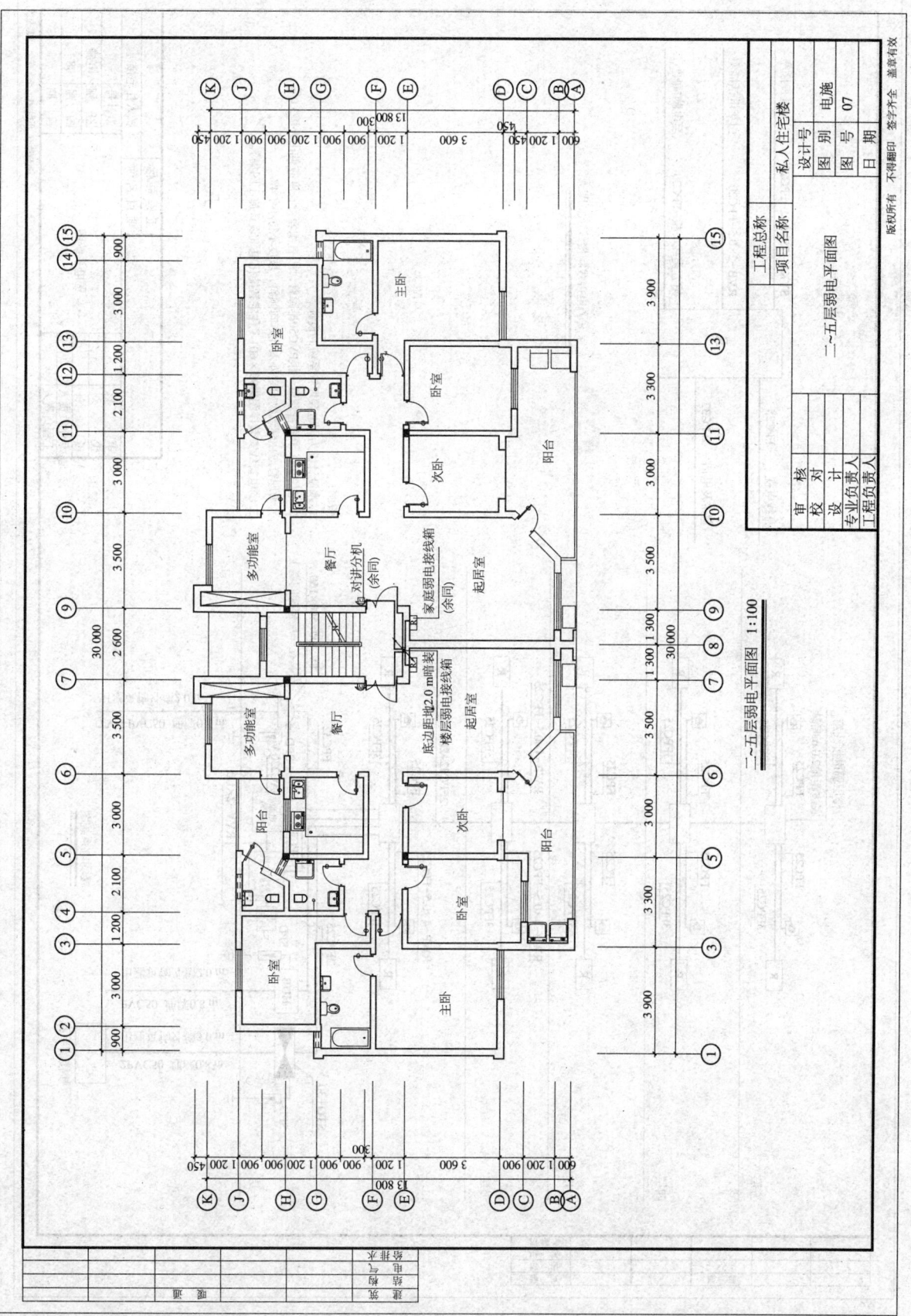

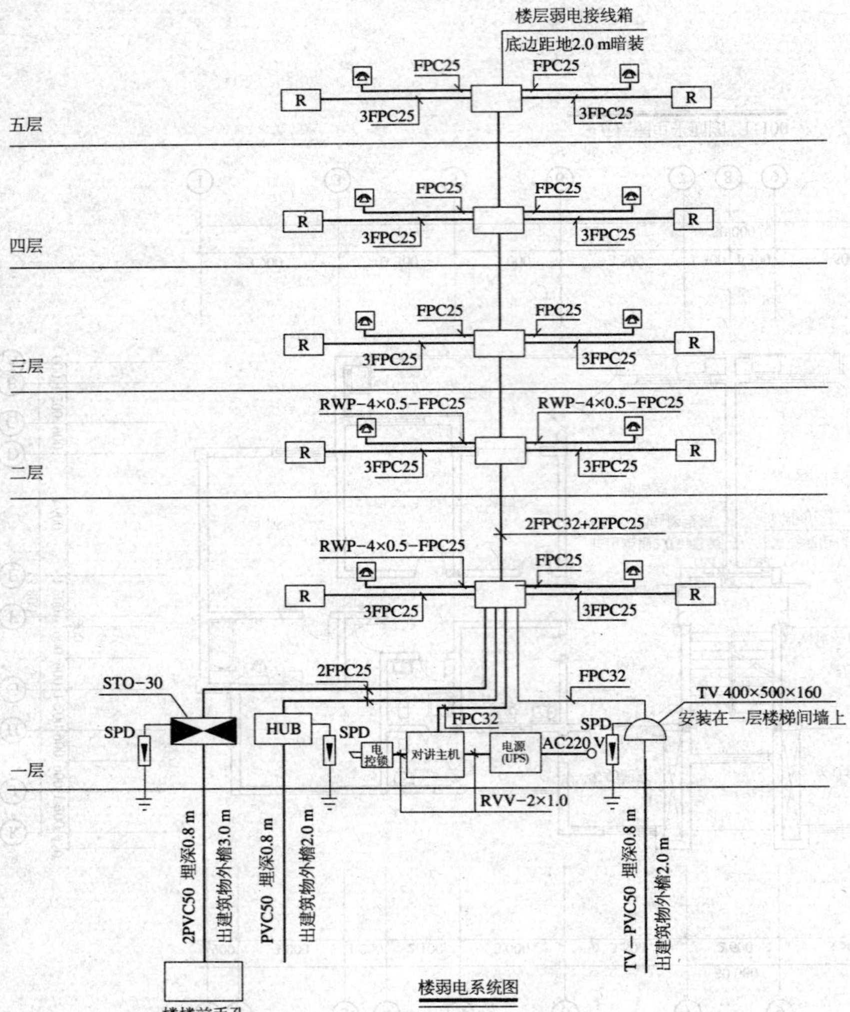

楼弱电系统图

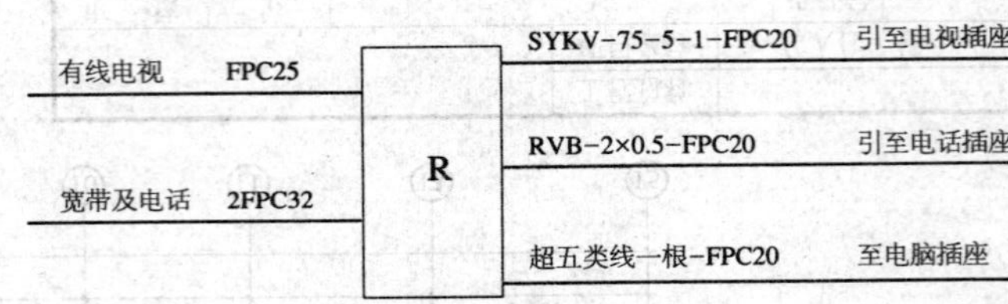

家庭弱电接线箱接线示意图

说明：

1. 本设计仅为弱电预埋管系统的设计。
2. 电信引入予埋管预留一根PVC50排障管，所有预埋管长度应伸出外墙3.0 m，予埋管应由建筑物向室外入孔方向倾斜，坡度不得小于4‰。
3. 弱电管线安装详图集99×601《住宅智能化电气设计施工图集》。

审 核		工程总称	
校 对		项目名称	私人住宅楼
设 计	弱电系统图	设计号	
专业负责人		图 别	电施
工程负责人		图 号	08
		日 期	

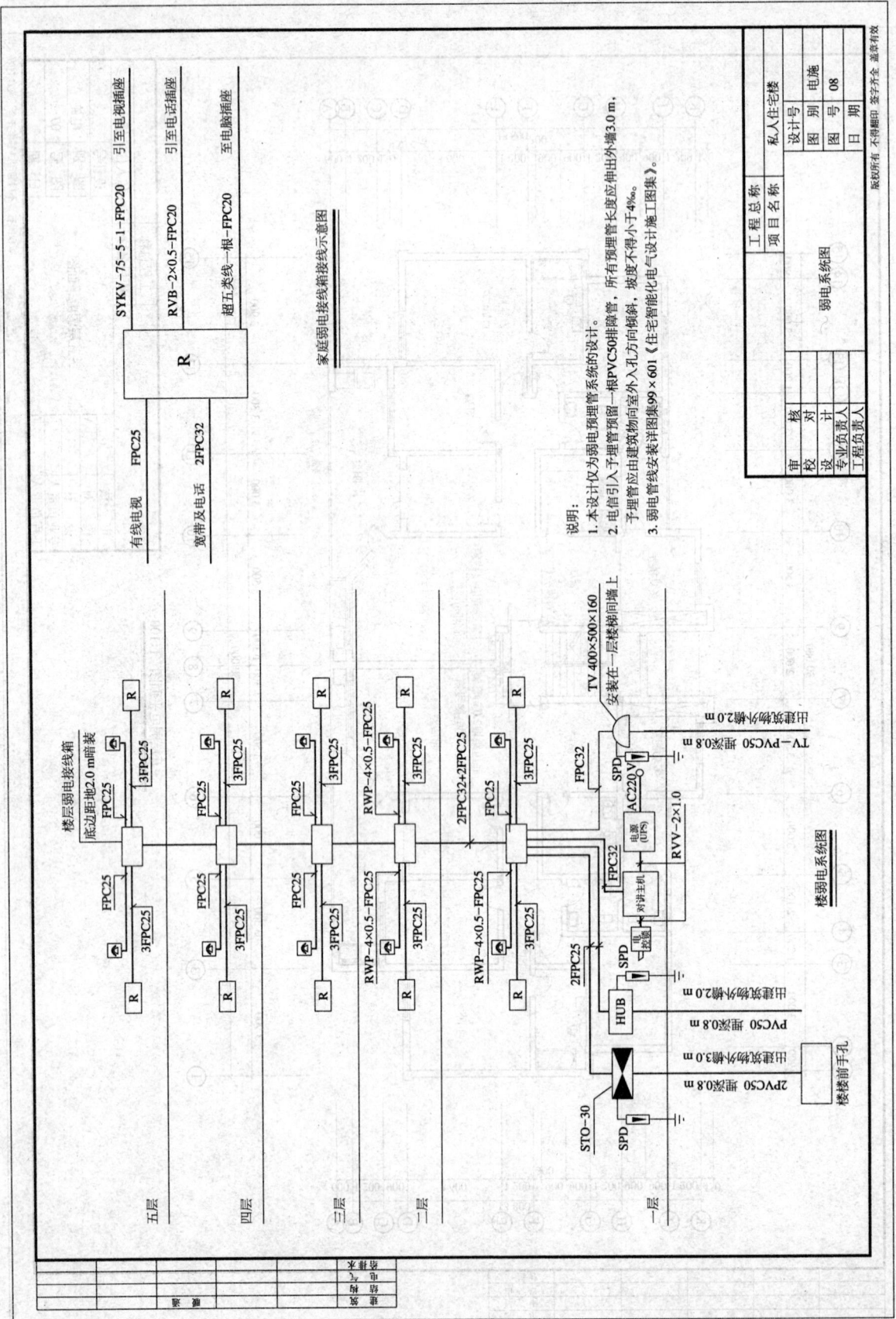

7.2 某多层食堂

工程名称 ____________

项目名称 餐饮中心

设计号：____________　　设计阶段：施工图设计

图　别：建筑　　日　　期：____________

院　长：____________

总工程师：____________

设计总负责：____________

专业负责人

建　筑：____________　　电　照：____________

结　构：____________　　暖　通：____________

水　卫：____________　　概　算：____________

××××年××月

工程总称 ____________　　设计号 ____________

图　别 建施

项　目 餐饮中心　　日　期 ____________

图纸目录

第1页　共1页

图纸编号	图　名	规格	备注
建施01	总平面图		
建施修02	建筑设计说明　装修材料表 门窗明细表	A2	
建施03	一层平面图	A2+1/4	
建施04	二层平面图	A2+1/4	
建施05	屋顶平面图	A2+1/4	
建施06	①—⑦立面图　⑦—①立面图	A2	
建施07	Ⓐ—Ⓕ立面图　Ⓕ—Ⓑ立面图	A2	
建施修08	A—A 剖面图　B—剖面图	A2	
建施09	楼梯间一大样　卫生间大样	A2+1/2	
建施10	楼梯间二、三大样	A2+1/4	

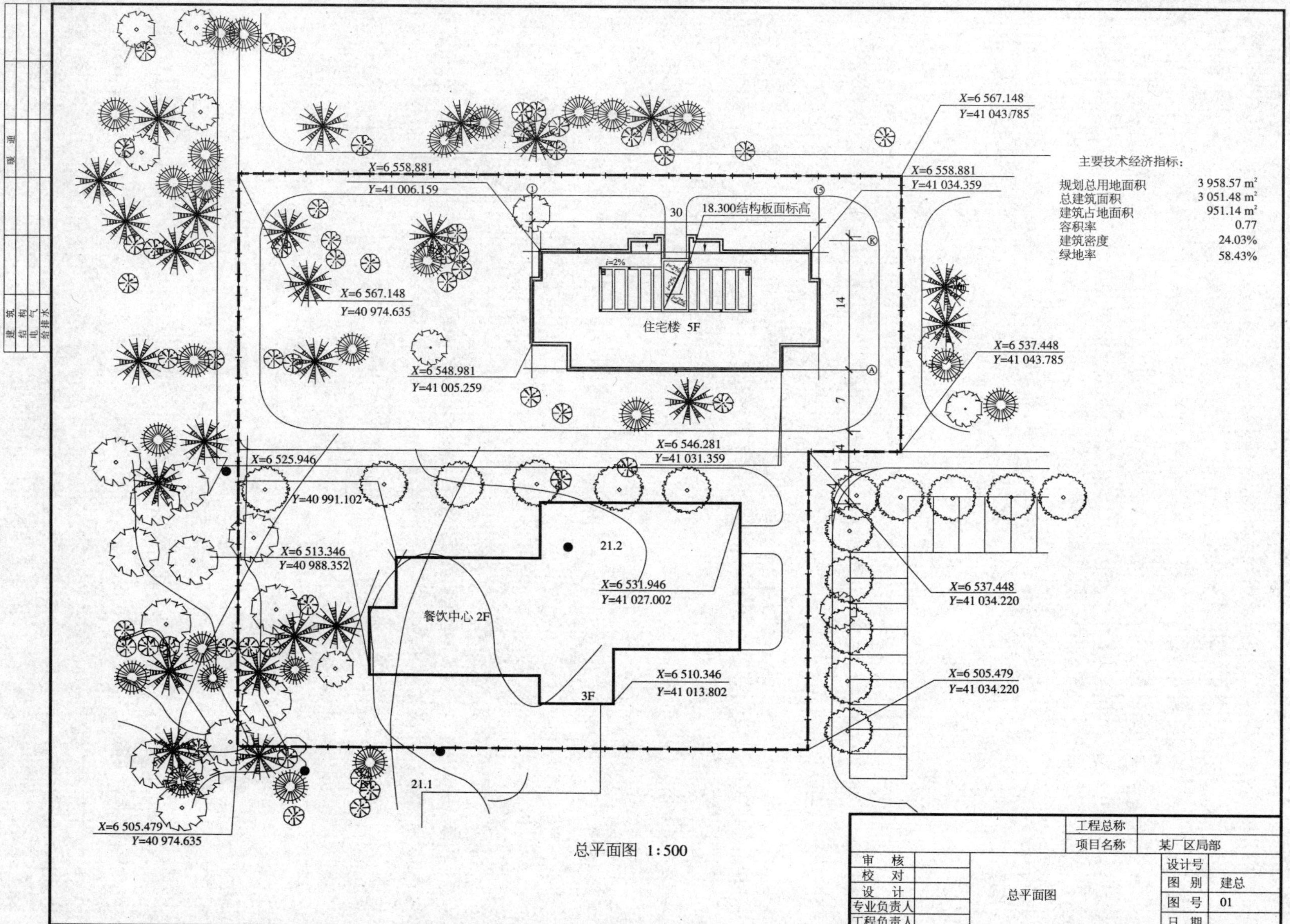

建筑
结构
电气
给排水
暖通
X=6 567.148
Y=41 043.785
主要技术经济指标:
规划总用地面积 3 958.57 m²
总建筑面积 3 051.48 m²
建筑占地面积 951.14 m²
容积率 0.77
建筑密度 24.03%
绿地率 58.43%
X=6 558.881
Y=41 006.159
X=6 558.881
Y=41 034.359
18.300结构板面标高
30
14
7
4
i=2%
住宅楼 5F
X=6 567.148
Y=40 974.635
X=6 548.981
Y=41 005.259
X=6 537.448
Y=41 043.785
X=6 546.281
Y=41 031.359
X=6 525.946
Y=40 991.102
X=6 513.346
Y=40 988.352
21.2
X=6 531.946
Y=41 027.002
X=6 537.448
Y=41 034.220
餐饮中心 2F
X=6 510.346
Y=41 013.802
3F
X=6 505.479
Y=41 034.220
21.1
X=6 505.479
Y=40 974.635
工程总称
项目名称 某厂区局部
审 核
校 对
设 计
专业负责人
工程负责人
总平面图
设计号
图 别 建总
图 号 01
日 期
版权所有 不得翻印 签字齐全 盖章有效

总平面图 1:500

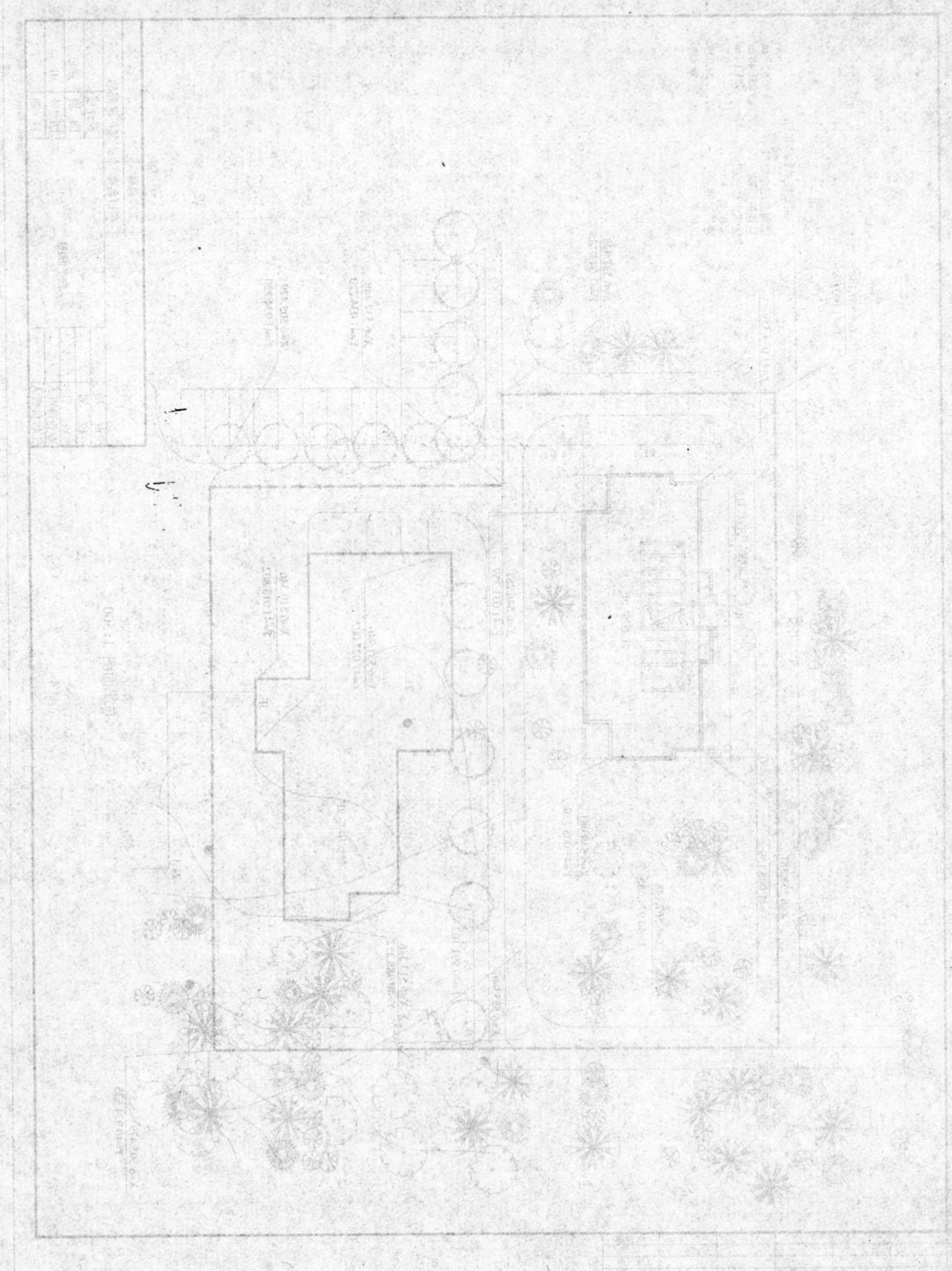

建 施 设 计 说 明

3. 本工程室内装修各种材料必须符合《建筑内部装修设计防火规范》。

4. 各种装修材料的质量，颜色，规格尺寸等均应选好样品，经建设单位和设计单位协商认可后，才能订货。

5. 凡风道、烟道，竖井内壁砌筑灰缝须饱满，并随砌随原浆抹平。有检修门的管道井内壁应作水泥混合砂浆粉刷。

6. 有吊顶的房间，其粉刷或装饰面层应做至吊顶标高以上100 mm处。

7. 凡木砖或木材与砌体接触部位均应涂防腐油；凡金属铁件均应先除锈，后涂防锈漆一道，面层再刷调和漆二道。

8. 管道安装：管道安装穿过墙身和楼板需预留孔洞，应用细石混凝土将管井孔洞堵塞严密以满足防火要求。

9. 本建筑所采用的建筑材料和装饰材料必须为A类无机非金属材料；人造及饰面木板采用B1类木板；木材采用非沥青类，煤焦油的防腐剂处理。

10. 凡卫生间、淋浴间、厨房等有防水要求的建筑空间，必须满足《民用建筑设计通则》（GB 50352—2005）6.12.3条规定，楼板四周除门洞外，应设置混凝土翻边，其高度为150mm。

11. 面层严禁采用有毒性的塑料、涂料或水玻璃类材料。材料的毒性应经有关卫生防疫部门鉴定。

12. 在施工过程中，有变更要求时，需经设计院同意，由设计人员写出修改通知单后方可施工。图文未详尽之处，均按国家现行施工验收规范处理或由甲、乙、丙三方共同解决。

窗采用单框塑料中空玻璃窗（5+9A+5）

值K5据5-3)其传热系数K值=0.67

料涂料+20厚水泥砂浆+35厚挤塑聚苯

0.55

余由二次室内装修设计确定，不列入土建施工范围

程污染控制规范》（GB 50325—2006）对环保的要求。

门窗明细表

门窗名称	洞口尺寸	门窗数量	备　　注
C-1	1 800×3 000	11	单框中空塑钢窗（5+9a+5）（参见92SJ704（一））
C-1A	1 800×2 700	14	单框中空塑钢窗（5+9a+5）（参见92SJ704（一））
C-2	600×1 350	2	单框中空塑钢窗（5+9a+5）（参见92SJ704（一））
C-3	1 500×1 650	6	单框中空塑钢窗（5+9a+5）（参见92SJ704（一））
C-4	900×1 650	2	单框中空塑钢窗（5+9a+5）（参见92SJ704（一））
C-5	1 500×2 700	2	单框中空塑钢窗（5+9a+5）（参见92SJ704（一））
C-6	4 500×3 000	1	10厚双层钢化玻璃固定窗
C-7	2 100×3 000	1	10厚双层钢化玻璃固定窗
FM-1	1 500×2 100	2	乙级防火门，甲方自理
FM-2	1 500×2 100		乙级防火门，甲方自理
GC-1	1 800×1 200	2	单框中空塑钢窗（5+9a+5）（参见92SJ704（一））
GC-2	1 500×1 200	5	单框中空塑钢窗（5+9a+5）（参见92SJ704（一））
GC-3	600×900	10	单框中空塑钢窗（5+9a+5）（参见92SJ704（一））
LC-1	1 500×7 500	1	单框中空塑钢窗（5+9a+5）（参见92SJ704（一））
LC-1A	1 500×5 250	1	单框中空塑钢窗（5+9a+5）（参见92SJ704（一））
LC-2	600×2 950	4	单框中空塑钢窗（5+9a+5）（参见92SJ704（一））
M-1	1 800×2 650	1	高级实木门，样式甲方选定，并有设计单位认可
M-2	1 500×2 400	12	高级实木门，样式甲方选定，并有设计单位认可
M-3	1 200×2 100	1	镶板门（参88ZJ601页7M11-1224）
M-4	1 000×2 100	8	夹板门（参88ZJ601页7M23-1024）
M-5	900×2 100	3	夹板门（参88ZJ601页7M22-0924）
M-6	800×2 100	10	夹板门（参88ZJ601页7M23-0824）
M-4A	1 000×2 100	1	残疾人专用门（见03J926页37）

素土夯实踏步

不小于600 mm

花岗岩板材

规格甲方自定

颜色为深栗色

颜色除注明者外均为棕色

门采用铁艺木扶手

厚挤塑聚苯板+加气混凝土砌块（B07级）+20厚

厚挤塑聚苯板+加气混凝土砌块（B07级）+20厚

0 m屋面

80 m屋面

0×300防滑地砖

工程总称			
项目名称	餐饮中心		
审　核		设计号	
校　对	建施设计说明 建筑构造做法表 门窗明细表	图　别	建施
设　计		图　号	02
专业负责人		日　期	
工程负责人			

建 施 设 计 说 明

一、工程概况

1. 工程名称：XXX餐饮中心
2. 建设地点：
3. 建设单位：
4. 使用功能：公共建筑
5. 建筑类别：三类建筑，耐火等级：二级
6. 防水等级：为Ⅱ级，防水层耐用年限：为15年
7. 抗震设防烈度：按六度设防
8. 设计使用年限：50年
9. 主要结构类型：框架结构
10. 本工程设计标高±0.000 相当于场地标高22.550

二、设计依据

1. 业主方提供的主要设计任务书以及有关地形图、红线图。
2. 《民用建筑设计通则》（GB 50352－2005）。
3. 《建筑设计防火规范》（GB 50016－2006）。
4. 《公共建筑节能设计标准》（GB 50189－2005）。
5. 《建筑内部装修设计防火规范》（GB 50222－95）。
6. 《民用建筑工程室内环境污染控制规范》（GB 50325－2006）。
7. 《餐饮建筑设计规范》（JGJ 64－89）。
8. 《城市道路和建筑物无障碍设计规范》（JGJ 50－2001）。
9. 国家现行的建筑设计有关规范、规定及标准。

三、技术经济指标

1. 建筑占地面积：561.2 m^2
2. 总建筑面积：1 148.7 m^2
3. 建筑层数：2层
4. 建筑总高度：8.100 m
5. 建筑层高：底层层高4.2 m, 2层层高3.9 m

四、建筑主要做法及要求

1. 本工程设计图的尺寸单位除标高以及总平面图尺寸以m为单位外，其余尺寸均以mm为单位。
2. 墙体做法：
   a. ±0.000以上均为加气混凝土砌块砌筑，厚度：外墙体为200 mm厚，分户墙和其他未加说明者隔墙均为200 mm厚，±0.000以下墙体参见结构。
   b. 墙身防潮层：在±0.000以下60 mm处做20 mm厚1：2水泥砂浆防潮层（内掺5%防水剂）。
3. 内外建筑构造做法：
   ①具体做法及使用部位详建筑构造做法表
   ②卫生间、低于该层楼地面标高30 mm，且找i=0.5%坡并坡向地漏
   ③内门窗洞口及墙面阳角处做1：2水泥砂浆护角，高1 800 mm做法详98ZJ501第20页-1
   ④房间顶棚粉刷的平顶角线选用98ZJ501-页19-1
   ⑤凡不同墙体材料连接处在做室内抹灰时，加铺宽200 mm小网眼钢板一层
   ⑥凡悬挑部分、雨篷、窗口上沿均做滴水线，做法详98ZJ901第21页-B，第23页-B
4. 楼梯栏杆做法：
   a. 栏杆做法：详05ZJ401-第4页-W型　扶手做法：详 05ZJ401-第28页-5
   b. 踏步防滑做法：98ZJ401-第30页-3
   c. 楼梯栏杆间距（垂直）≤110，水平栏杆长度超过500时栏杆高度为1 050。
5. 屋面及排水做法：
   a. 屋面防水等级为Ⅱ级。
   b. 管道穿屋面乏水做法：除特别注明外见 05ZJ201-页14-2。
   c. 雨水管及配件组合：雨水管采用防攀阻燃PVC128型半圆落水管，雨水管配件组合详中南标02ZTJ202-5页。
6. 门、窗：
   a. 具体型号及使用的标准图号详门窗表。
   b. 所使用的塑钢外窗及阳台门的气密性等级必须达到现行国家标准《建筑外窗空气渗透性能分级及其检测方法》GB7107规定的Ⅱ级标准，保温性能要求达到K值为2.5 W/(m^2·k)。
   c. 门窗立樘：木门立于平开启方向的墙边，卷帘门立于门洞顶梁的内侧，其余均立于墙的中间。
   d. 窗套、檐口、遮阳板、雨篷采用白水泥底，封固底漆一道，白色外墙涂料2道。
7. 节能设计：
   (1) 体形系数：0.339。
   (2) 窗墙面积比：东：0.16，南：0.21，西：0.13，北：0.26。外窗外窗采用单框塑料中空玻璃窗（5+9A+5）；传热系数为K=2.9。
   (3) 屋面保温采用干铺35厚挤塑保温板，详建筑构造做法详07EJ101页45屋5-③,其传热系数K值=0.67。
   (4) 外墙保温采用35厚聚苯板外保温涂料外墙面外墙（构造做法：外墙涂料+20厚水泥砂浆+35厚挤塑聚苯板+加气混凝土砌块（B07级）+20厚水泥砂浆）；其传热系数K=0.55。

五、其他有关说明

1. 本工程室内装修除按《建筑构造做法表》规定的装修项目外，其余由二次室内装修设计确定，不列入土建施工范围。
2. 二次装修必须符合消防安全要求和符合《民用建筑工程室内环境污染控制规范》（GB 503025－2006）对环保的要求，同时不能影响结构安全和损害水电设施。
3. 本工程室内装修各种材料必须符合《建筑内部装修设计防火规范》。
4. 各种装修材料的质量、颜色、规格尺寸等均应选好样品，经建设单位和设计单位协商认可后，才能订货。
5. 凡风道、烟道、竖井内壁砌筑灰缝须饱满，并随砌随原浆抹平。有检修门的管道井内壁应作水泥混合砂浆粉刷。
6. 有吊顶的房间，其粉刷或装饰面层应做至吊顶标高以上100 mm处。
7. 凡木砖或木材与砌体接触部位均应涂防腐油；凡金属铁件均应先除锈，后涂防锈漆一道，面层再刷调和漆二道。
8. 管道安装：管道安装穿过墙身和楼板需预留孔洞，应用细石混凝土将管井孔洞堵塞严密以满足防火要求。
9. 本建筑所采用的建筑材料和装饰材料必须为A类无机非金属材料；人造及饰面木板采用E1类木板；木材采用非沥青类、煤焦油的防腐剂处理。
10. 凡卫生间、淋浴间、厨房等有防水要求的建筑空间，必须满足《民用建筑设计通则》（GB 50352－2005）6.12.3条规定，楼板四周除门洞外，应设置混凝土翻边，其高度为150mm。
11. 面层严禁采用有毒性的塑料、涂料或水玻璃类材料。材料的毒性应经有关卫生防疫部门鉴定。
12. 在施工过程中，有变更要求时，需经设计院同意，由设计人员写出修改通知单后方可施工。图文未详尽之处，均按国家现行施工验收规范处理或由甲、乙、丙三方共同解决。

建筑构造做法表

注：采所用05ZJ001 图集

部位	装修名称	装修做法 \ 使用部位	餐厅	厨房	包间	休息大厅	走廊	楼梯间	卫生间	淋浴间	入口门庭	更衣间		备注
地面	水泥砂浆地面	05ZJ001 地2		●								●		素土务实厚度不小于600 mm 花岗岩板材规格甲方自定
	陶瓷地砖地面	05ZJ001 地19	●				●	●	●	●				
	花岗岩地面	05ZJ001 地26									●			
楼面	陶瓷地砖卫生间楼面	05ZJ001 楼33							●	●				
	水泥砂浆地面	05ZJ001 楼2	●		●									
	陶瓷地砖地面	05ZJ001 楼10				●	●	●						
内墙面	混合砂浆墙面（二）	05ZJ001 内墙4	●	●	●	●	●	●	●	●	●	●		
	乳胶漆涂料	05ZJ001 涂23	●	●		●	●	●	●	●	●	●		
	面砖墙面	05ZJ001 内墙12				●			●	●		●		
顶棚	铝合金封闭式条形板吊顶	05ZJ001 顶19	●			●	●		●	●				
	混合砂浆顶棚	05ZJ001 顶3		●	●			●				●		
	乳胶漆涂料	05ZJ001 涂23	●	●	●	●	●	●	●	●	●	●		
踢脚	面砖踢脚	05ZJ001 踢20	●	●			●	●				●		
	花岗岩踢脚	05ZJ001 踢30			●	●								
油漆	调和漆	05ZJ001 涂1	用于所有木门和楼梯木扶手　颜色为浅栗色											
	调和漆	05ZJ001 涂13	用于金属栏杆　颜色除注明者外均为棕色											
外墙面	涂料外墙面	构造做法涂料面层+20厚水泥砂浆+35厚挤塑聚苯板+加气混凝土砌块（B07级）+20厚水泥砂浆具体部位及颜色详见各立面所示												
	面砖外墙面	构造做法8厚面砖+20厚水泥砂浆+35厚挤塑聚苯板+加气混凝土砌块（B07级）+20厚水泥砂浆具体部位及颜色详见各立面所示												
屋面	屋A：上人屋面	07EJ101页45屋5-③	用于标高8.10 m屋面											
	屋B：不上人屋面	05ZJ001 屋11	用于标高10.80 m屋面											

说明：卫生间、淋浴间楼面为300×300规格防滑地砖，内墙采用200×300面砖贴至屋顶吊顶处。应由甲方会同设计人员看样同意后施工。包房内饰二次装修待定。

门窗明细表

门窗名称	洞口尺寸	门窗数量	备注
C-1	1 800×3 000	11	单框中空塑钢窗（5+9a+5）（参见92SJ704（一））
C-1A	1 800×2 700	14	单框中空塑钢窗（5+9a+5）（参见92SJ704（一））
C-2	600×1 350	2	单框中空塑钢窗（5+9a+5）（参见92SJ704（一））
C-3	1 500×1 650	6	单框中空塑钢窗（5+9a+5）（参见92SJ704（一））
C-4	9 00×1 650	2	单框中空塑钢窗（5+9a+5）（参见92SJ704（一））
C-5	1 500×2 700	2	单框中空塑钢窗（5+9a+5）（参见92SJ704（一））
C-6	4 500×3 000	1	10厚双层钢化玻璃固定窗
C-7	2 100×3 000	1	10厚双层钢化玻璃固定窗
FM-1	1 500×2 100	2	乙级防火门　甲方自理
FM-2	1 500×2 100	1	乙级防火门　甲方自理
GC-1	1 800×1 200	2	单框中空塑钢窗（5+9a+5）（参见92SJ704（一））
GC-2	1 500×1 200	5	单框中空塑钢窗（5+9a+5）（参见92SJ704（一））
GC-3	600×900	10	单框中空塑钢窗（5+9a+5）（参见92SJ704（一））
LC-1	1 500×7 500	1	单框中空塑钢窗（5+9a+5）（参见92SJ704（一））
LC-1A	1 500×5 250	1	单框中空塑钢窗（5+9a+5）（参见92SJ704（一））
LC-2	600×2 950	4	单框中空塑钢窗（5+9a+5）（参见92SJ704（一））
M-1	1 800×2 650	1	高级实木门，样式甲方选定，并有设计单位认可
M-2	1 500×2 400	12	高级实木门，样式甲方选定，并有设计单位认可
M-3	1 200×2 100	1	镶板门（参88ZJ601页7M11-1224）
M-4	1 000×2 100	8	夹板门（参88ZJ601页7M22-1024）
M-5	900×2 100	3	夹板门（参88ZJ601页7M22-0924）
M-6	800×2 100	10	夹板门（参88ZJ601页7M23-0824）
M-4A	1 000×2 100	1	残疾人专用门（见03J926页37）

				工程总称	
				项目名称	餐饮中心
审　核		建施设计说明 建筑构造做法表 门窗明细表		设计号	
校　对				图　别	建施修
设　计				图　号	02
专业负责人				日　期	
工程负责人					

建筑	暖通
结构	
电气	
给排水	

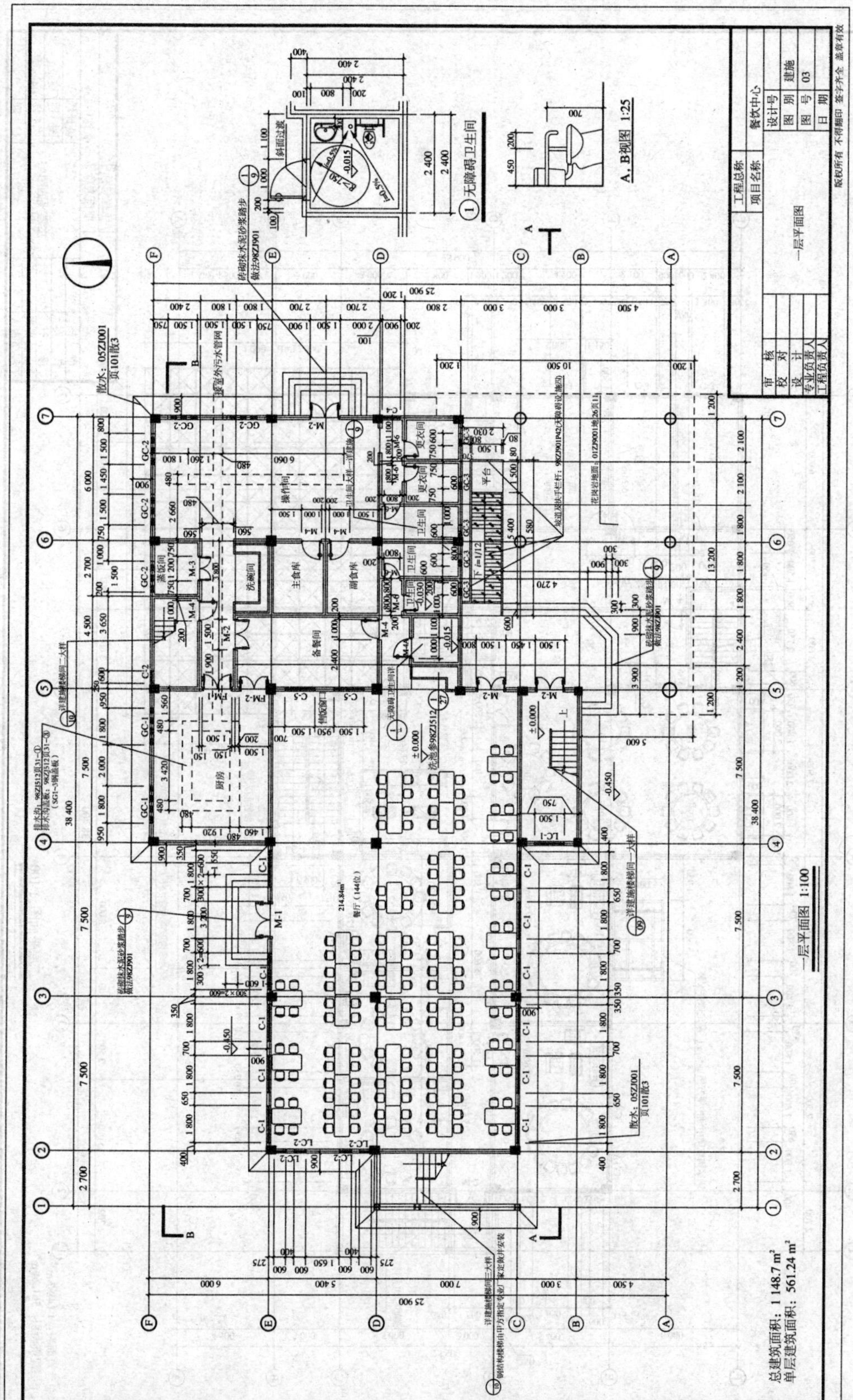

一层平面图 1:100
总建筑面积：1 148.7 m²
单层建筑面积：561.24 m²
①无障碍卫生间
A、B视图 1:25
工程总称
项目名称
餐饮中心
设计号
图别
建施
图号
03
日期
一层平面图
餐厅（144位）
厨房
主食库
副食库
备餐间
洗碗间
操作间
更衣间
卫生间
平台
散水：05ZJ001 页101散3

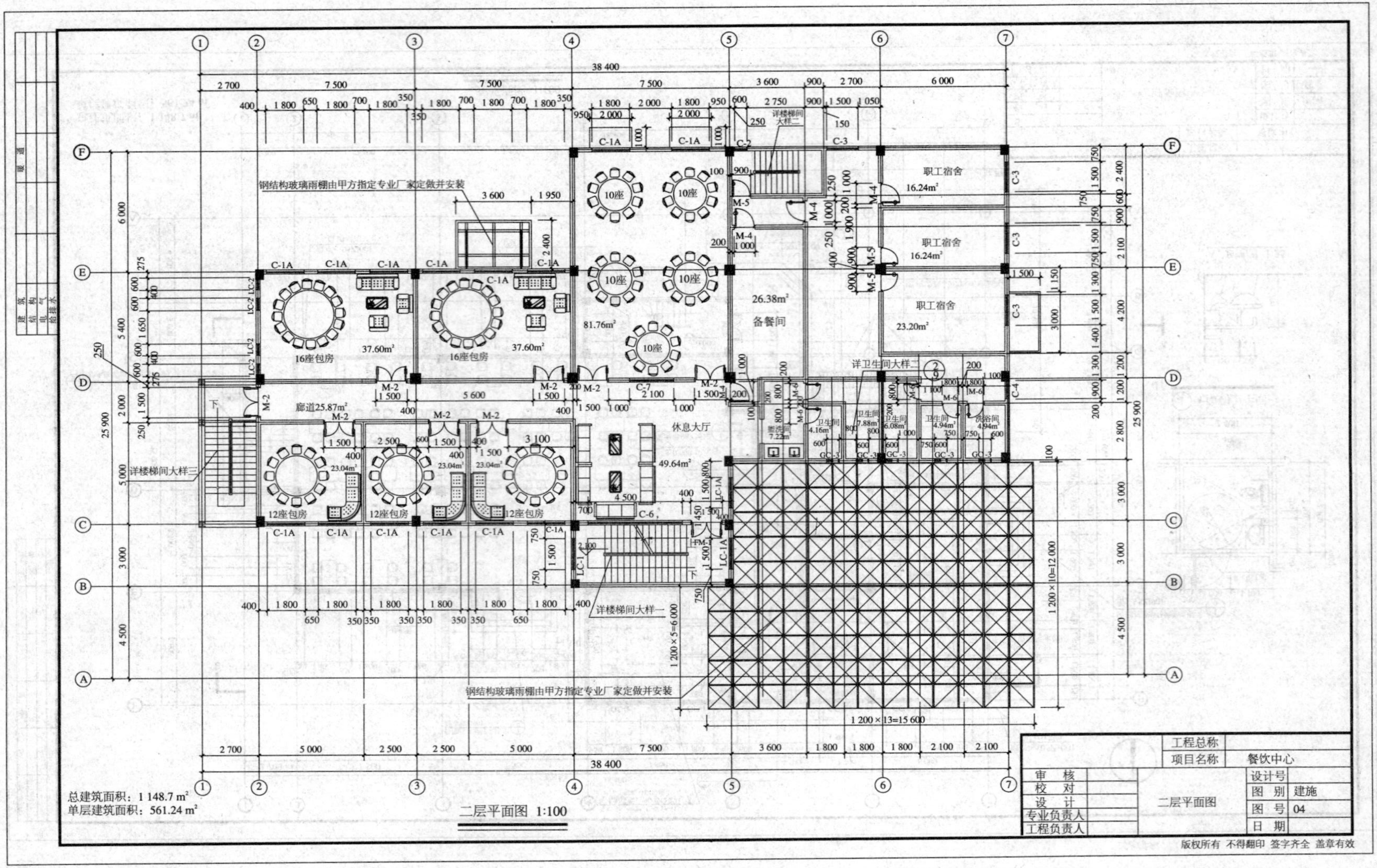
二层平面图 1:100
总建筑面积：1 148.7 m²
单层建筑面积：561.24 m²
钢结构玻璃雨棚由甲方指定专业厂家定做并安装
16座包房
37.60m²
12座包房
23.04m²
10座
81.76m²
廊道25.87m²
休息大厅
49.64m²
26.38m²
备餐间
职工宿舍
16.24m²
23.20m²
卫生间
盥洗间
洗浴间
详楼梯间大样一
详楼梯间大样二
详楼梯间大样三
详卫生间大样二
1 200×13=15 600
1 200×10=12 000
1 200×5=6 000
38 400
25 900
工程总称
项目名称
餐饮中心
审 核
校 对
设 计
专业负责人
工程负责人
设计号
图 别
建施
图 号
04
日 期
二层平面图
版权所有 不得翻印 签字齐全 盖章有效

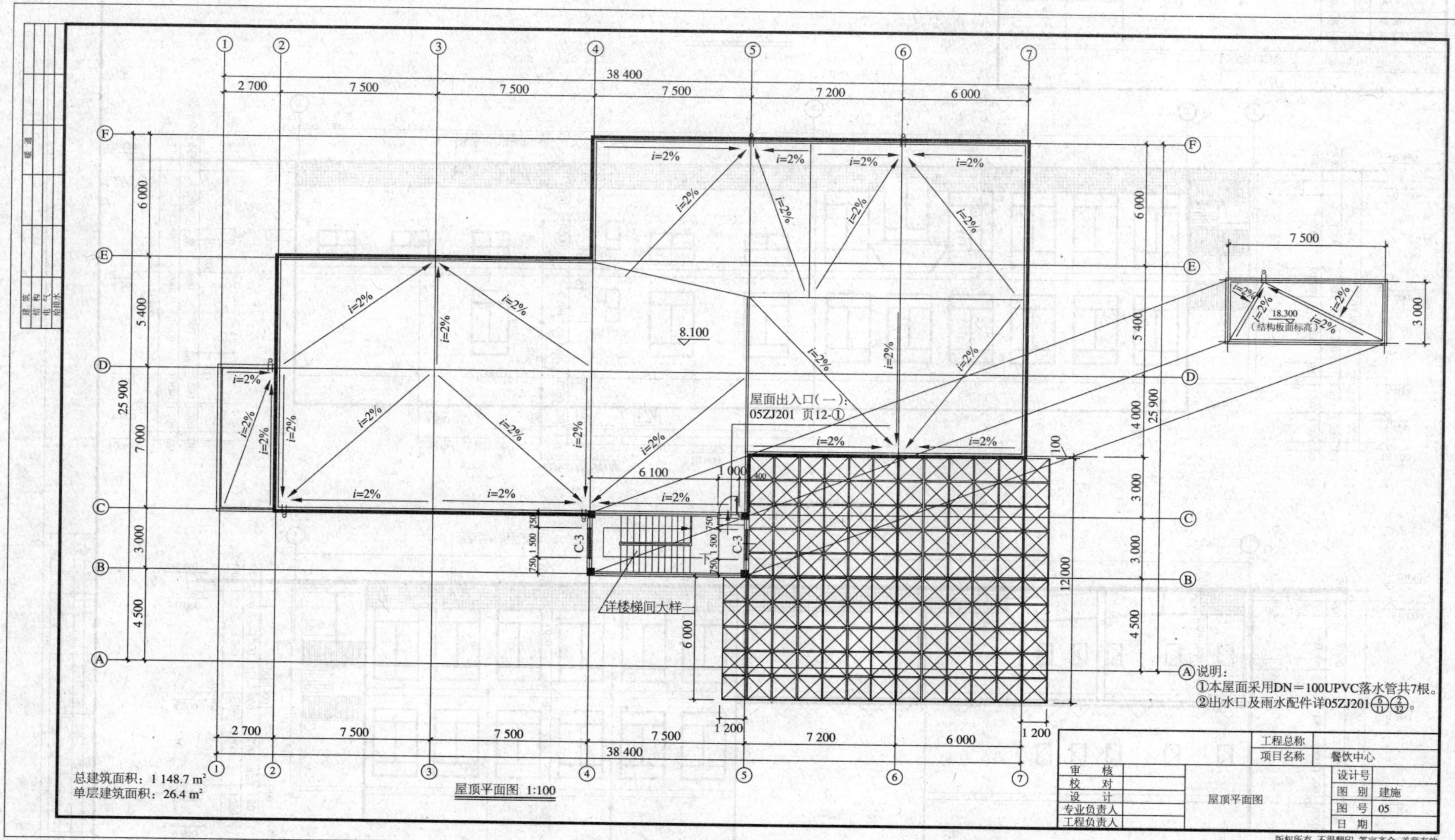

屋顶平面图 1:100
总建筑面积：1 148.7 m²
单层建筑面积：26.4 m²
屋面出入口(一)：
05ZJ201 页12-①
详楼梯间大样
18.300
（结构板面标高）
8.100
i=2%
38 400
25 900
说明：
①本屋面采用DN＝100UPVC落水管共7根。
②出水口及雨水配件详05ZJ201 6/11 2/32。
工程总称
项目名称
餐饮中心
审核
校对
设计
专业负责人
工程负责人
屋顶平面图
设计号
图别
建施
图号
05
日期
版权所有 不得翻印 签字齐全 盖章有效

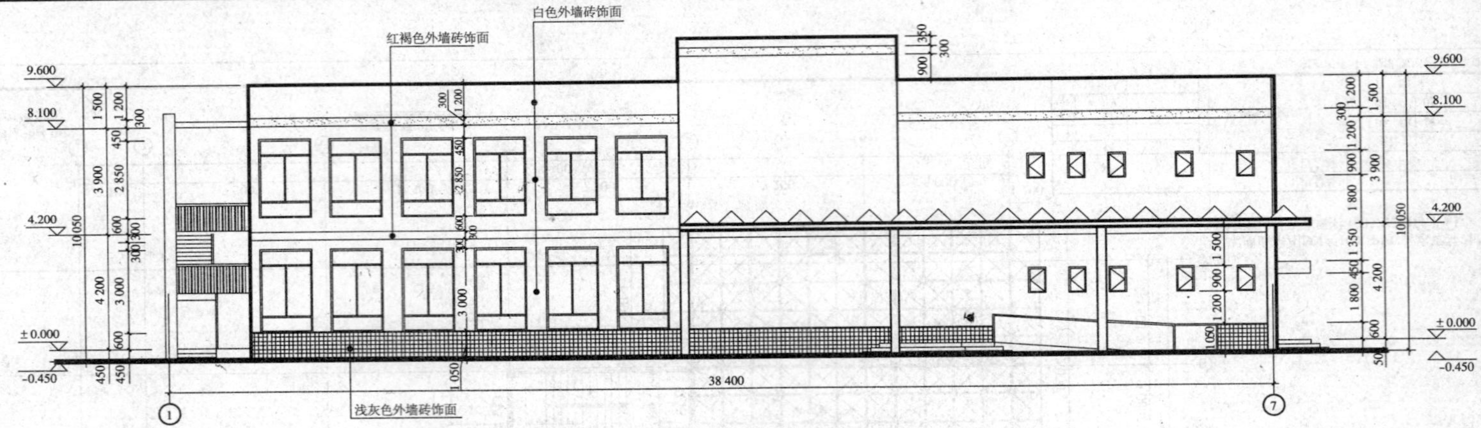

①~⑦立面图 1:100

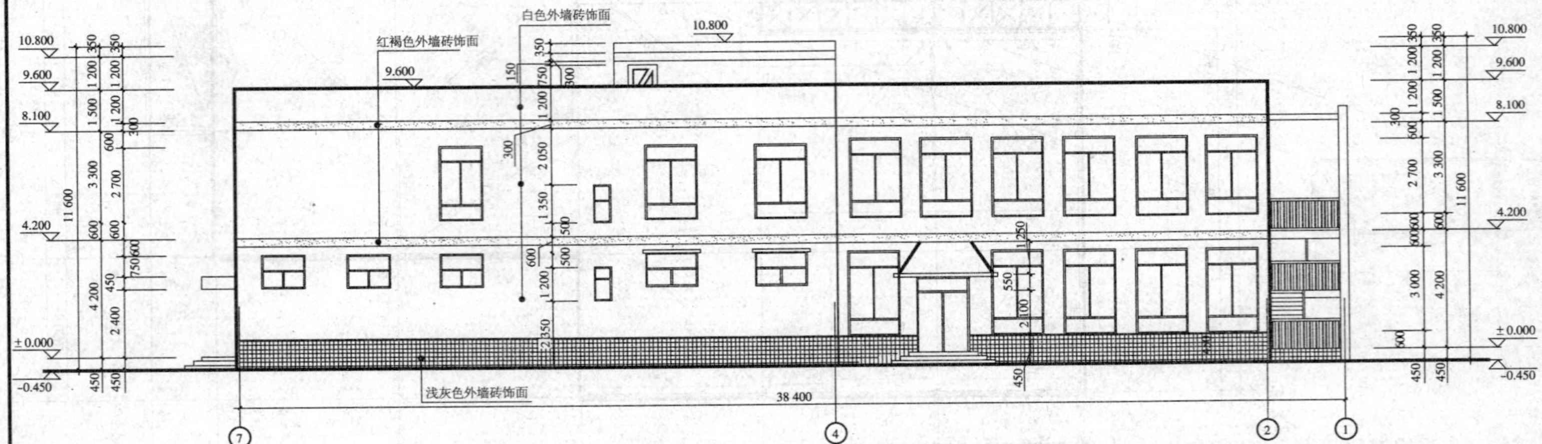

⑦~①立面图 1:100

审　核		①~⑦立面图 ⑦~①立面图	工程总称	
校　对			项目名称	餐饮中心
设　计			设计号	
专业负责人			图　别	建施
工程负责人			图　号	06
			日　期	

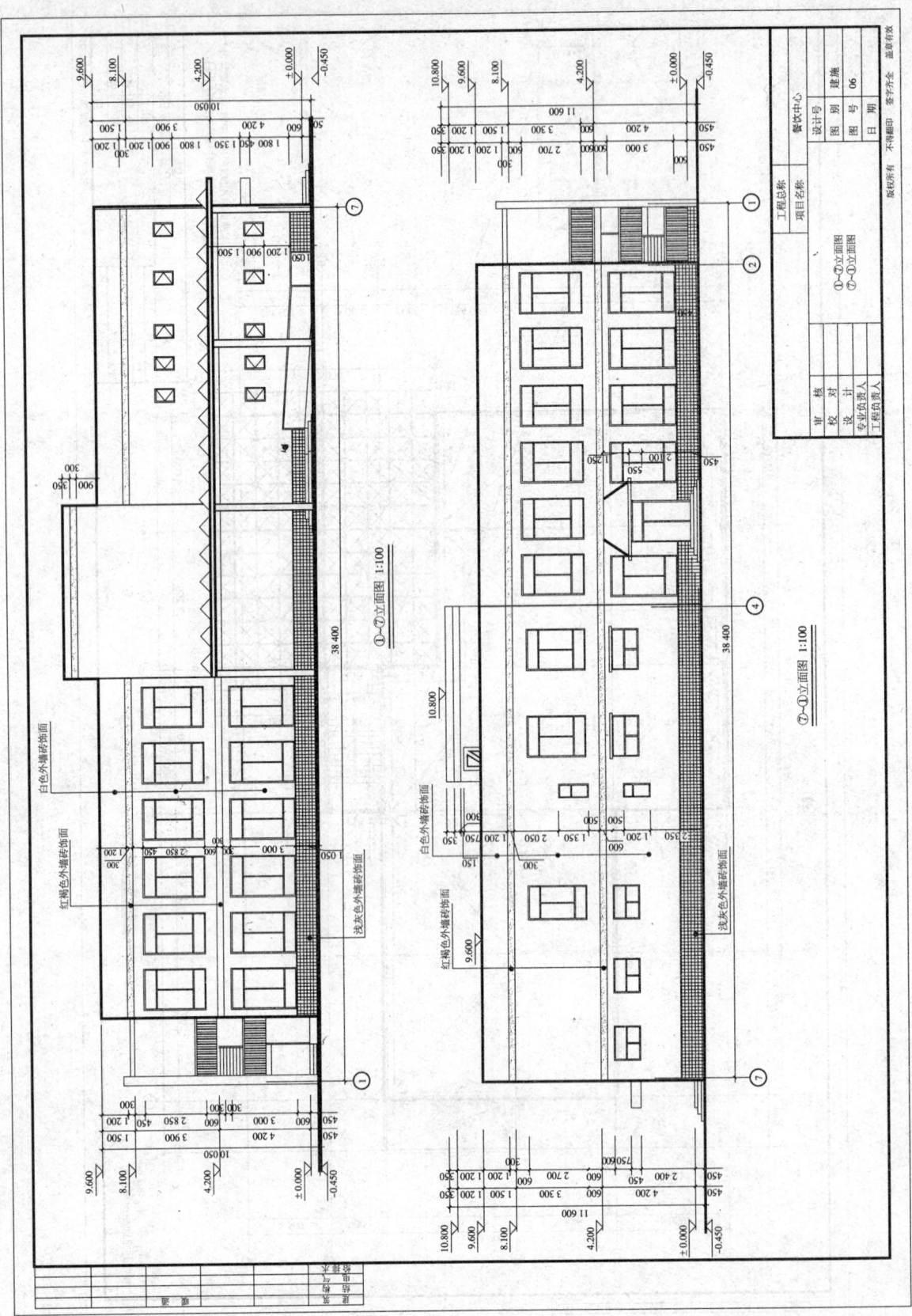

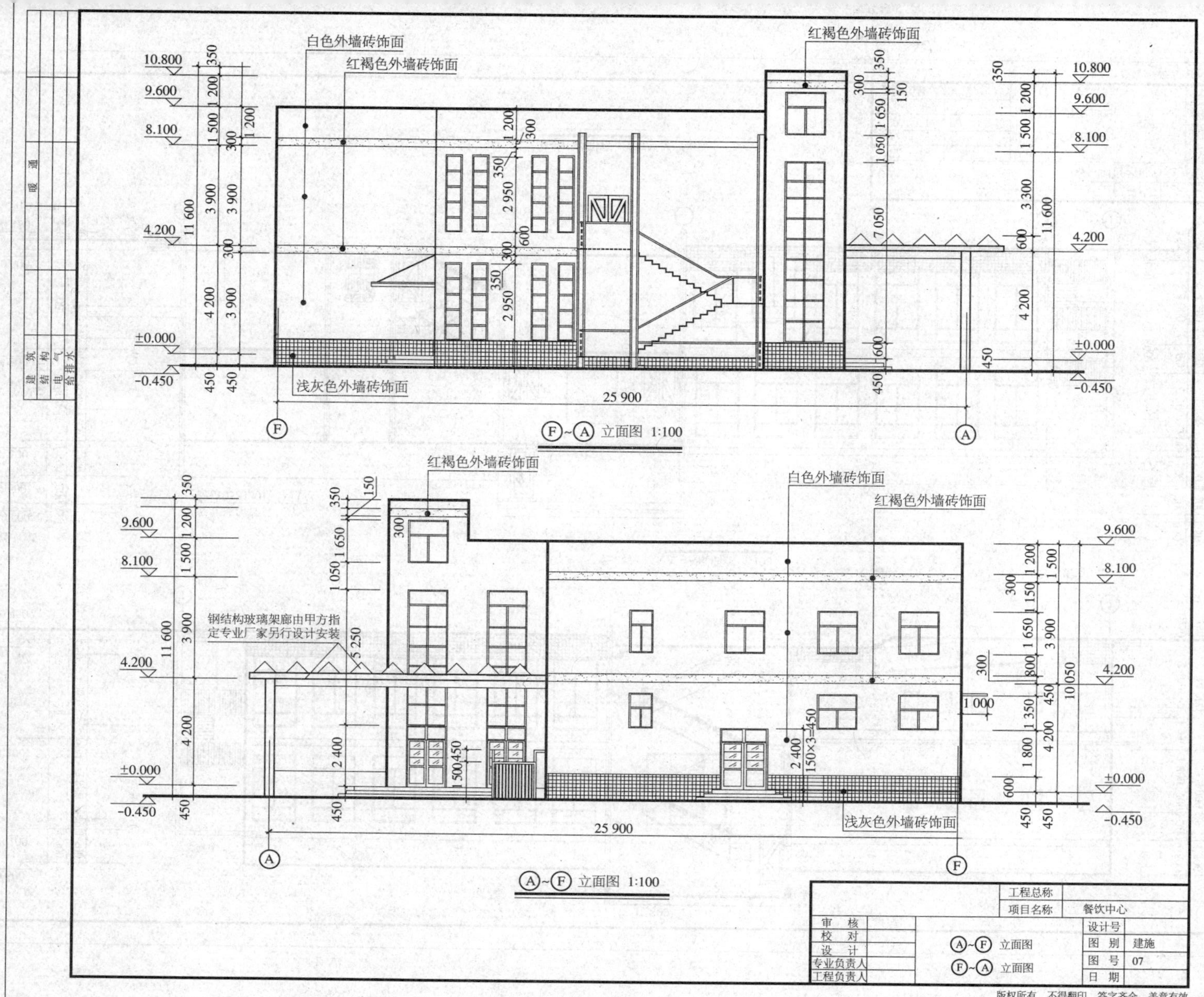
白色外墙砖饰面
红褐色外墙砖饰面
浅灰色外墙砖饰面
25 900
F~A 立面图 1:100
钢结构玻璃架廊由甲方指定专业厂家另行设计安装
A~F 立面图 1:100
工程总称
项目名称 餐饮中心
审 核
校 对
设 计
专业负责人
工程负责人
A~F 立面图
F~A 立面图
设计号
图 别 建施
图 号 07
日 期
版权所有 不得翻印 签字齐全 盖章有效
建 筑
结 构
电 气
给排水
暖 通

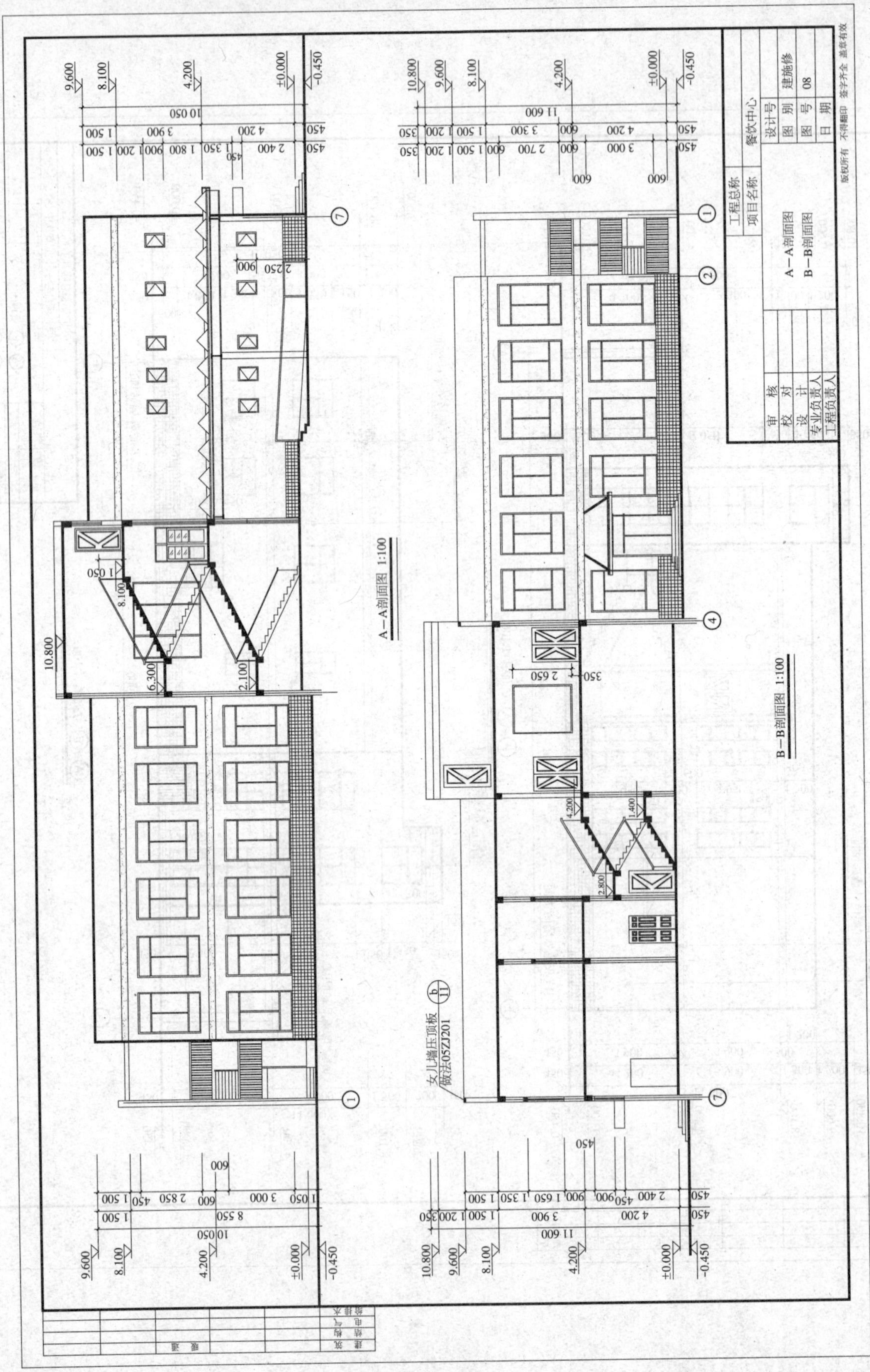
A—A剖面图 1:100
B—B剖面图 1:100
女儿墙压顶板
做法05ZJ201
工程总称
项目名称
餐饮中心
设计号
图别
建施修
图号
08
日期
审核
校对
设计
专业负责人
工程负责人
A—A剖面图
B—B剖面图
版权所有 不得翻印 签字齐全 盖章有效

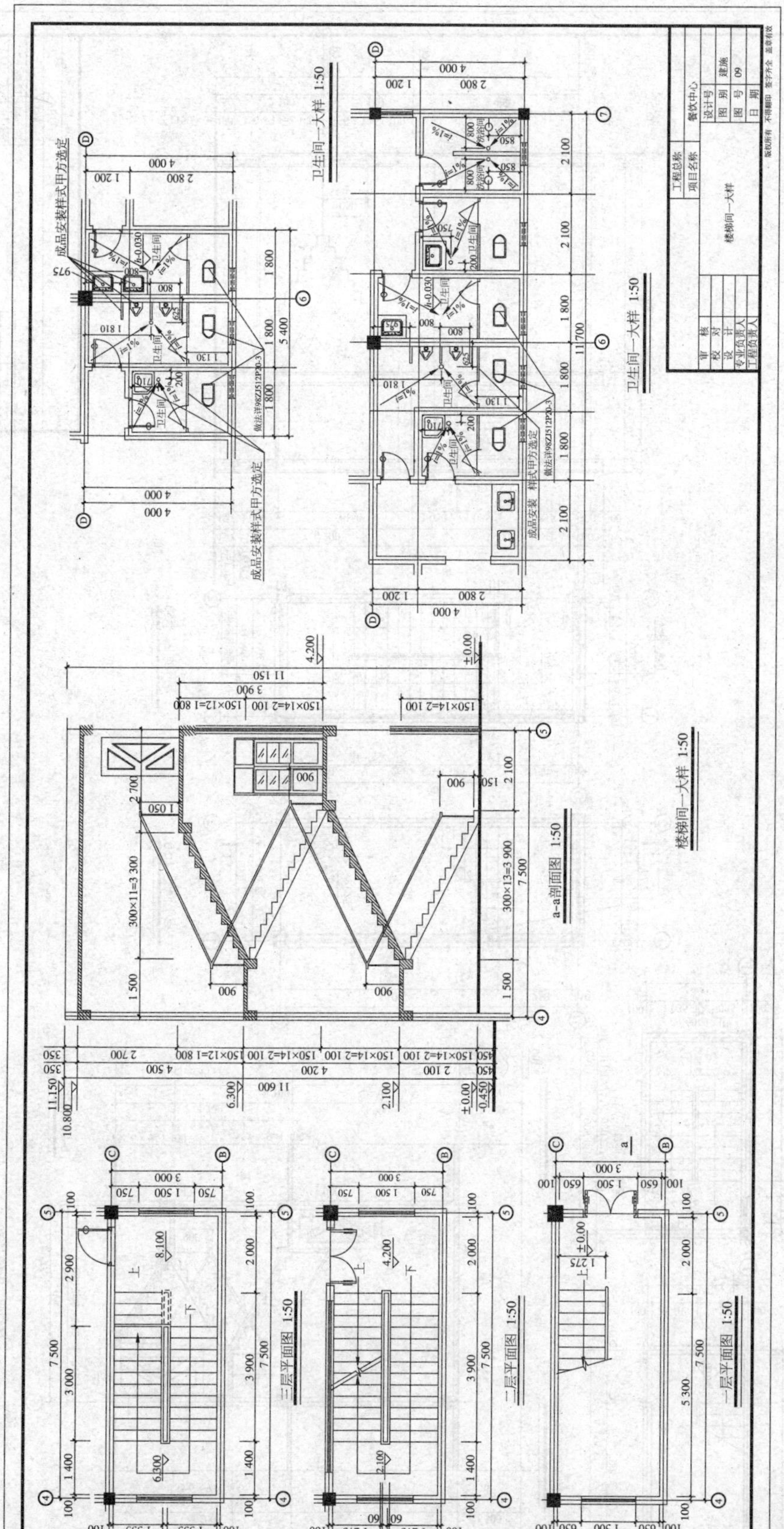

楼梯间一大样 1:50
卫生间一大样 1:50
卫生间一大样 1:50
a-a剖面图 1:50
三层平面图 1:50
二层平面图 1:50
一层平面图 1:50
成品安装样式甲方选定
工程总称
项目名称
餐饮中心
设计号
图别
建施
图号
09
日期
楼梯间一大样
审核
校对
设计
专业负责人
工程负责人

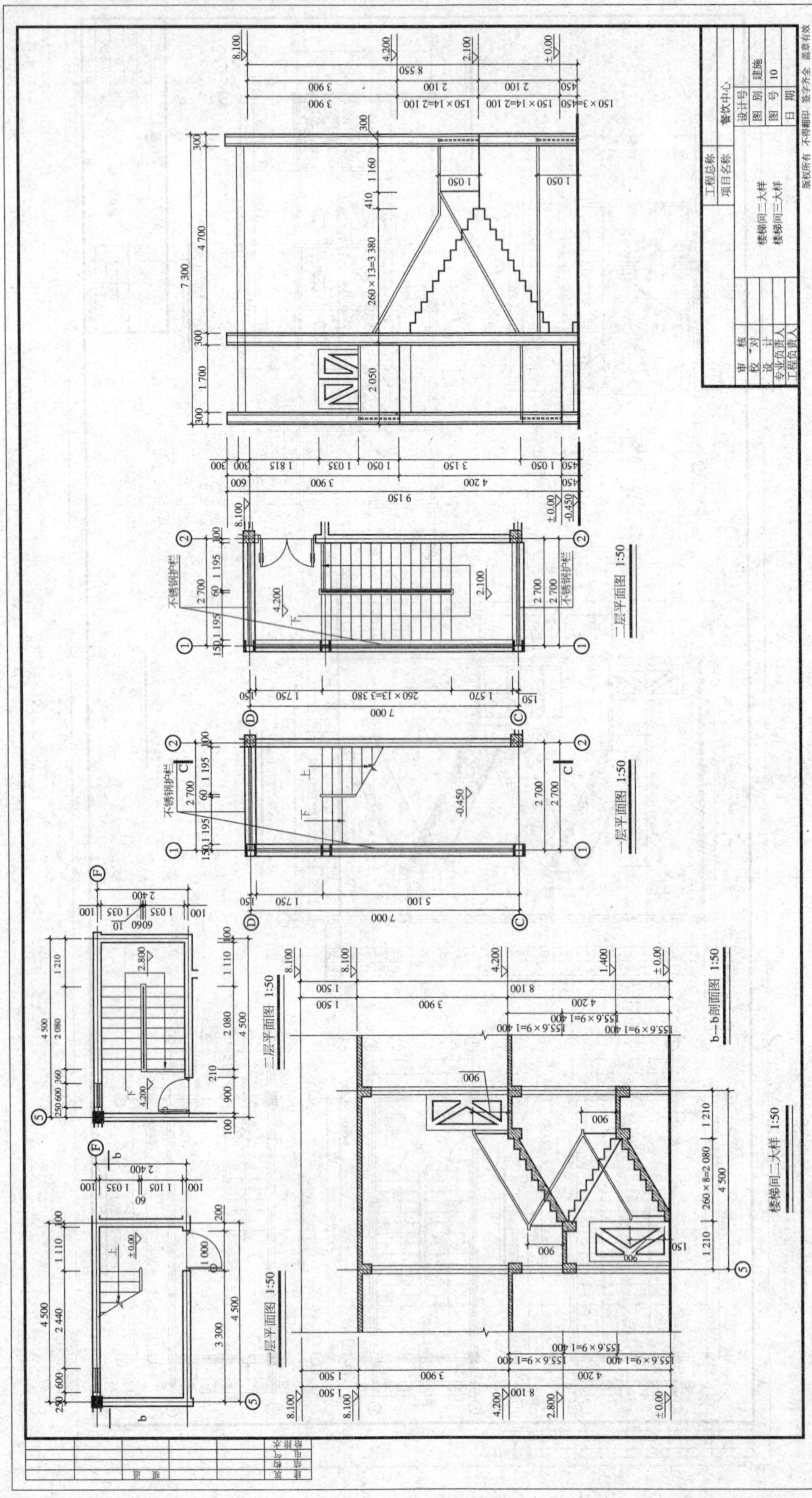
一层平面图 1:50
二层平面图 1:50
b—b剖面图 1:50
楼梯间二大样 1:50
一层平面图 1:50
二层平面图 1:50
不锈钢护栏
工程总称
项目名称
餐饮中心
设计号
图别 建施
图号 10
日期
楼梯间二大样
楼梯间三大样
审核
校对
设计
专业负责人
工程负责人
版权所有 不得翻印 签字齐全 盖章有效

工程总称________________ 设计号________________

图　别　　结施

项　　目　　餐饮中心　　日　期________________

图纸目录

第1页　共1页

图纸编号	图　　名	规　格	备　注
结施00	结构设计总说明	1#	
结施01	基础平面布置图	2#	
结施02	基础详图	2#	
结施03	基础梁平面布置图	2# +	
结施04	柱平面布置图	2# +	
结施05	二层梁配筋图	1#	
结施06	二层板配筋图	1#	
结施07	屋面梁配筋图	2# +	
结施08	屋面板配筋图	2# +	
结施09	楼梯大样图	2# +	

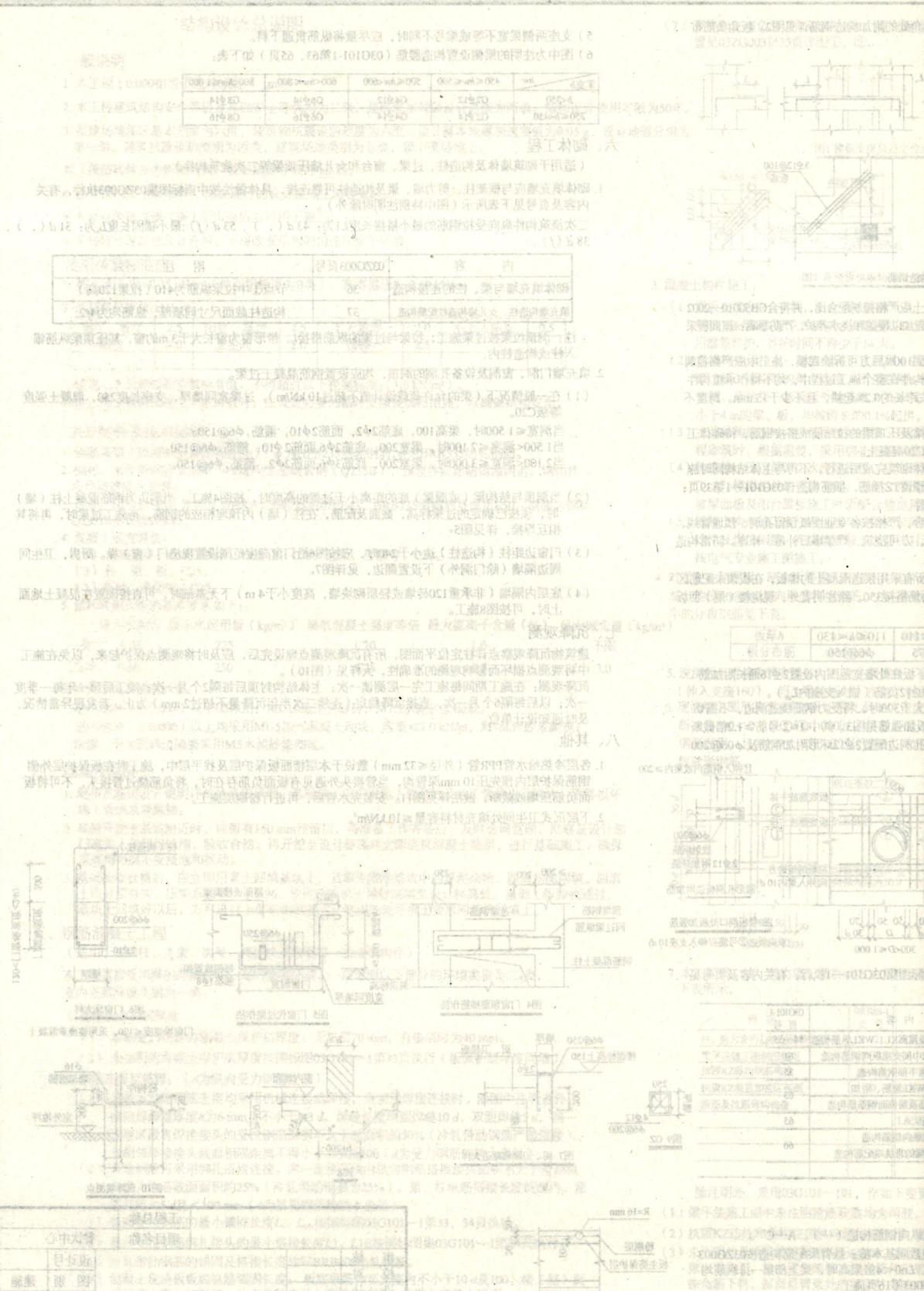

结构设计总说明

一、一般说明

1. 本工程±0.000相当于绝对标高___m。
2. 本工程建筑结构安全等级及基础安全等级均为二级，建筑地基基础设计等级为丙级，结构设计使用年限为50年。
3. 拟建场地场区基本烈度为六度，建筑物抗震设防烈度为六度，设计基本地震加速度值为0.05 g，设计地震分组为第一组。建筑抗震设防类别为丙类，建筑场地类别为ii类，属中硬场地土。

本工程结构体系为框架结构，框架抗震等级为四级。

4. 设计采用的主要规范：国家现行的设计及施工验收规范。
5. 本设计图纸应通过施工图审查后方可用于施工。
6. 未经技术鉴定或设计许可，不得改变结构的用途和使用环境。

二、使用荷载标准值

1. 基本风压 W_0=0.35 kN/m²（地面粗糙度为B类），基本雪压S_0=0.50 kN/m²
2. 活荷载标准值(kN/m²)：

客厅、餐厅	2.5	阳台、露台	2.5	上人屋面	2.0	不上人屋面	0.5
厨房	4.0	卫生间	2.0	楼梯	2.5		

3. 建筑二次装修楼面荷载标准值，不得超过以下控制标准：(1.0 kN/m²)。
4. 施工和安装荷载超过上述荷载时，应设置必要的临时支撑及加固措施，以确保结构安全。

三、主要材料及技术指标

1. 钢筋级别（除图中另有注明者外）：ϕ为HPB235热轧钢筋，ϕ为HRB335热轧钢筋。
2. 钢材：未注明钢板及型钢一律选用普通碳素钢（Q235B），预埋件应涂防锈漆两道，钢构件应作防锈防火处理。
3. 焊条：HPB235钢筋互焊及与HRB335钢筋焊接用E43，HRB335级钢筋互焊用E50，钢筋与钢材Q235埋件焊接用E43。
4. 混凝土强度等级：
   （1）基础垫层：C10；圈梁、构造柱：C20：过梁，压顶等：C20。
   （2）柱、梁、板：C25。
   （3）基础、基础梁：C25。
5. 结构砼耐久性的基本要求如下：

	最大水灰比	最小水泥用量（kg/m³）	最低混凝土强度等级	最大氯离子含量（%）	最大碱含量（kg/m³）
一类	0.65	225	C20	1.0	不限
二a类	0.60	250	C25	0.3	3.0

6. 填充墙体及砌筑砂浆：
   室内地坪（±0.000）以下砌体用：MU10蒸压灰砂砖，M7.5水泥砂浆砌筑。
   室内地坪（±0.000）以上均采用MU5加气混凝土砌块，容重≤7.0 kN/m，M5混合砂浆砌筑；
   厨房，卫生间周边隔墙采用M5水泥砂浆砌筑。

四、地基及基础

1. 地基及基础设计说明详单体基础平面。基础施工前应对地下埋藏物及地下管线进行确认，不得损坏地下管线及埋藏物。
2. 基槽开挖至基底附近时，应留有150 mm预留层，待准备工作齐备后，及时会同监理、勘察及设计部门有关人员到场验槽，验收合格，再开挖至设计标高并立即浇筑混凝土垫层，进行基础施工，确保基底持力层不受浸泡和扰动。
3. 基础验收合格后，应立即用素土回填基坑土，且事先清除基坑中的浮泥杂物，四周均衡回填。回填土应分层夯实，压实系数不小于0.96。室内外回填土均分别填至设计标高处。基础工程验收通过，基坑土回填好以后，方可进行上部结构的施工。室内外地坪填土要求同基坑回填土。

五、钢筋混凝土工程

（适用于框架柱、主梁、次梁、现浇楼屋面板等一次浇筑构件）

本工程直接受雨淋的外露构件、室内潮湿环境、一层地面以下部分的环境类别为二a类，室内正常环境类别为一类。

1. 混凝土保护层厚度：
   （1）基础受力钢筋的混凝土保护层厚度：无垫层70 mm，有垫层时为40 mm。
   （2）未注明的混凝土保护层厚度按国标图03G101—1第33页执行（板保护层厚度同墙）。
2. 钢筋连接与锚固：（d为纵向受力钢筋直径）
   （1）直径≥22的钢筋连接均采用机械连接或焊接。当采用焊接连接时，除图中注明者外，搭接焊焊缝厚度h为6 mm且不小于0.3 d，焊缝长度单面焊缝10 d，双面焊缝5 d，同一连接区段有焊接接头的受拉钢筋面积不大于总面积的50%（冷轧带肋钢筋严禁焊接），且相邻焊接接头截面相隔距离不得小于35 d及500（d为受力钢筋的较大直径）。
   （2）其他钢筋可采用绑扎搭接连接。同一连接区段内纵向钢筋搭接接头面积不大于全部纵向受力钢筋截面面积的25%（冷轧带肋钢筋为25%）。梁、柱纵筋搭接长度范围内，箍筋间距≤5 d且≤100 mm（d为搭接钢筋的较小直径）。
   （3）纵向受拉钢筋的最小锚固长度L_a、L_{aE},按国标图03G101—1第33，34页执行。
   （4）纵向受拉钢筋绑扎接头的最小搭接长度$L1$、$L1E$按国标图集03G101—1第34页执行。
   （5）冷轧带肋钢筋的锚固及搭接长度均同BRB400热轧钢筋。
   （6）混凝土现浇板板底纵筋锚固长度：板底纵筋伸至支座内不小于10 d及100。楼（屋）面板的受力筋、加强筋、分布筋均应伸入明梁内锚固，不得在暗梁内锚固。
   （7）现浇板支座负筋定位示意见图1，现浇板挑板转角处的附加构造钢筋详见图2。板角负筋布置见03ZG003第35页详图①、②。

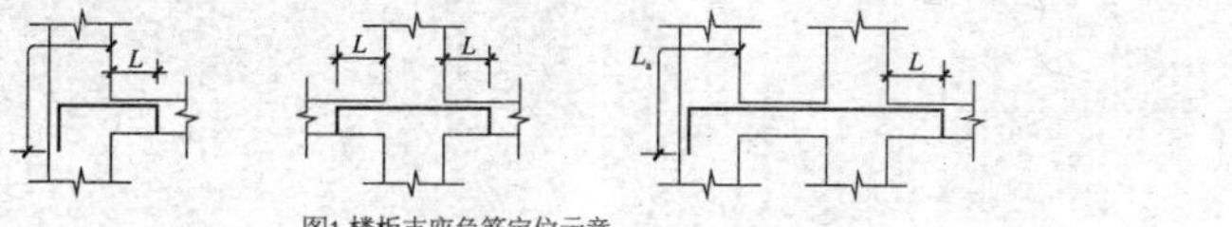

图1 楼板支座负筋定位示意

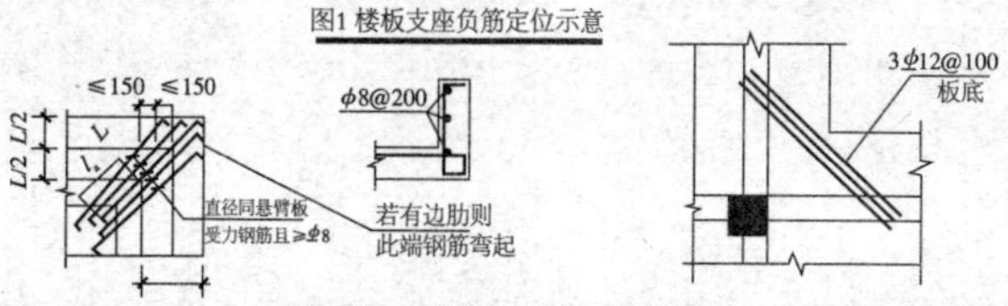

图2 现浇板挑板转角处的附加构造钢筋

3. 混凝土构件施工：
   （1）模板支撑应安全牢固，断面尺寸准确无误。混凝土应严格控制配合比，并符合GB50010—2002第3.4.2条规定的耐久性要求。浇筑后的12小时内应加以覆盖和浇水养护，严防暴晒：屋面板采用湿盖养护，养护时间不得少于14天。
   （2）悬挑构件须持上一层结构完工且混凝土强度达到100%后方可拆除底模，施工中应严格控制梁（板）面钢筋的架立高度，不得踩踏；悬挑构件在整个施工过程中，均不得作承重构件使用。悬挑梁、悬挑板外挑长度≥1 m时，均按跨长的0.2%起拱，且不少于15 mm。跨度不小于4 m的梁、板，均按跨长的0.1%起拱。
   （3）主体结构施工时，应预留按构造柱、砌体内拉梁及压顶梁的拉结筋或搭接钢筋，待砌体工程砌筑时，根据需要，采用绑扎搭接钢筋现浇C20混凝土。
   （4）构造柱、压顶梁为二次浇筑构件，应在本层砌体砌筑完成后进行，不得与主体结构同时施工。与楼梯相关的梁施工时，应配合楼梯详图预留TZ插筋，插筋构造详03G101—1第39页；坡屋面板及阳台梁板施工时须配合建施预埋埋件。
   （5）混凝土构件施工应注意土建与设备安装间的配合，严格按各专业图纸预留孔洞、预埋管线、铁件及焊接钢筋，在浇筑混凝土之前核对无误，方可浇筑。严禁事后补凿、补埋。防雷构造按电气专业施工图施工。
4. 对于现浇屋面板、晒台板等露天环境中的构件以及所有采用泵送混凝土的楼板，在板顶未配筋区域，均设ϕ6@150双向温度收缩钢筋，并与板面受力筋搭接350。除注明者外，现浇楼（屋）面板中的分布钢筋见下表。

板厚h	h<100	100≤h<110	110≤h<130
板分布筋	ϕ6@200	ϕ6@175	ϕ6@150

5. 现浇板上直接砌筑有墙体时，除注明者外，在墙下板底处墙宽范围内设置2ϕ16通长附加筋（伸入支座160）。当为悬挑板时，在墙下板面另3ϕ12负筋（锚入支座内L_{aE}）。
6. 现浇板上圆形孔洞直径D及矩形孔洞短边宽度B不大于300时，将受力钢筋绕过洞边，不需切断；当300<D（或）b≤1 000时，楼板沿洞口处板加强筋见图3。其中① ②号筋≥1.2倍截断钢筋面积，且≥2ϕ12。当为圆形孔洞时，尚应在孔洞边配置2ϕ12环形附加钢筋及ϕ06@200放射形钢筋。

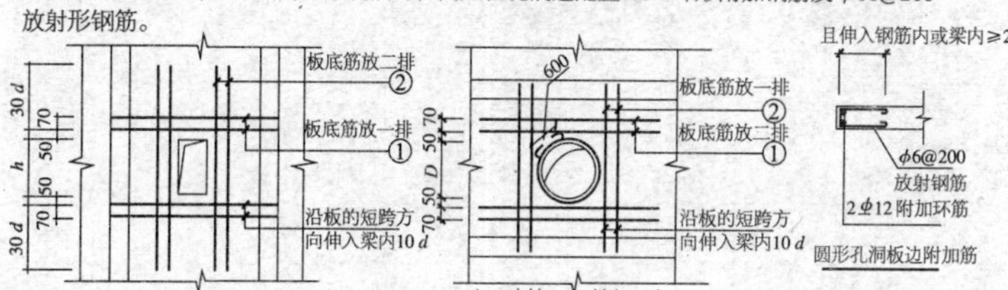

图3楼板洞口处板加强筋
(双向板之②号筋应伸入支座10 d)

7. 本工程梁、柱、剪力墙配筋表示方法及构造按国际图集03G101—1执行，有关内容及页号见下表所示。

内 容	03G101-1 页 号	内 容	03G101-1 页 号
柱、剪力墙平法施工图制图规则	7—21	抗震楼层及屋面KL、WKL纵筋构造	54—55
梁平法施工图制图规则	22—32	KL、WKL中间支座纵向钢筋构造	61
抗震KZ纵向钢筋构造	36—39	梁中间支座下部钢筋构造	35
抗震KZ箍筋加密区范围	40	抗震KL、WKL箍筋、附加	63
箍筋及拉筋弯钩构造	35	箍筋、吊筋及梁侧面钢筋筋构造	
		L配筋构造	65
		L中间支座纵向钢筋构造	66
		XL及各类梁的悬挑端配筋构造	

除注明外，采用03G101—1时，作如下变更：

（1）梁平法施工图中未注明箍筋肢数均为两肢。
（2）抗震KZ边柱和角柱柱顶纵向筋构造选用“柱顶纵向钢筋构造（一），A—C”。
（3）未注明的悬挑梁箍筋间距均为@100，直径及肢数同基本箍；悬臂梁配筋构造按03ZG003第16页施工，其中梁上部第二排纵筋伸至梁端，$Ln0$<4倍梁高时，梁上部第一排纵筋均按角筋下料。屋面悬臂梁处的框架柱亦按03ZG003第16页施工。
（4）主次梁相交处，均在次梁每侧设置密箍4根@50，直径及肢数同基本箍。编号相同的梁，其附加吊筋均相同。附加吊筋分别按图施工。

5）支座两侧梁宽不等或梁号不同时，应尽量将纵筋贯通下料。
6）图中为注明的梁侧设置构造腰筋（03G101-1第63、65页）如下表：

梁宽b \ hw	450≤hw≤500	500≤hw<600	600<hw≤800	800<hw≤1 000
b<350	G2ϕ12	G4ϕ12	G6ϕ14	G8ϕ14
350≤b<450	G2ϕ14	G4ϕ14	G6ϕ16	G8ϕ16

六、砌体工程

（适用于砌筑墙体及构造柱、过梁、窗台和女儿墙压顶梁等二次浇筑构件）

1. 砌体填充墙应与框架柱、剪力墙、梁及构造柱可靠连接，具体做法按中南标图集03ZG003执行，有关内容及页号见下表所示（图中特别注明时除外）。
   二次浇筑构件纵向受拉钢筋的最小搭接长度$L1$为：43 d（，）、53 d（f）;最小锚固长度L_a为：31 d（，）、38 d（f）。

内 容	03ZG003页号	附 注
砌体填充墙与梁、柱的连接构造	36	节点①中拉梁纵筋为410（拉梁120高）
填充墙构造柱、女儿墙构造柱配筋构造	37	构造柱截面尺寸同墙厚，纵筋均为4f2,

注：洞顶拉梁按过梁施工，拉梁与过梁的纵筋搭接l_l。带形窗为窗长大于3 m的窗，其压顶梁纵筋锚入柱或构造柱内。

2. 填充墙门洞、窗洞及设备孔洞的洞顶，均应设置钢筋混凝土过梁。
   （1）在一般情况下（梁的允许荷载设计值不超过10 kN/m），过梁宽同墙厚，支座长度250，混凝土强度等级C20。
   当洞宽≤1 500时，梁高100，底筋2ϕ2，面筋2ϕ10，箍筋，ϕ6@150。
   当1 500<洞宽≤2 100时，梁宽200，底筋2ϕ6,面筋2ϕ10，箍筋，ϕ6@150。
   当2 100<洞宽≤3 000时，梁宽200，底筋3ϕ6,面筋2ϕ2，箍筋，ϕ6@150。
   （2）当洞顶与结构梁（或圈梁）底的距离小于过梁的高度时，按图4施工。当洞边为钢筋混凝土柱（墙）时，须按已确定的过梁标高，截面及配筋，在柱（墙）内预埋相应的钢筋，待施工过梁时，再将其相互焊接，详见图5。
   （3）门窗边距柱（构造柱）边小于240时，应按图6沿门窗高度范围设置现浇门（窗）垛。厨房，卫生间周边隔墙（除门洞外）下设置翻边，见详图7。
   （4）底层内隔墙（非承重120砖墙或轻质砌块墙，高度小于4 m）下无基础时，可直接砌置在混凝土地面上时，可按图8施工。

七、沉降观测

建筑物沉降观察点详柱定位平面图，所有沉降观测点埋设完后，应及时将观测点保护起来，以免在施工中将观测点损坏而影响观测的准确性，大样见（图10）。
沉降观测：在施工期间每施工完一层测读一次；主体结构封顶后每隔2个月一次；竣工后第一年每一季度一次；以后每隔6个月一次，直接沉降稳定（连续二次半年沉降量不超过2 mm）为止。若发现异常情况，及时通知设计单位。

八、其他

1. 各层冷热给水管PPR管（外径≤32 mm）敷设于本层楼面板保护层及找平层中，施工时在板保护层外侧钢筋保护层内预先压10 mm深管沟，当管接头外遇见有板面负筋存在时，将负筋绕过管接头，不可将板面负筋压塌或截断，做法详见图11。安装完水管后，再进行粉刷层施工。
2. 下层沉式卫生间处填充材料容量≤10 kN/m³。

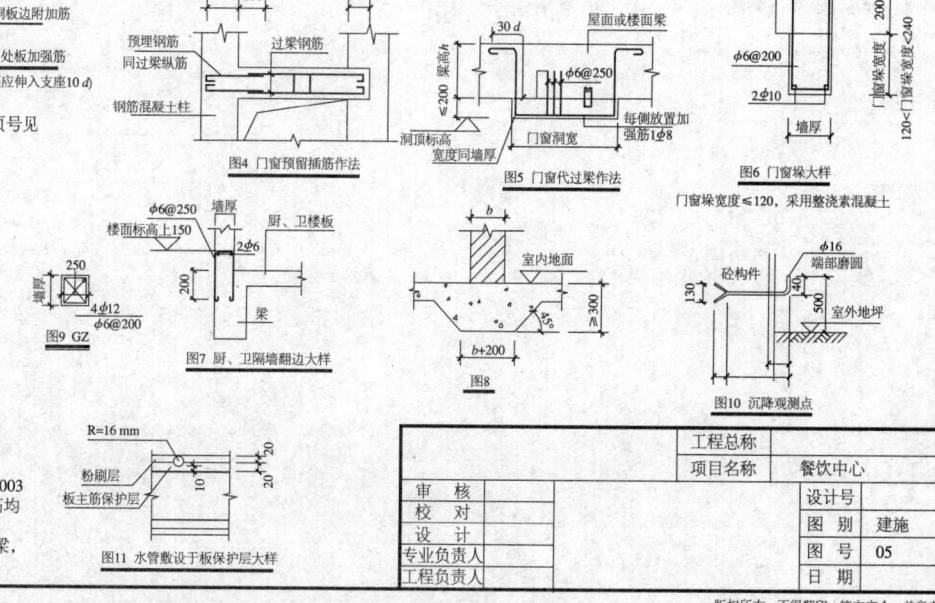

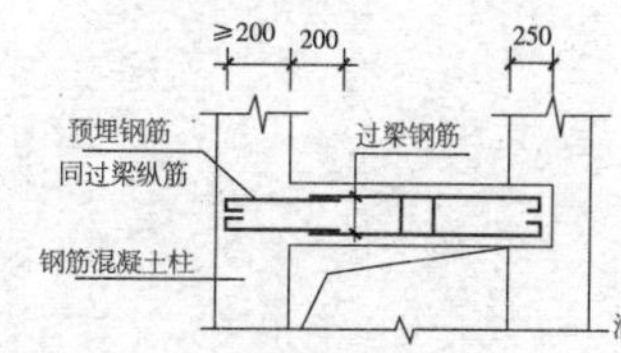

图4 门窗预留插筋作法

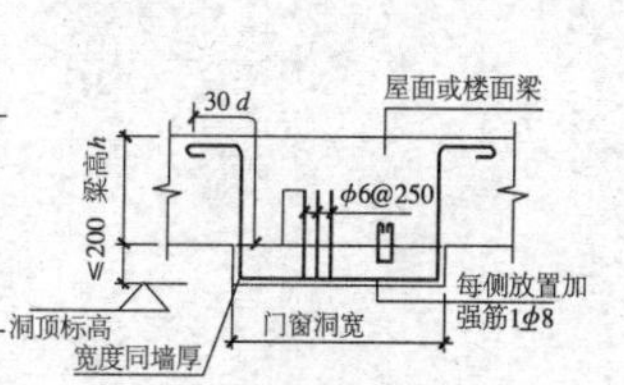

图5 门窗代过梁作法

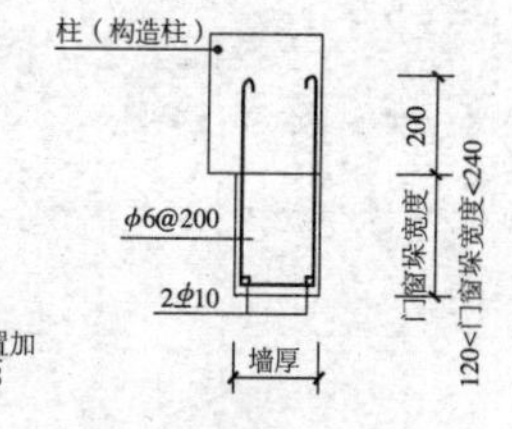

图6 门窗垛大样
门窗垛宽度≤120，采用整浇素混凝土

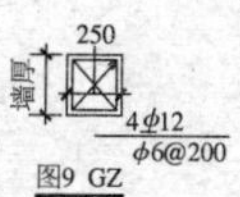

图9 GZ

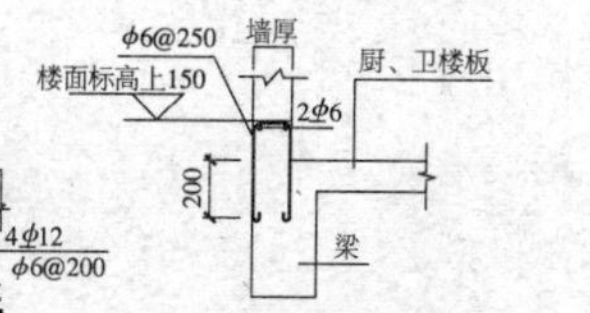

图7 厨、卫隔墙翻边大样

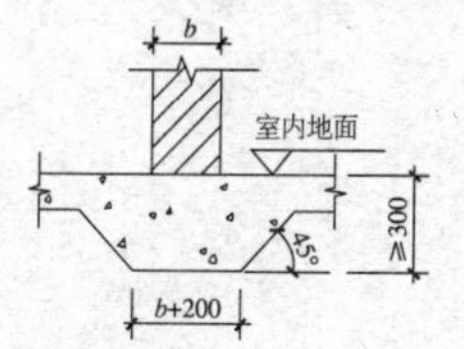

图8

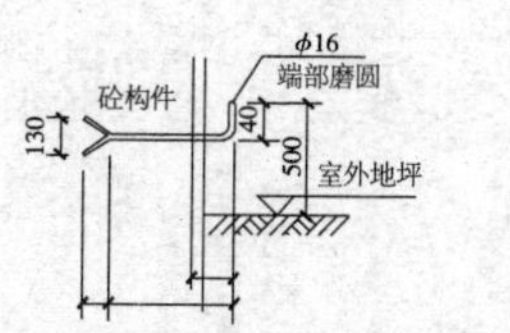

图10 沉降观测点

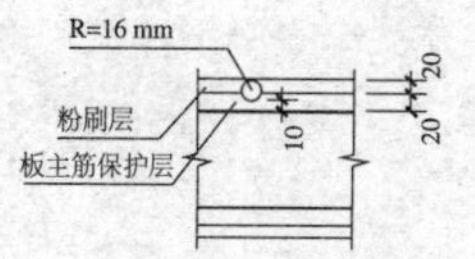

图11 水管敷设于板保护层大样

		工程总称	
		项目名称	餐饮中心
审 核		设计号	
校 对		图 别	建施
设 计		图 号	05
专业负责人			
工程负责人		日 期	

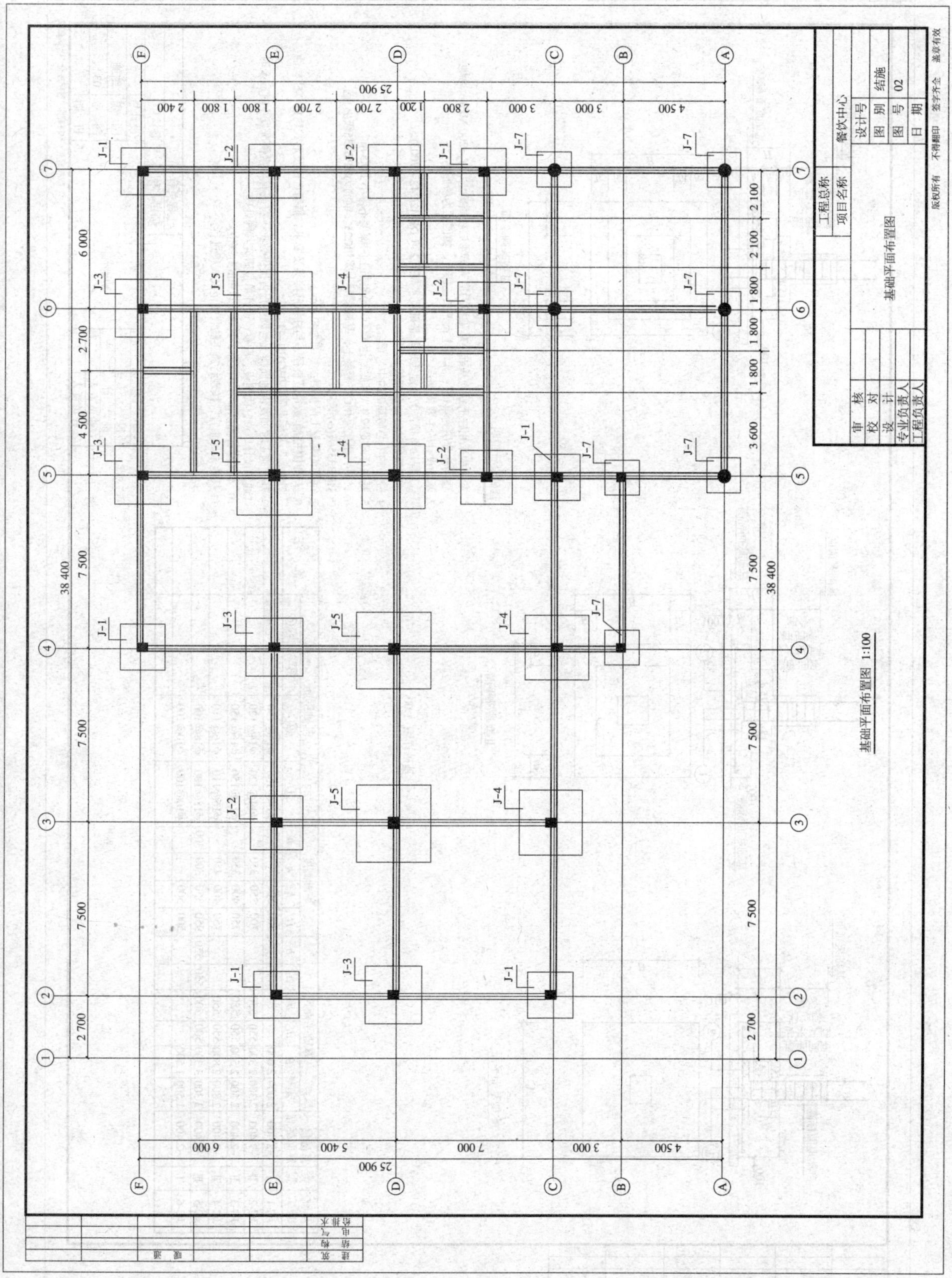
基础平面布置图 1:100
工程总称
项目名称
餐饮中心
设计号
图别
结施
图号
02
日期
审核
校对
设计
专业负责人
工程负责人
基础平面布置图
版权所有
不得翻印
签字齐全
盖章有效
25 900
38 400

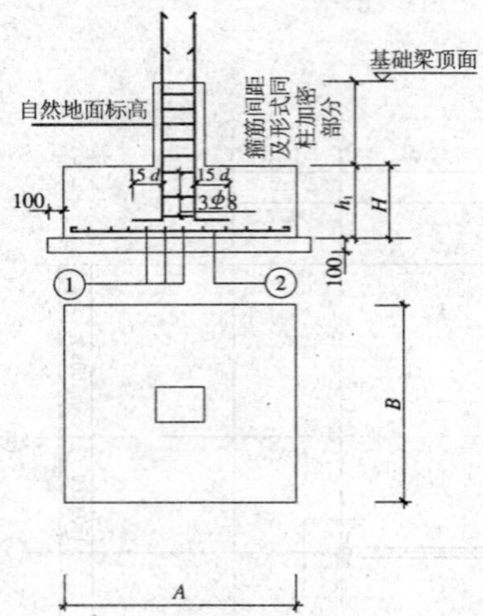

Ⅰ型基础平面

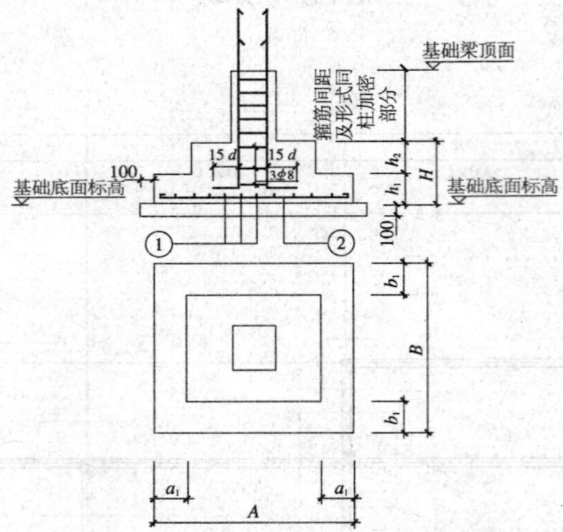

Ⅱ型基础平面

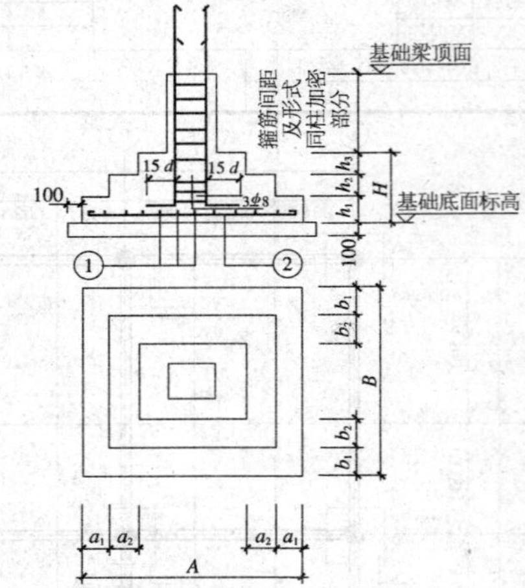

Ⅲ型基础平面

基础详图 1:00

基础编号	类型	基础最小底面标高	基础平面尺寸						基础高度				基础钢筋				备 注
			A	B	a_1	b_1	a_2	b_2	H	h_1	h_2	h_3	①	②	③	④	
JC-1	Ⅰ	-2.400	2 000	2 000					500	500			φ14@150	φ14@150			
JC-2	Ⅱ	-2.400	2 300	2 300	550	550			700	350	350		φ14@120	φ14@120			
JC-3	Ⅱ	-2.400	2 500	2 500	550	550			750	400	350		φ16@150	φ16@150			
JC-4	Ⅱ	-2.400	2 800	2 800	550	550			750	400	450		φ16@110	φ16@110			
JC-5	Ⅲ	-2.400	3 300	3 300	500	500	550	550	950	350	300	300	φ18@100	φ18@100			
JC-6	Ⅰ	-2.400	1 500	1 500					500	500			φ10@100	φ10@100			

基础设计说明

1. 本工程采用柱下独立基础，基础持力层为第④层粉质黏土，f_{ak}=200 MPa。场地质结构分层为第1层：素填土；无二三层土，第四层为粉质黏土。
2. 基础设计的主要依据：
《工程勘察报告》《建筑地基基础技术规范》（DB 42/242—2003）。
3. 本建筑物基础安全等级为二级。
4. 柱子的中心与基础的中心重合。
5. 基底标高是-2.4，基底到达第④层粉质黏土的深度不得小于0.5 m。
6. 材料：垫层采用C15混凝土，基础混凝土采用C25。钢筋为HPB235级(φ)钢、HRB335级(φ)钢。
7. 钢筋的混凝土保护层：基础为40 mm。
8. 基础中柱插筋数量及直径、与柱纵筋接头及要求、箍筋直径及形式均见“柱构件明细表”及标准图集03G101—1。
9. 基础施工时如发现地质情况与勘察报告提供数据不符或有异常情况发生时应及时通知设计单位，由建设、勘察、设计单位研究共同处理。
10. 本图除标高以m为单位外，其余均以mm为单位。
11. 其他未尽事宜，按现行施工验收规范及规程进行。

		工程总称	
		项目名称	餐饮中心
审　核		基础详图	设计号
校　对			图　别　结施
设　计			图　号　03
专业负责人			
工程负责人			日　期

建筑	结构	电气	给排水	暖通

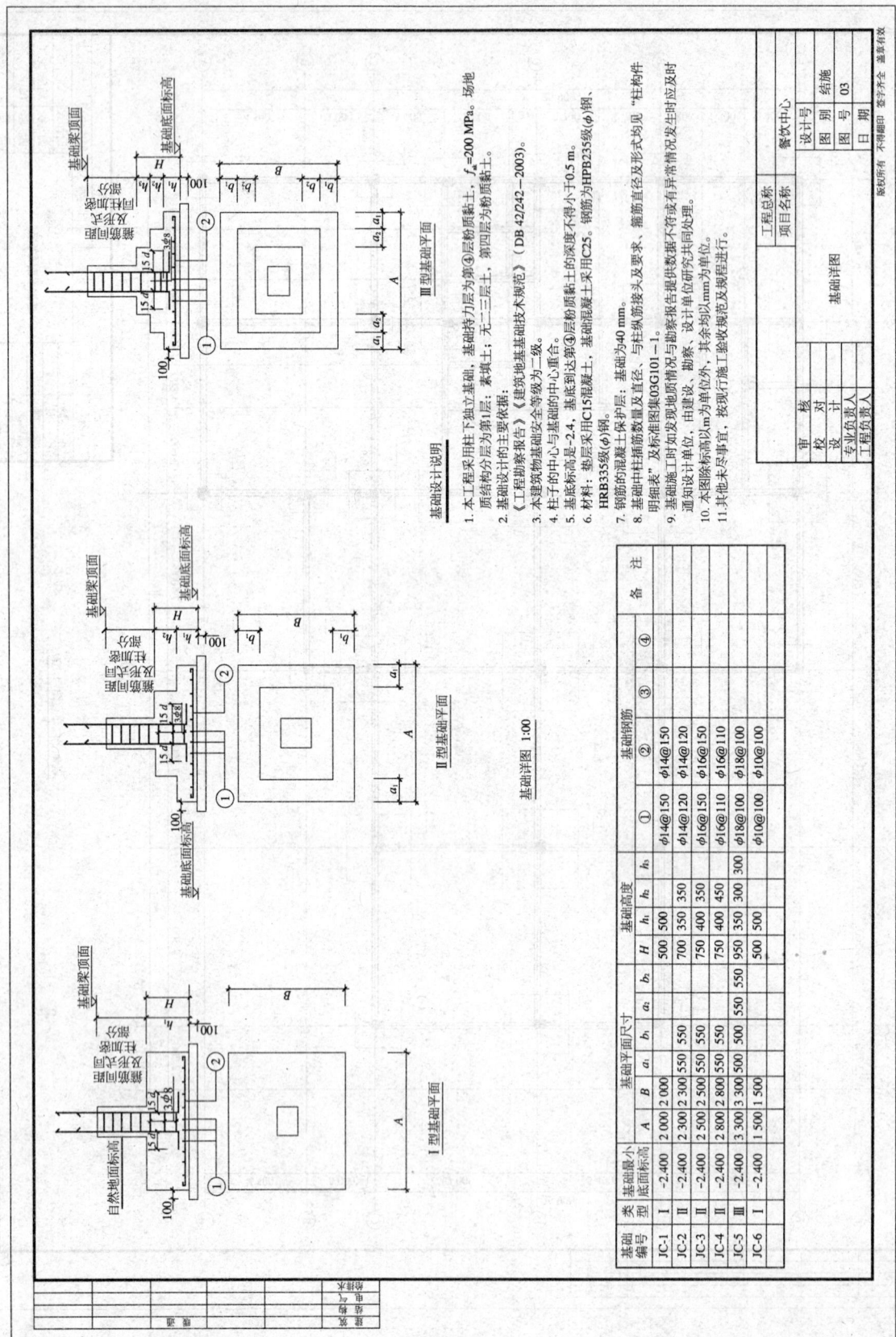

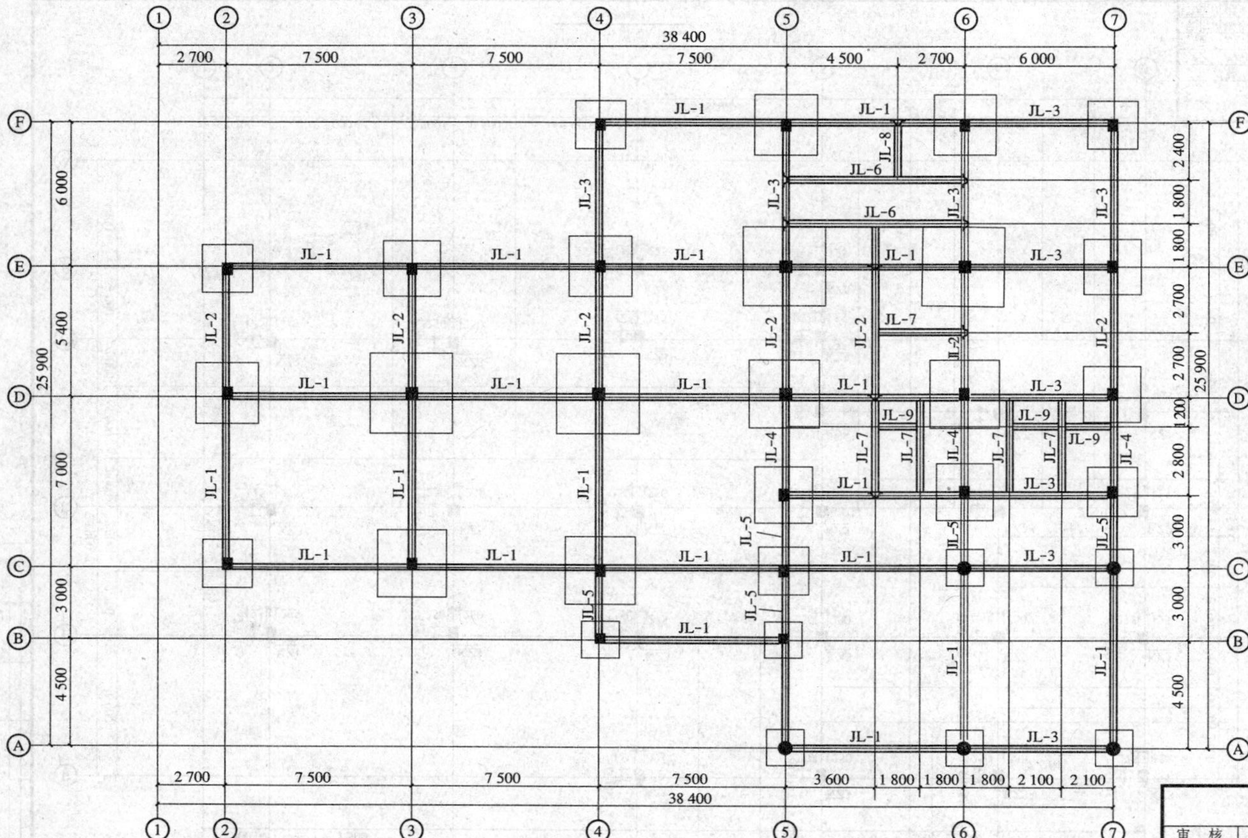

基础梁平面布置图 1:100

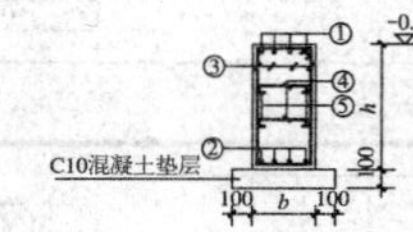

JL-X

基础梁编号	截面尺寸($b\times h$)	配筋					备注
		①	②	③	④	⑤	
JL-1	250×700	4⏀25	4⏀25	ϕ8@150(2)	3ϕ8@300	6⏀16	主梁
JL-2	250×500	3⏀20	3⏀20	ϕ8@150(2)	ϕ8@300	2⏀14	主梁
JL-3	250×600	4⏀20	4⏀20	ϕ8@150(2)	2ϕ8@300	4⏀14	主梁
JL-4	250×450	3⏀18	3⏀18	ϕ8@150(2)	—	—	主梁
JL-3	250×400	3⏀16	3⏀16	ϕ8@150(2)	—	—	主梁
JL-6	250×600	3⏀20	3⏀20	ϕ8@150(2)	ϕ8@300	2⏀14	次梁
JL-7	250×400	3⏀16	3⏀16	ϕ8@150(2)	—	—	次梁
JL-8	200×350	2⏀16	2⏀16	ϕ8@150(2)	—	—	次梁
JL-9	200×350	2⏀16	2⏀16	ϕ8@150(2)	—	—	次梁

说明：

1. 基础梁编号是指截面和配筋相同，各自跨度见平面布置图。
2. 图中所有未注明吊筋均为220。
3. 图中所有主次梁处均设附加箍筋做法详见总说明。
4. 无基础梁的墙做法参见设计总说明。
5. 未尽之处按现行有关规范执行。

			工程总称	
			项目名称	餐饮中心
审　核		基础梁平面布置图	设计号	
校　对			图　别	结施
设　计			图　号	04
专业负责人				
工程负责人			日　期	

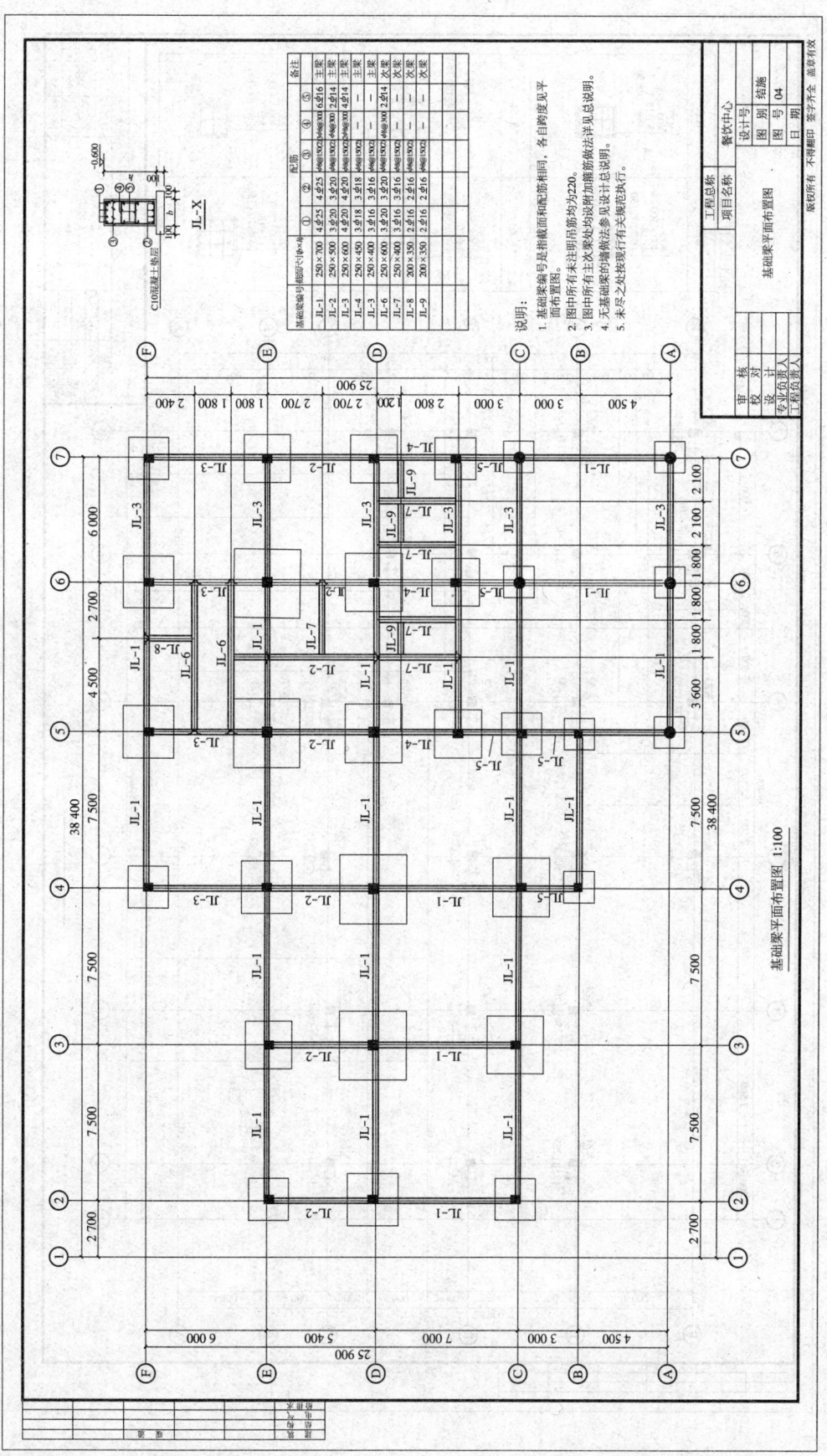

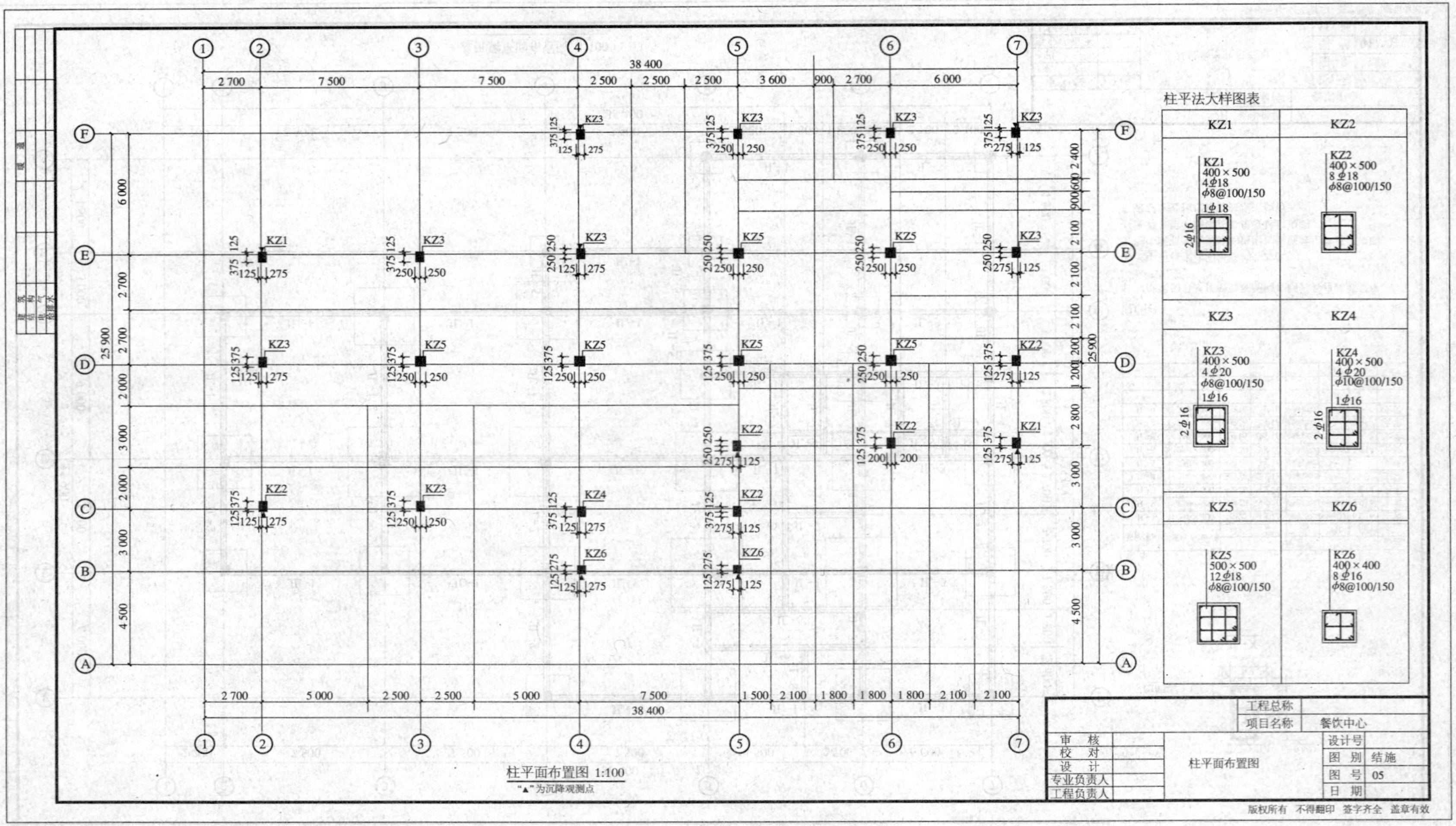
柱平面布置图 1:100
"▲"为沉降观测点
柱平法大样图表
KZ1
KZ1
400×500
4⌀18
⌀8@100/150
1⌀18
2⌀16
KZ2
KZ2
400×500
8⌀18
⌀8@100/150
KZ3
KZ3
400×500
4⌀20
⌀8@100/150
1⌀16
2⌀16
KZ4
KZ4
400×500
4⌀20
⌀10@100/150
1⌀16
2⌀16
KZ5
KZ5
500×500
12⌀18
⌀8@100/150
KZ6
KZ6
400×400
8⌀16
⌀8@100/150
38 400
25 900
工程总称
项目名称
餐饮中心
审核
校对
设计
专业负责人
工程负责人
柱平面布置图
设计号
图别
结施
图号
05
日期
版权所有 不得翻印 签字齐全 盖章有效

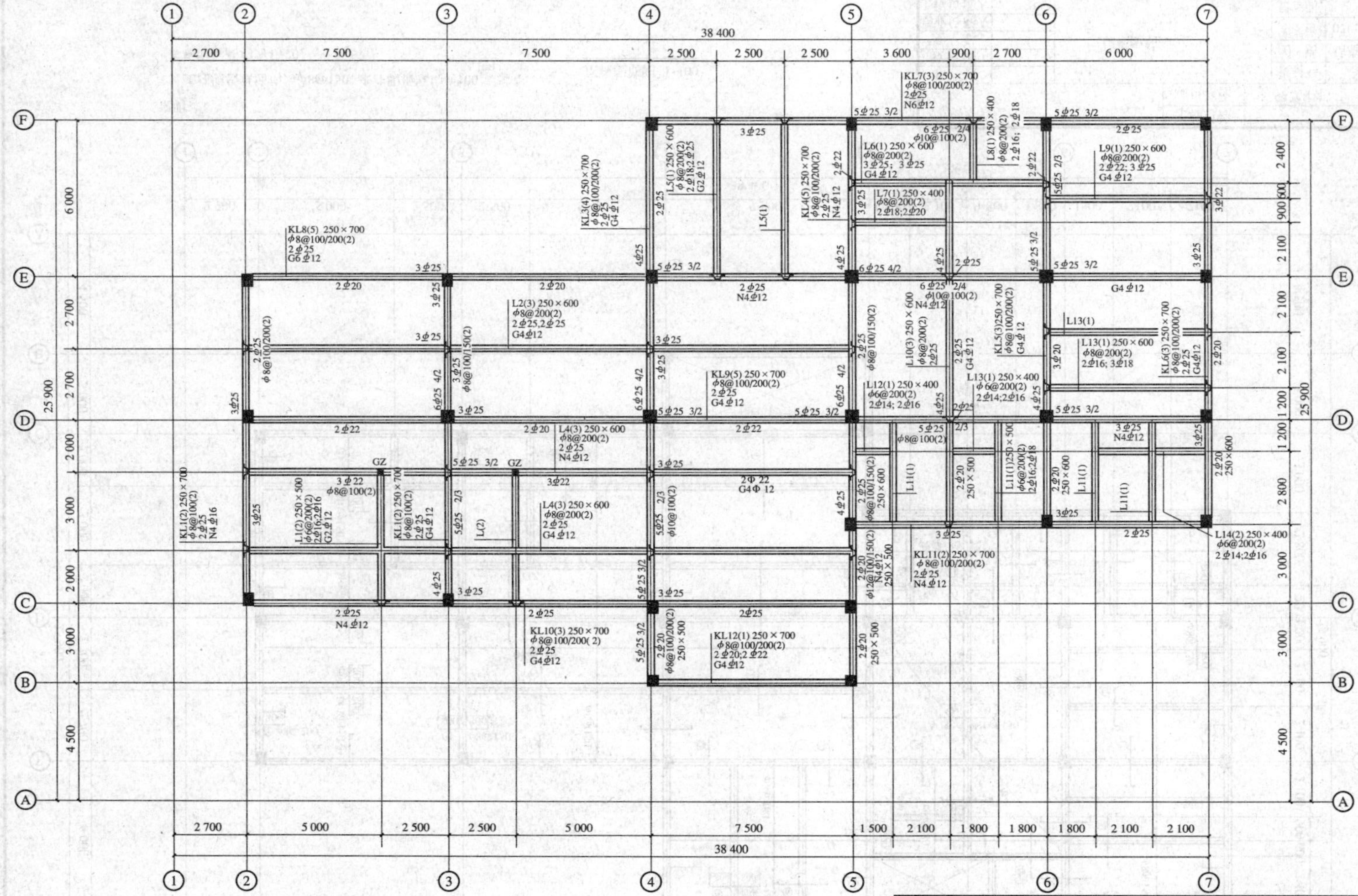

说明：

1. 未注明梁沿轴居中或齐柱边定位。
2. 未注明主次梁相交处均设置吊筋2ϕ20。
3. 本层梁顶标高均为4.170。

二层梁配筋图 1:100

		工程总称	
		项目名称	餐饮中心
审核	二层梁配筋图	设计号	
校对		图别	结施
设计		图号	06
专业负责人		日期	
工程负责人			

建筑	暖通
结构	
电气	
给排水	

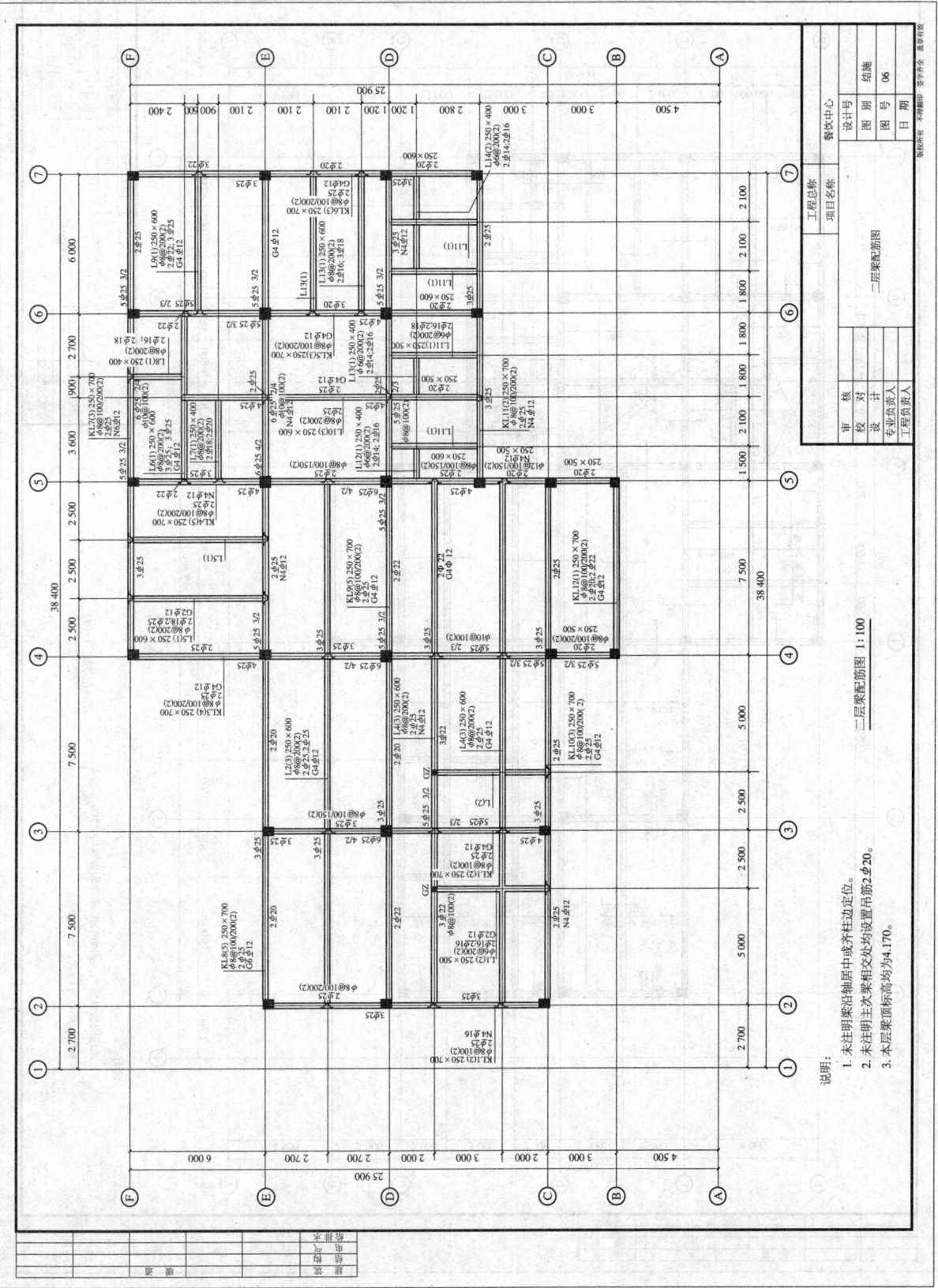

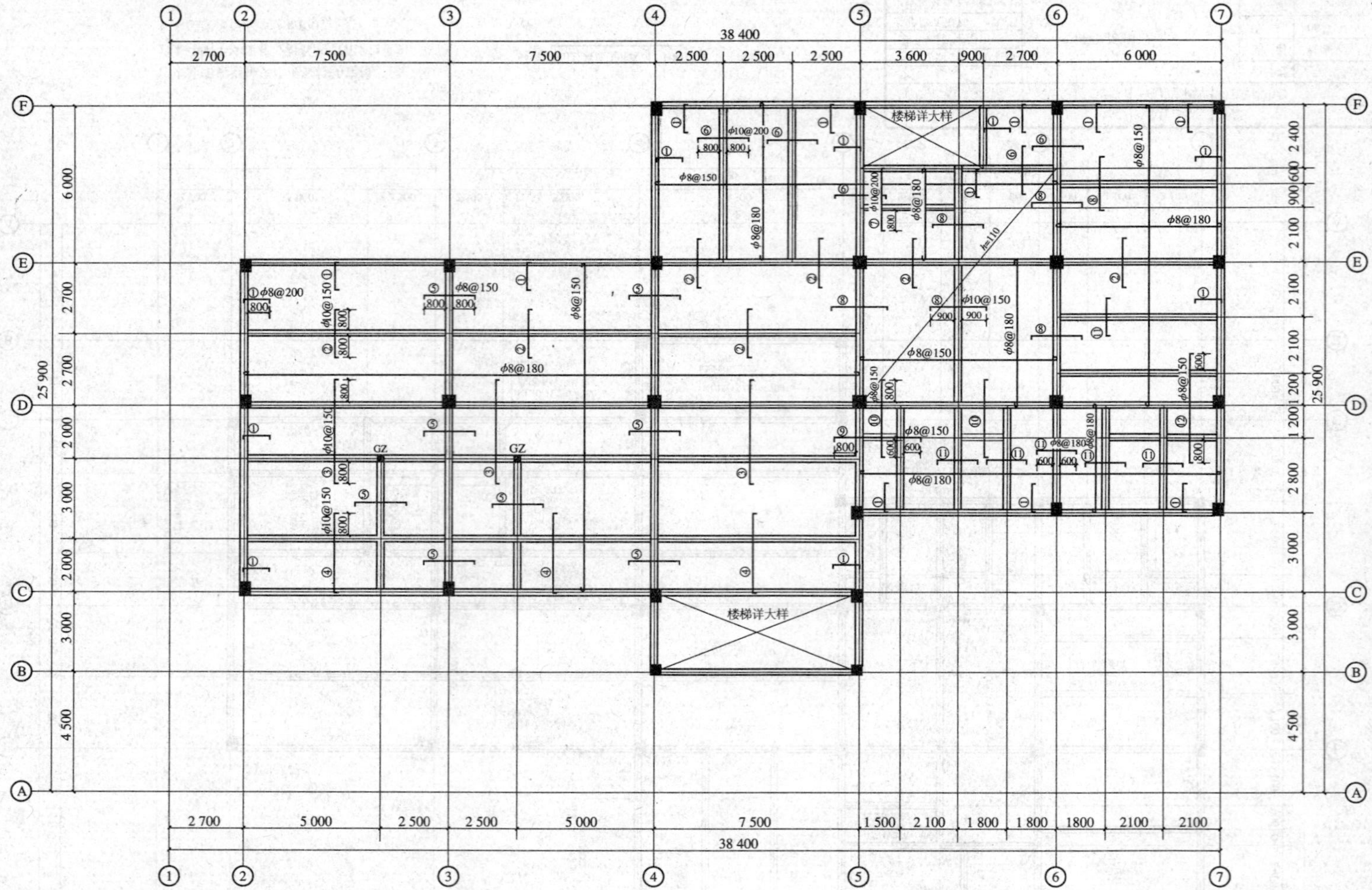

说明：

1. 未注明板纵筋均为$\phi 8@150$，未注明板厚均为100。
2. 板面标高均为4.170。

二层板配筋图 1:100

		工程总称	
		项目名称	餐饮中心
审　核		设计号	
校　对	二层板配筋图	图　别	结施
设　计		图　号	07
专业负责人		日　期	
工程负责人			

建筑	
结构	
电气	暖通
给排水	

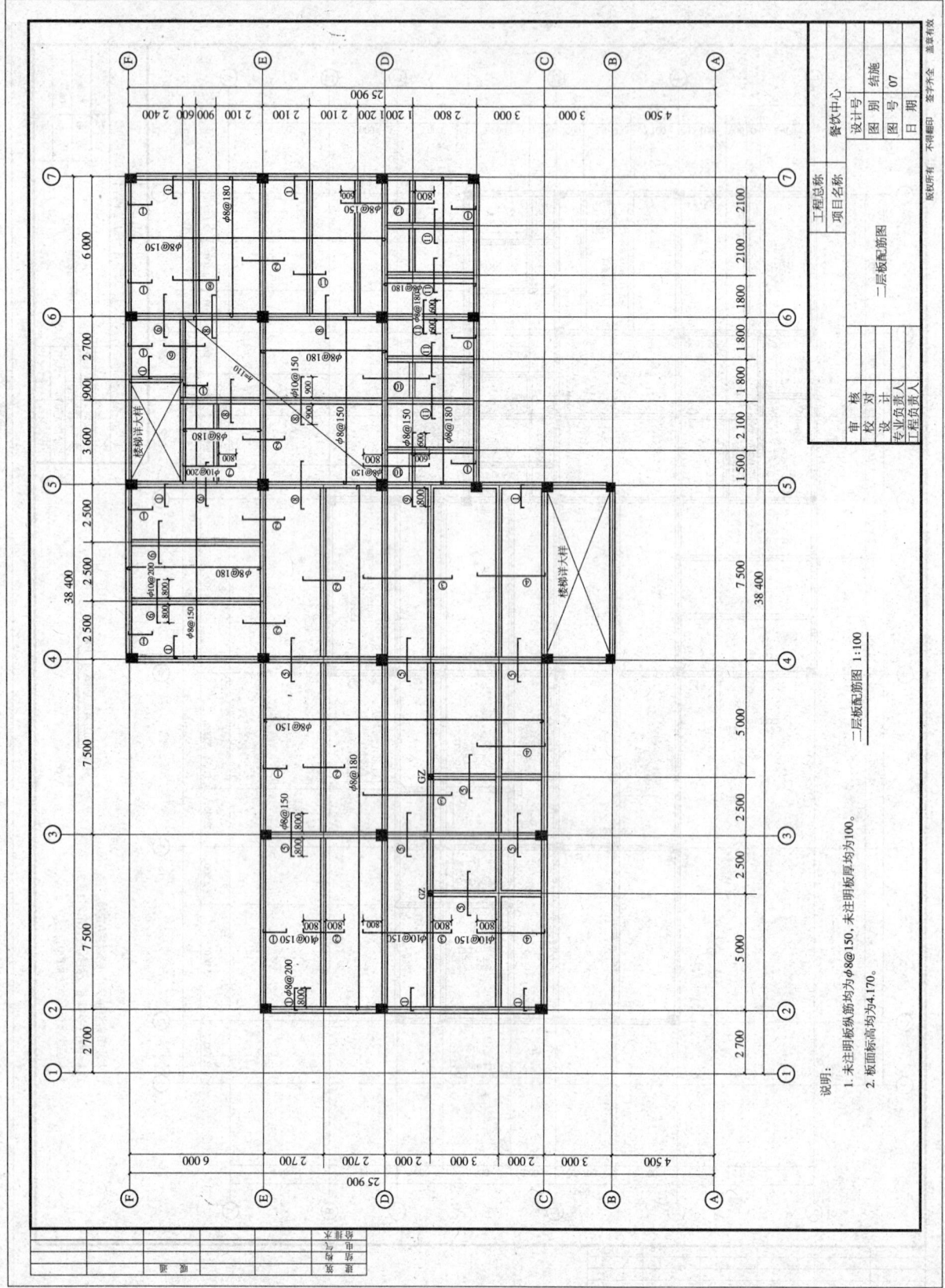

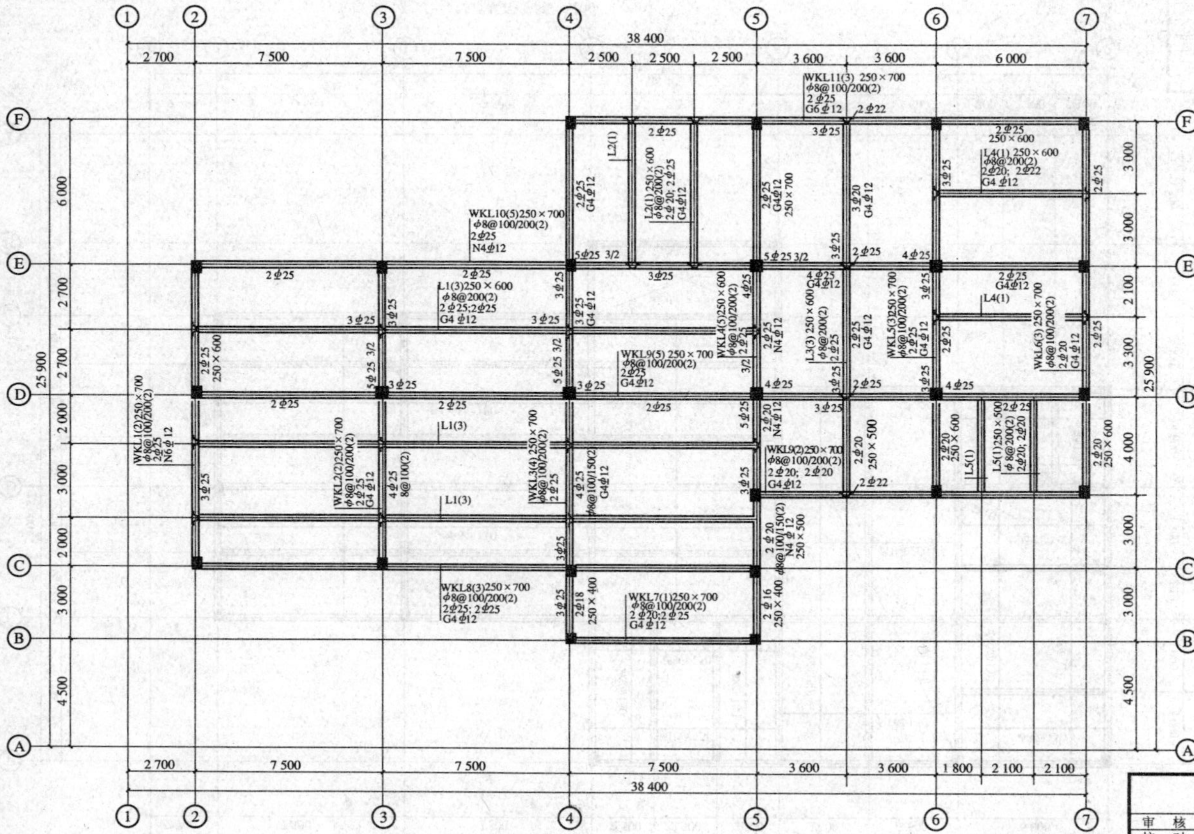

屋面梁配筋图 1:100

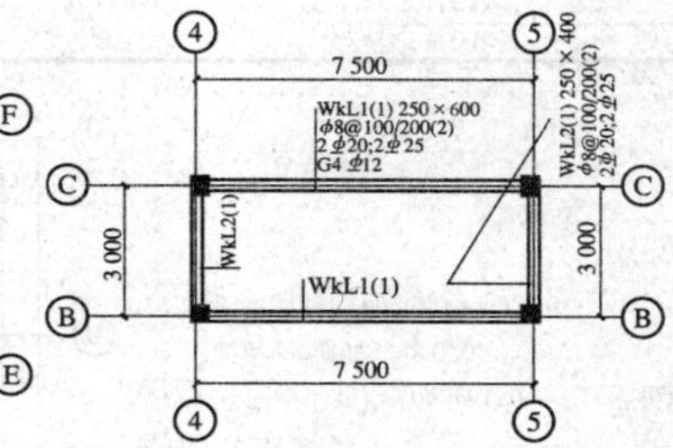

楼梯间屋面梁配筋图 1:100

说明：

1. 未注明梁沿轴居中或齐柱边定位。
2. 未注明主次梁相交处均设置吊筋2ϕ20。
3. 屋面梁顶标高均为8.070。
4. 楼梯间屋面梁顶标高为9.770。

		工程总称		
		项目名称	餐饮中心	
审　核		屋面梁配筋图	设计号	
校　对			图　别	结施
设　计			图　号	08
专业负责人				
工程负责人			日　期	

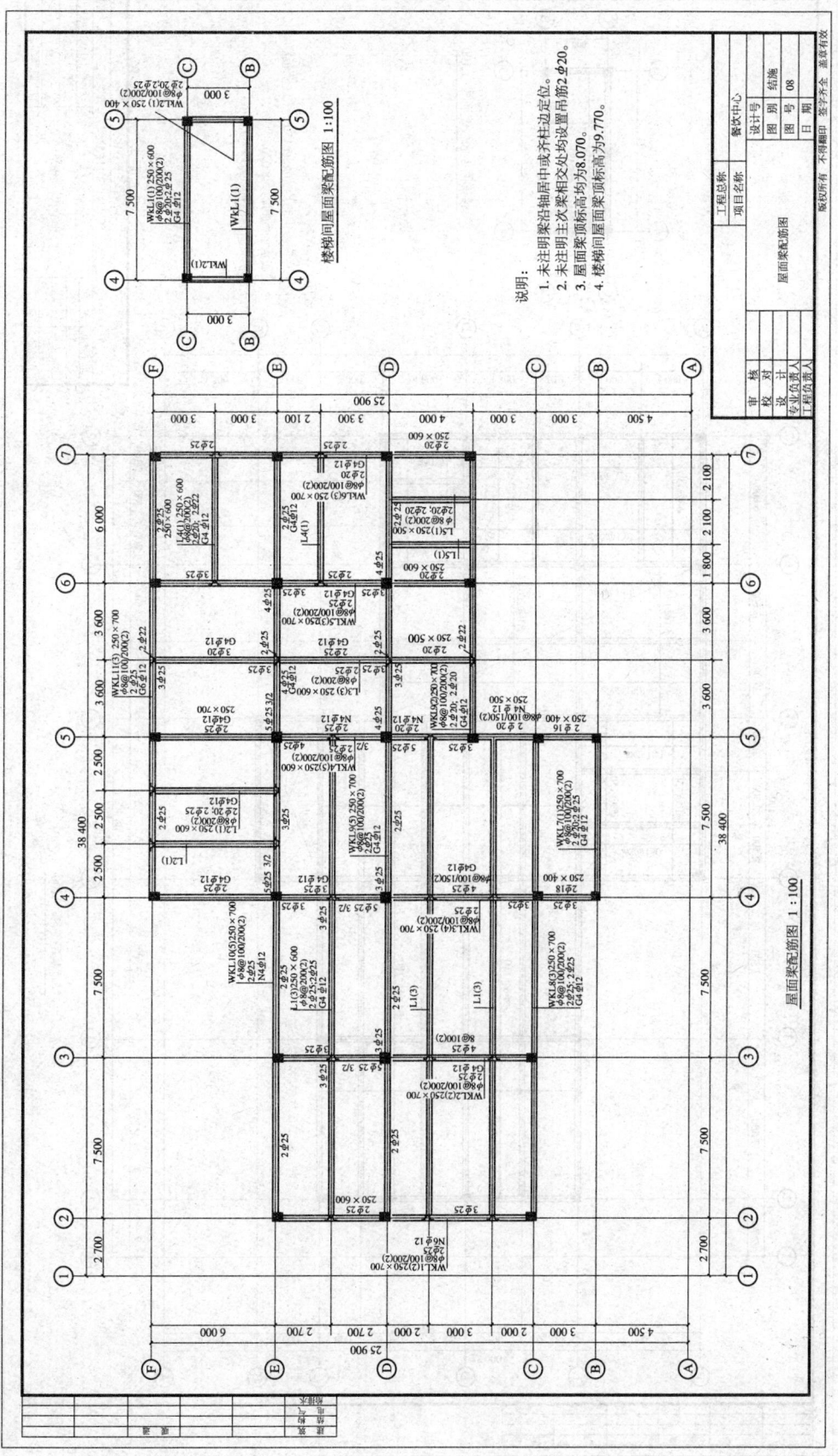

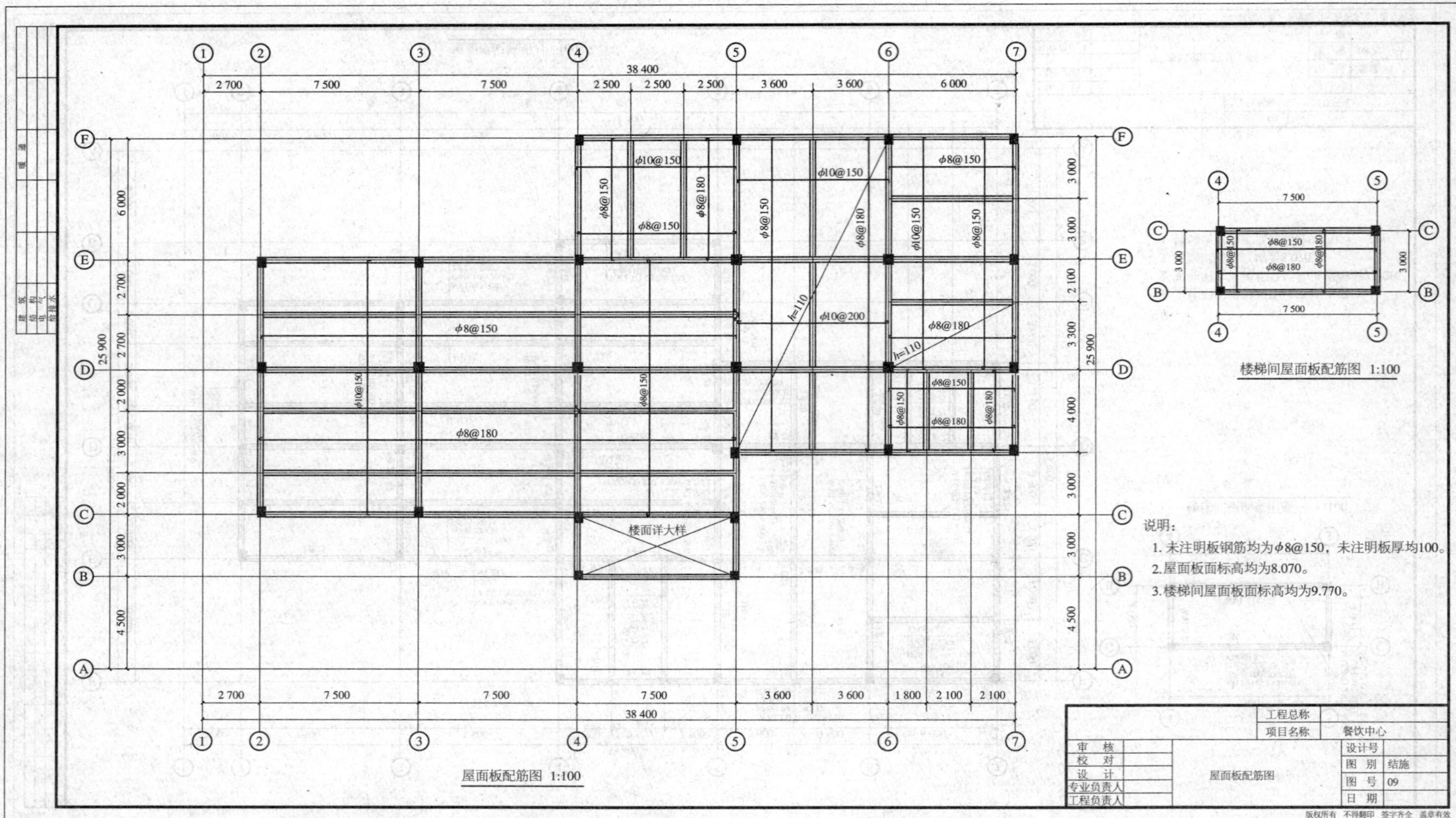
屋面板配筋图 1:100
楼梯间屋面板配筋图 1:100
楼面详大样
说明：
1. 未注明板钢筋均为ϕ8@150，未注明板厚均100。
2. 屋面板面标高均为8.070。
3. 楼梯间屋面板面标高均为9.770。
工程总称
项目名称
餐饮中心
审 核
校 对
设 计
专业负责人
工程负责人
屋面板配筋图
设计号
图 别 结施
图 号 09
日 期
版权所有 不得翻印 签字齐全 盖章有效

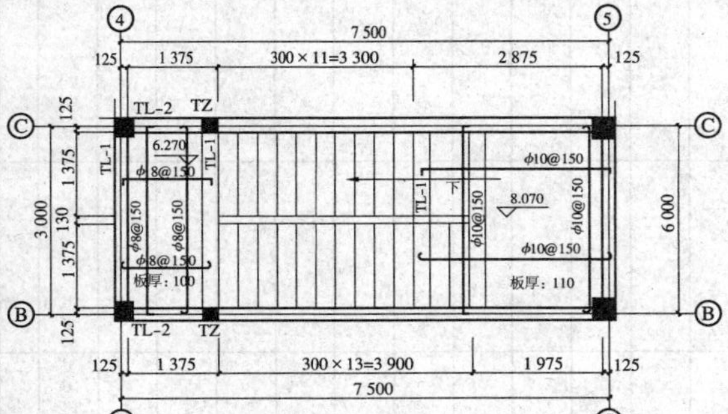

1#楼梯顶层结构平面图 1:100

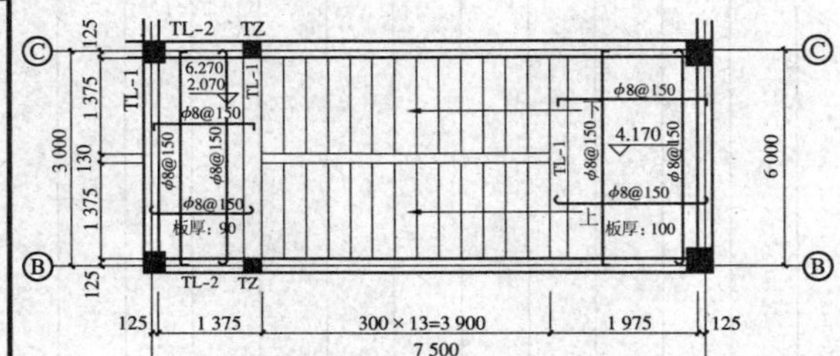

1#楼梯二层结构平面图 1:100

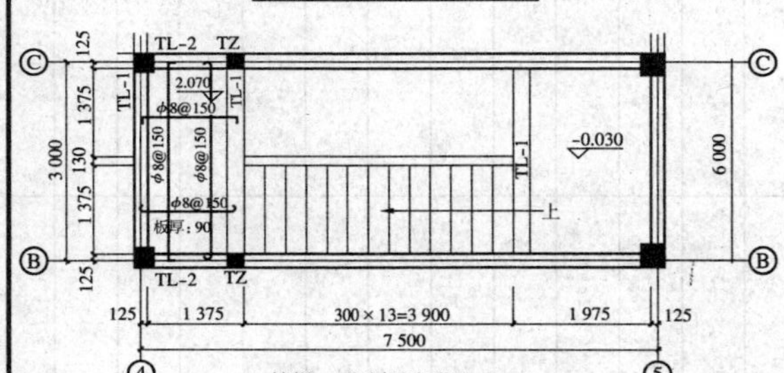

1#楼梯一层结构平面图 1:100

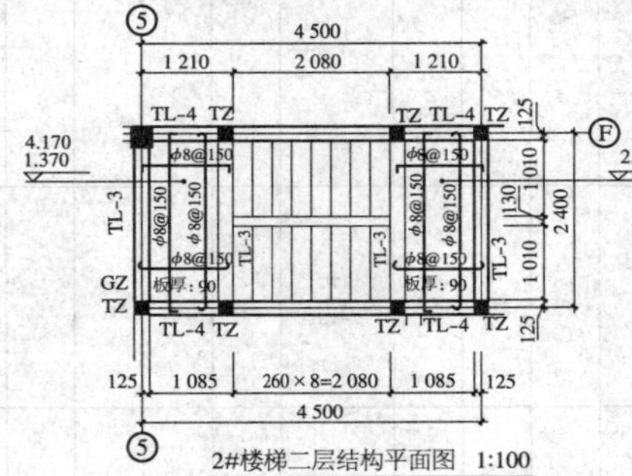

2#楼梯二层结构平面图 1:100

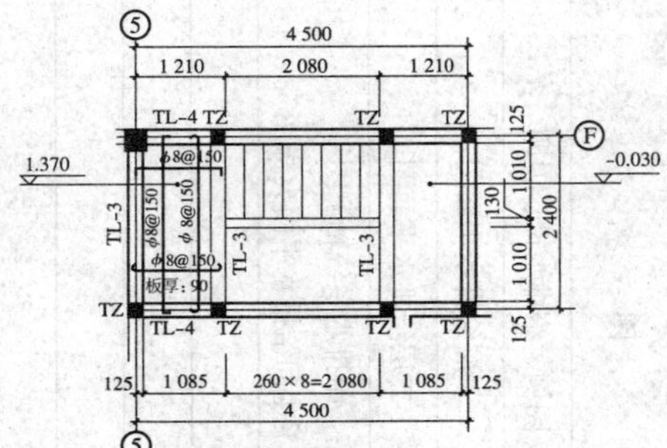

2#楼梯一层结构平面图 1:100

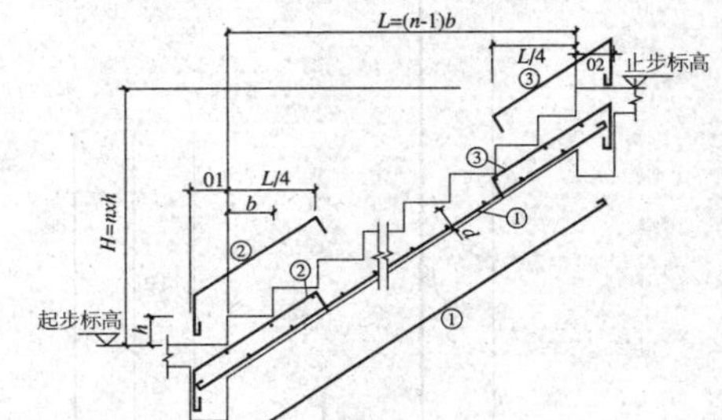

A型

梯　　板

梯梯编号	起步~止步标高(M)	类型	跨度 L	高度 H	厚度 d	级数 n	踏步尺寸 宽b	踏步尺寸 高h	支座宽 01	支座宽 02	配筋 ①	配筋 ②	配筋 ③
1#	-0.030~2.070	A	3 900	2 100	140	14	300	150	250	250	φ12@125	φ10@125	φ10@125
	2.070~4.170	A	3 900	2 100	140	14	300	150	250	250	φ12@125	φ10@125	φ10@125
	4.170~6.270	A	3 900	2 100	140	14	300	150	250	250	φ12@125	φ10@125	φ10@125
	6.270~8.070	A	3 300	1 800	110	12	300	150	250	250	φ12@150	φ10@150	φ10@150
2#	-0.030~1.370	A	2 080	2 100	100	9	260	156	250	250	φ12@180	φ10@150	φ10@150
	1.370~2.770	A	2 080	2 100	100	9	260	156	250	250	φ12@180	φ10@150	φ10@150
	2.770~4.170	A	2 080	2 100	100	9	260	156	250	250	φ12@180	φ10@150	φ10@150

说明：
1. 本图尺寸为mm，标高为m。
2. 混凝土强度等级、钢筋级别及保护层厚度、钢筋锚固长度（l_{aE}）等，均见“结构设计总说明”。
3. Ⅱ级钢筋端部不必做弯钩；钢筋直钩尺寸按板厚d-15 mm。
4. 梯段的分布钢筋用φ8@200。
5. 本图应与建筑图及结构布置图配合使用，栏杆埋件见建筑图。
6. 梯梁均同梯柱在同一轴线上定位。
7. 梯梁标高均同休息平台板标高。
8. 梯柱起标高均为楼面梁标高或基础梁面标高。梯柱顶标高均为休息平台板面标高。
9. 梯柱底均在主梁上设置2φ16吊筋，做法详见标准图集03G101－1梁上立柱或墙上立柱做法。
10. 楼层处部分休息平台板配筋详各层结构平面图。

梯梁配筋信息表

TL-1(1) 250×450 φ8@150 3φ16;3φ20	TL-3(1) 250×400 φ8@100 3φ16;3φ16
TL-2(1) 250×300 φ8@150 2φ16;2φ16	TL-4(1) 250×300 φ8@100/200 2φ16;2φ16

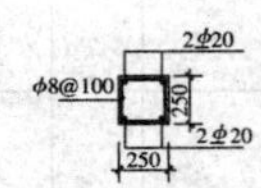

TZ 1:25

			工程总称	
			项目名称	餐饮中心
审　核		楼梯大样图	设计号	
校　对			图　别	结施
设　计			图　号	10
专业负责人				
工程负责人			日　期	

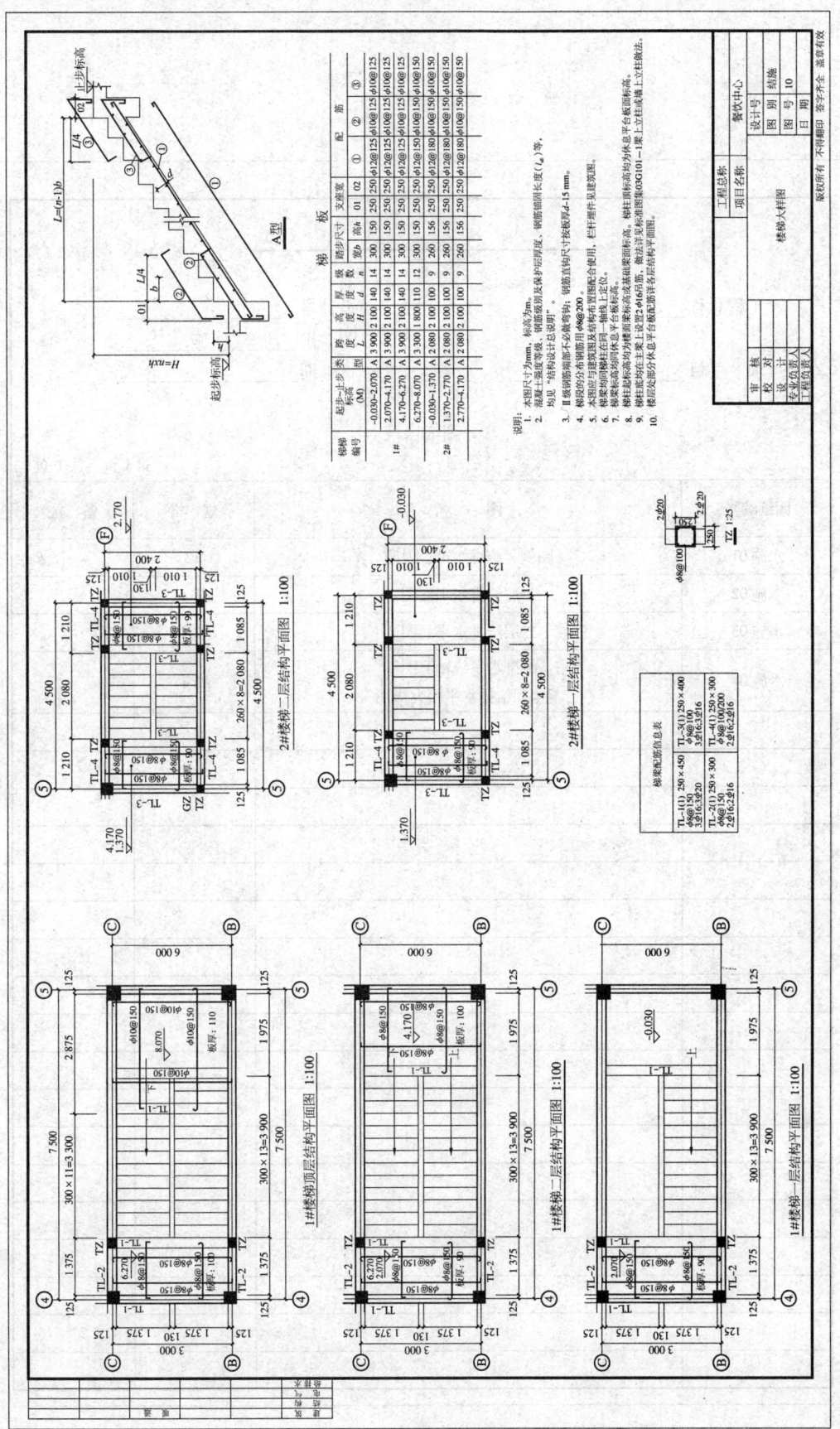

工程总称________　　设计号________

图　别　水施

项　目　餐饮中心　　日　期________

图纸目录

第 1 页　共 1 页

图纸编号	图　名	规　格	备　注
水施 01	图例　给排水设计说明	A2	
水施 02	一层给排水平面图	A2 +	
水施 03	二层给排水平面图	A2 +	
水施 04	给排水系统轴测图 卫生间给排水平面大样图	A2 +	

给 排 水 设 计 说 明

一、总 则

1. 设计范围：室内给水系统、排水系统。

2. 图中尺寸单位：标高以m计，其余均以mm计。

3. 图中管线设计标高：给水管，排水管均以管中心计。

4. 室内给、排水立管及卫生用具的给排水管在穿过楼板时应配合土建施工预留孔洞，

当穿过屋面时应预埋防水套管，详S312。

二、给水、排水系统

1. 给水系统由市政给水供给。

2. 污水经化粪池处理后排入市政下水道。

3. 通气管采用伸顶通气管。

三、消防给水系统

根据《建筑设计防火规范》（GB 50016—2006）的规定，本建筑可不设室内消灭栓给水系统。

四、灭火器设置

根据现行《建筑灭火器配置设计规范》有关规定，建筑物内配置有若干数量的手提式灭火器。

1. 火灾类型为A类，配置场所的危险等级为中危险级，单具灭火器最小配置灭火级别2A。
2. 采用3 kg磷酸氨盐干粉灭火器，每设置点2具。

五、其他注意事项

1. 管材：

室外DN≥100的给水管采用球墨给水铸铁管，胶圈连接；室内给水管采用PP-R管，热熔连接；

室内外DN≤150的排水管，均采用UPVC排水塑料管，粘接接口；室外DN>150的排水；

管采用钢筋混凝土排水管，雨水管采用水泥砂浆抹带接口，污水管采用沥青油膏接口。消火栓采用内外壁加厚；

热镀锌钢管，DN≤50的采用丝扣连接，DN>50消火栓，采用沟槽式连接件（卡箍）。

埋地金属管均应刷热沥青2遍，阀门井及阀门套筒见S143，所有消防管上阀门要常开，并有明显的起闭标志。

2. 卫生洁具的安装施工要符合国标99S304的有关规定。

3. 生活污水管道的坡度按下列参数采用：DN50-i=0.035-DN75-i=0.025-DN100-i=0.02-DN150-i=0.01。

4. 排水立管上检查口应安装在离地面1.00 m高处，检查口的朝向应便于检修。

5. 排水地漏的顶面应比装修后地面低5 mm，地漏水封深度不得小于50 mm。

6. 不得使用一次冲水量大于6 L/s的坐便器。

图 例

编号	图例	名称	编号	图例	名称
1	GL-X	给水立管	14		淋浴喷头
2	XL-X	消防立管	15		地漏
3	PL-X	污水排水立管	16		清扫口
4		阀门	17		检查口
5		止回阀	18		透气帽
6		自闭冲洗阀	19		单出口消火栓
7		水龙头	20		水泵接合器
8		水表	21		存水弯
9		角阀	22		给水管
10		蹲便器	23		排水管
11		坐便器	24		消防管
12		洗脸盆	25		手提式灭火器
13		污水池			

		工程总称	
		项目名称	餐饮中心
审核	给排水设计说明 图例	设计号	
校对		图别	水施
设计		图号	01
专业负责人		日期	
工程负责人			

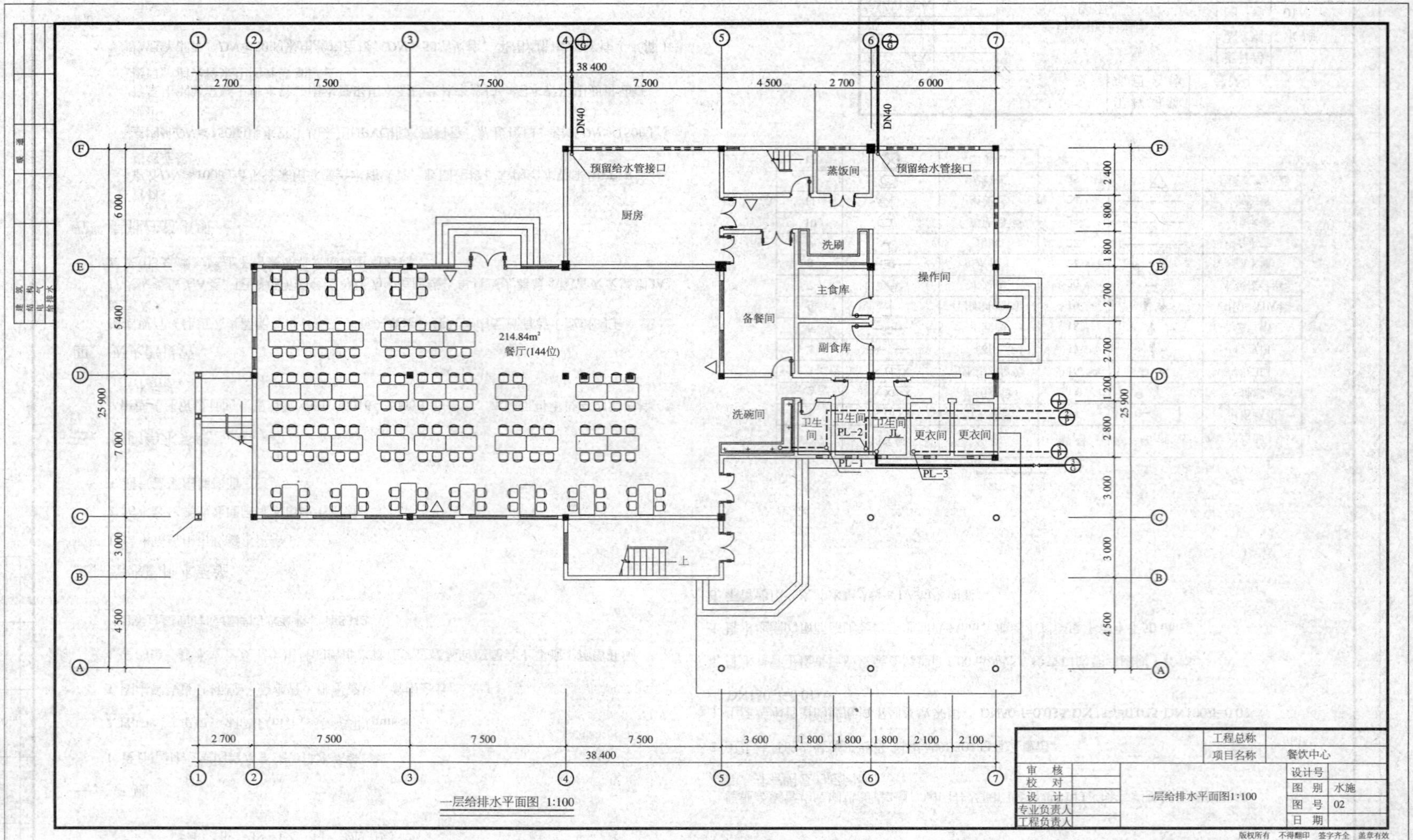

预留给水管接口
DN40
厨房
蒸饭间
洗刷
主食库
副食库
备餐间
操作间
洗碗间
卫生间
PL-1
PL-2
PL-3
JL
更衣间
214.84m²
餐厅(144位)
上
38 400
25 900
一层给排水平面图 1:100
工程总称
项目名称
餐饮中心
审核
校对
设计
专业负责人
工程负责人
一层给排水平面图1:100
设计号
图别
水施
图号
02
日期
版权所有
不得翻印
签字齐全
盖章有效

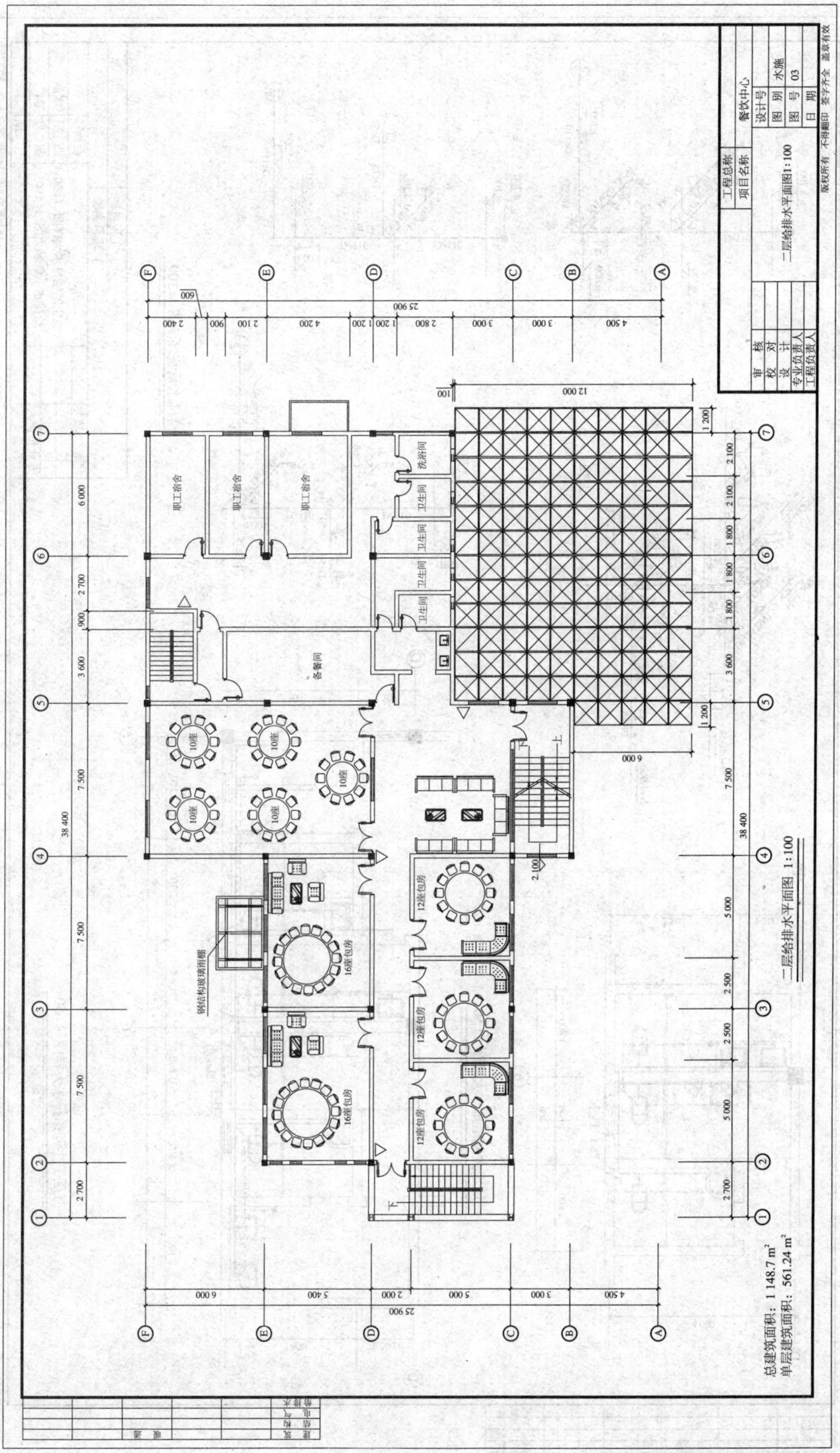
二层给排水平面图 1:100
总建筑面积：1 148.7 m²
单层建筑面积：561.24 m²
职工宿舍
洗浴间
卫生间
备餐间
10座
12座包房
16座包房
钢结构玻璃雨棚
工程总称
项目名称
餐饮中心
设计号
图别 水施
图号 03
日期
审核
校对
设计
专业负责人
工程负责人
二层给排水平面图1:100
版权所有 不得翻印 签字齐全 盖章有效

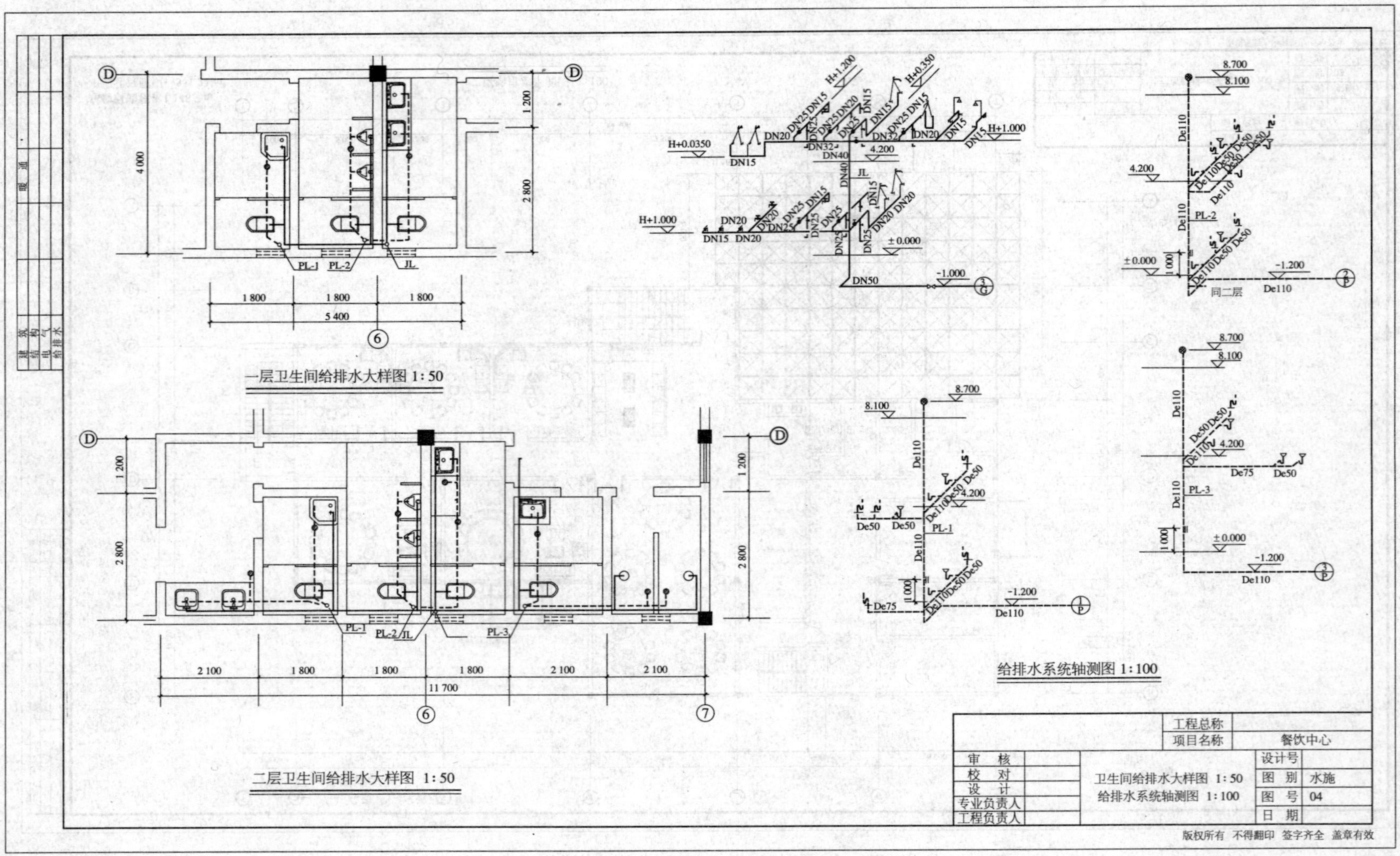

一层卫生间给排水大样图 1:50
二层卫生间给排水大样图 1:50
给排水系统轴测图 1:100
PL-1
PL-2
PL-3
JL
工程总称
项目名称
餐饮中心
审 核
校 对
设 计
专业负责人
工程负责人
卫生间给排水大样图 1:50
给排水系统轴测图 1:100
设计号
图 别 水施
图 号 04
日 期
版权所有 不得翻印 签字齐全 盖章有效

序号	图　纸　名　称	图号	规格	附注
1	图纸目录	01	A4	
2	电气设计说明　材料表	D01	A2	
3	配电系统图	D02	A2	
4	一层配电平面图	D03	A2 加长	
5	二层配电平面图	D04	A2 加长	
6	基础接地平面图	D05	A2 加长	
7				
8				
9				
10				
11				
12				
13				
14				
15				

		建设单位		工程号	
		工程名称		图　别	电施
		图纸目录		图　号	01
				日　期	
审核	编制			共 1 页	第 1 页

复核	校对	描图
供电	空调	自控	工艺
结构	建筑	给排水

电气设计说明

一、工程概况

1. 工程名称：
2. 建设地点：
3. 建设单位：
4. 使用功能：商业建筑
5. 建筑类别：三类建筑，耐火等级：二级
6. 防水等级：为Ⅱ级，防水层耐用年限：为15年
7. 抗震设防烈度：按六度设防
8. 建筑耐久年限：50年
9. 主要结构类型：框架结构

二、设计范围

本工程供电负荷为三级负荷，设计内容包括照明及配电、防雷与接地。

三、设计依据

建设单位委托设计任务书及有关纪要。

国家现行规范及规程：

《建筑照明设计标准》（GB 50034—2004）
《民用建筑电气设计规范》（JGJ/T 16—92）
《供配电系统设计规范》（GB 50052—95）
《低压配电设计规范》（GB 50054—95）
《建筑防雷设计规范》（GB 50057—94（2000版））
《火灾自动报警系统设计规范》（GB 50116—98）
《建筑设计防火规范》（GB 50016—2006）

四、供电电源与电压及保护接地

1. 电源采用一路YJV22-0.6/1 kV电缆埋地至本楼底层配电柜，再由总柜分别向各箱供电。电缆入户处穿钢管保护。电源电压380/220 V,50 Hz，采用TN-C-S接地系统。
2. 用电设备的金属外壳，各插座的接地孔经PE线并联成网。

五、导线选择及敷设方式

1. 总电源进线电缆直接埋地敷设，穿墙处穿焊接钢管保护，引出的干线穿钢管保护埋地埋墙敷至各分配电箱。
2. 照明箱引出照明回路电线规格均为BV-2×2.5 mm穿PC20保护，暗敷在顶板内。
3. 插座回路电线规格为BV-3×4 mm穿KPC20保护，埋地埋墙暗敷。
4. 弱电（电话、网络）仅预留钢管暗敷，钢管埋地埋墙暗敷。
5. 电话与电视线路应报市管线办公室，由市管线办公室安排有关部门设计与施工。
6. 保护管布线的管道较长或转弯较多时，宜每隔20~25 m适当加装拉线盒。
7. 电力线路与其他各管线间距离应符合规范要求。

六、电气设备安装

1. 各处电源配电箱均采用墙面暗装，底口距地1.4 m,室内暗开关距地1.4 m，一般暗插座距地0.3 m。
2. 按甲方委托，食堂内动力仅预留落地配电柜，室内布线待二次装修时由业主完成。
3. 弱电（电视、电话）仅预留进线管，其他由二次装时确定。
4. 所有灯具吸顶安装。

七、建筑照明

1. 餐厅、操作间等照度200lx，走廊、楼梯间、厕所等照度50LX。
2. 出入口、楼梯间等处安装带电池的疏散诱导灯和出口指示灯，应急时间大于45分钟。
3. 图中标有E的灯具，为自带蓄电池的应急灯，其持续供电时间不小于45分钟，安装方式与原灯具一致。
4. 走廊及楼梯间照明采用单灯控制，以节约用电。

八、防雷与接地

1. 本建筑物按照《建筑防雷设计规范》（GB 50057—94（2000版））及武汉市平均雷暴日为37.8 d/a,预计雷击次数为0.036次/a,未达到三类防雷，不做防直击雷布置。
2. 利用桩内四条主筋作为垂直接地体，利用承台地梁内主筋作水平接地体，把垂直、水平接地体连通，组成环形接地体。
3. 接地装置接地电阻不大于1Ω,施工后实测，不足时，应增补人工接地极。
4. 所有进出建筑物的各种金属管线均应与接地装置连接。
5. 所有正常情况不带电而事故时可能带电的金属物体应与PE线连接。

九、其他

1. 本工程电气施工时，应与建筑、结构、给排水等工种密切配合，各用电设备出线口标高，位置等以各工种的图纸为准，土建施工时，电工种应在现场配合，做好预留预埋工作，按《建筑电气工程施工质量验收规范》施工，安装并验收。
2. 施工时应参照的国家安装标准图集：《常用低压配电设备及灯具安装》D702-1~2，《室内管线安装》D301-1~2，《电缆敷设》D101-1~7。

序号	图例	名 称	型号 规格	单位	备 注
1		配电箱APL		套	落地安装
2		配电箱	PZ30	套	嵌墙暗装 底口距地1.4 m
3		空调配电箱	PZ30	套	嵌墙暗装 底口距地1.4 m
4		日光灯	1×28 W	盏	吸顶安装
5		日光灯	2×28 W	盏	吸顶安装
6		吸顶灯	1×40 W	盏	吸顶安装
7		天棚灯	1×40 W	盏	吸顶安装
8		防水防尘灯	1×25 W	盏	吸顶安装
9		吸顶灯	1×25 W	盏	吸顶安装
10		节能筒灯	1×7 W	盏	吸顶安装
11		带蓄电池的应急灯	1×18 W,60 min	盏	带玻璃防护罩 2.2 m或门框上0.2 m
12		带蓄电池的应急灯	1×18 W,60 min	盏	带玻璃防护罩 0.3 m高度
13		自带电源事故灯灯	2×10 W,60 min	盏	
14		风扇及调速开关		盏	
15		单联跷板开关	220 V,6 A	个	安装高度1.4 m
16		双联跷板开关	220 V,6 A	个	安装高度1.4 m
17		三联跷板开关	220 V,6 A	个	安装高度1.4 m
18		普通单相五孔插座	220 V,10 A	个	安装高度0.3 m
19		单相空调插座	220 V,16 A	个	安装高度1.8 m
20		PC 塑料管	φ16 20 25 32 40 50	m	
21		SC 钢管	SC-100 80 70 50 40	m	
22		导线	BV-2.5 4 6 10 16 25 35	m	
23		导线	ZR-BV-2.5	m	
24		电缆	YJV22-0.6/1 kV-4×120	m	
25					
26					
27					
28					

数量以平面图为准

空调配电箱内装NB1-63/3P(D16A)空开。

		工程总称	
		项目名称	餐饮中心
审 核	电气设计说明材料表	设计号	
校 对		图 别	电施
设 计		图 号	D01
专业负责人			
工程负责人		日 期	

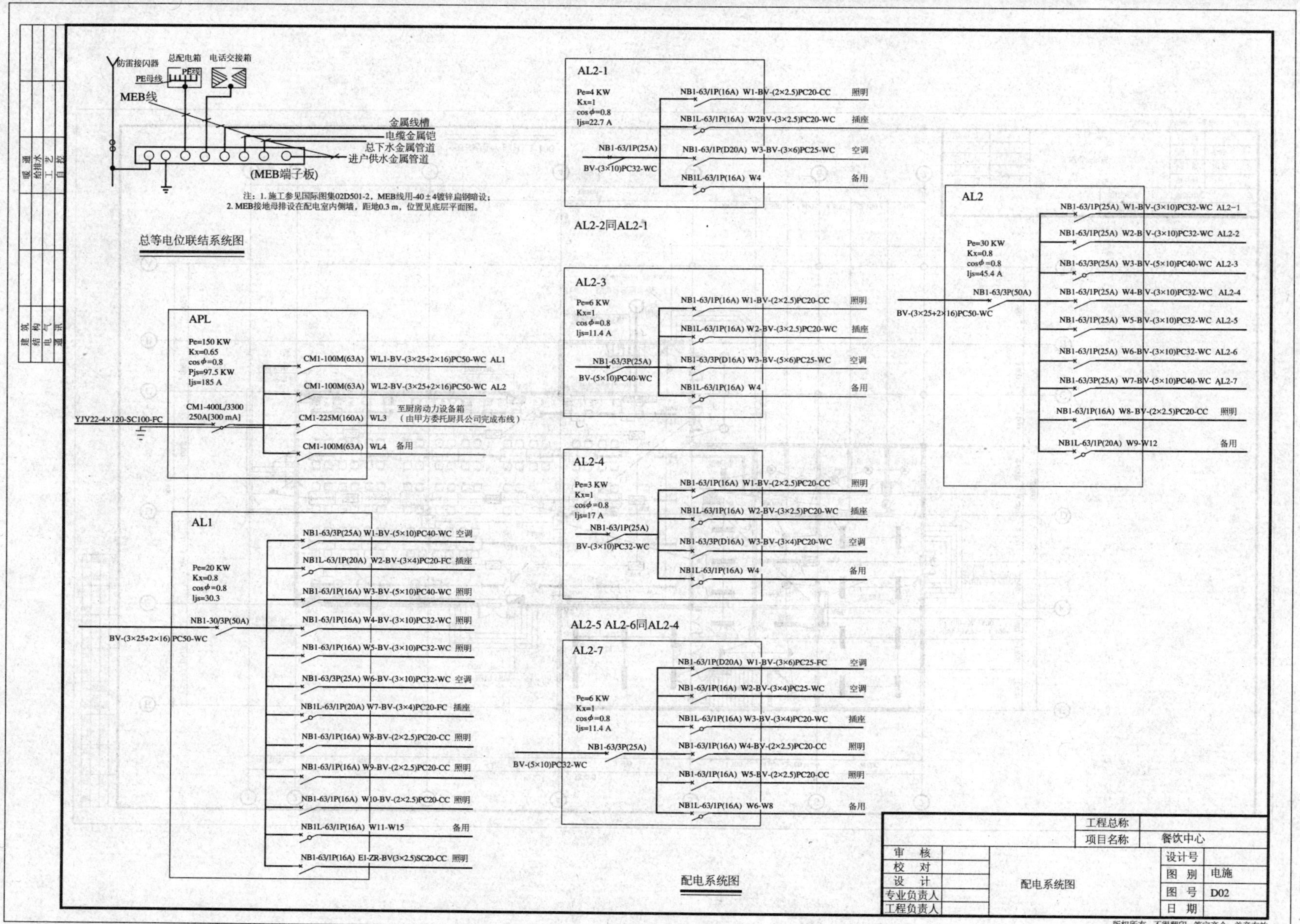
防雷接闪器
总配电箱
电话交接箱
PE母线
PE线
MEB线
金属线槽
电缆金属铠
总下水金属管道
进户供水金属管道
(MEB端子板)
注：1. 施工参见国际图集02D501-2，MEB线用-40±4镀锌扁钢暗设；
2. MEB接地母排设在配电室内侧墙，距地0.3 m，位置见底层平面图。
总等电位联结系统图
APL
Pe=150 KW
Kx=0.65
cosφ=0.8
Pjs=97.5 KW
Ijs=185 A
YJV22-4×120-SC100-FC
CM1-400L/3300
250A[300 mA]
CM1-100M(63A) WL1-BV-(3×25+2×16)PC50-WC AL1
CM1-100M(63A) WL2-BV-(3×25+2×16)PC50-WC AL2
CM1-225M(160A) WL3 至厨房动力设备箱（由甲方委托厨具公司完成布线）
CM1-100M(63A) WL4 备用
AL1
Pe=20 KW
Kx=0.8
cosφ=0.8
Ijs=30.3
NB1-30/3P(50A)
BV-(3×25+2×16)PC50-WC
NB1-63/3P(25A) W1-BV-(5×10)PC40-WC 空调
NB1L-63/1P(20A) W2-BV-(3×4)PC20-FC 插座
NB1-63/1P(16A) W3-BV-(5×10)PC40-WC 照明
NB1-63/1P(16A) W4-BV-(3×10)PC32-WC 照明
NB1-63/1P(16A) W5-BV-(3×10)PC32-WC 照明
NB1-63/3P(25A) W6-BV-(3×10)PC32-WC 空调
NB1L-63/1P(20A) W7-BV-(3×4)PC20-FC 插座
NB1-63/1P(16A) W8-BV-(2×2.5)PC20-CC 照明
NB1-63/1P(16A) W9-BV-(2×2.5)PC20-CC 照明
NB1-63/1P(16A) W10-BV-(2×2.5)PC20-CC 照明
NB1L-63/1P(16A) W11-W15 备用
NB1-63/1P(16A) E1-ZR-BV(3×2.5)SC20-CC 照明
AL2-1
Pe=4 KW
Kx=1
cosφ=0.8
Ijs=22.7 A
NB1-63/1P(25A)
BV-(3×10)PC32-WC
NB1-63/1P(16A) W1-BV-(2×2.5)PC20-CC 照明
NB1L-63/1P(16A) W2BV-(3×2.5)PC20-WC 插座
NB1-63/1P(D20A) W3-BV-(3×6)PC25-WC 空调
NB1L-63/1P(16A) W4 备用
AL2-2同AL2-1
AL2-3
Pe=6 KW
Kx=1
cosφ=0.8
Ijs=11.4 A
NB1-63/3P(25A)
BV-(5×10)PC40-WC
NB1-63/1P(16A) W1-BV-(2×2.5)PC20-CC 照明
NB1L-63/1P(16A) W2-BV-(3×2.5)PC20-WC 插座
NB1-63/3P(D16A) W3-BV-(5×6)PC25-WC 空调
NB1L-63/1P(16A) W4 备用
AL2-4
Pe=3 KW
Kx=1
cosφ=0.8
Ijs=17 A
NB1-63/1P(25A)
BV-(3×10)PC32-WC
NB1-63/1P(16A) W1-BV-(2×2.5)PC20-CC 照明
NB1L-63/1P(16A) W2-BV-(3×2.5)PC20-WC 插座
NB1-63/3P(D16A) W3-BV-(3×4)PC20-WC 空调
NB1L-63/1P(16A) W4 备用
AL2-5 AL2-6同AL2-4
AL2-7
Pe=6 KW
Kx=1
cosφ=0.8
Ijs=11.4 A
NB1-63/3P(25A)
BV-(5×10)PC32-WC
NB1-63/1P(D20A) W1-BV-(3×6)PC25-FC 空调
NB1-63/1P(16A) W2-BV-(3×4)PC25-WC 空调
NB1L-63/1P(16A) W3-BV-(3×4)PC20-WC 插座
NB1-63/1P(16A) W4-BV-(2×2.5)PC20-CC 照明
NB1-63/1P(16A) W5-BV-(2×2.5)PC20-CC 照明
NB1L-63/1P(16A) W6-W8 备用
AL2
Pe=30 KW
Kx=0.8
cosφ=0.8
Ijs=45.4 A
NB1-63/3P(50A)
BV-(3×25+2×16)PC50-WC
NB1-63/1P(25A) W1-BV-(3×10)PC32-WC AL2-1
NB1-63/1P(25A) W2-BV-(3×10)PC32-WC AL2-2
NB1-63/3P(25A) W3-BV-(5×10)PC40-WC AL2-3
NB1-63/1P(25A) W4-BV-(3×10)PC32-WC AL2-4
NB1-63/1P(25A) W5-BV-(3×10)PC32-WC AL2-5
NB1-63/1P(25A) W6-BV-(3×10)PC32-WC AL2-6
NB1-63/3P(25A) W7-BV-(5×10)PC40-WC AL2-7
NB1-63/1P(16A) W8-BV-(2×2.5)PC20-CC 照明
NB1L-63/1P(20A) W9-W12 备用
配电系统图
工程总称
项目名称 餐饮中心
审核
校对
设计
专业负责人
工程负责人
配电系统图
设计号
图别 电施
图号 D02
日期
版权所有 不得翻印 签字齐全 盖章有效

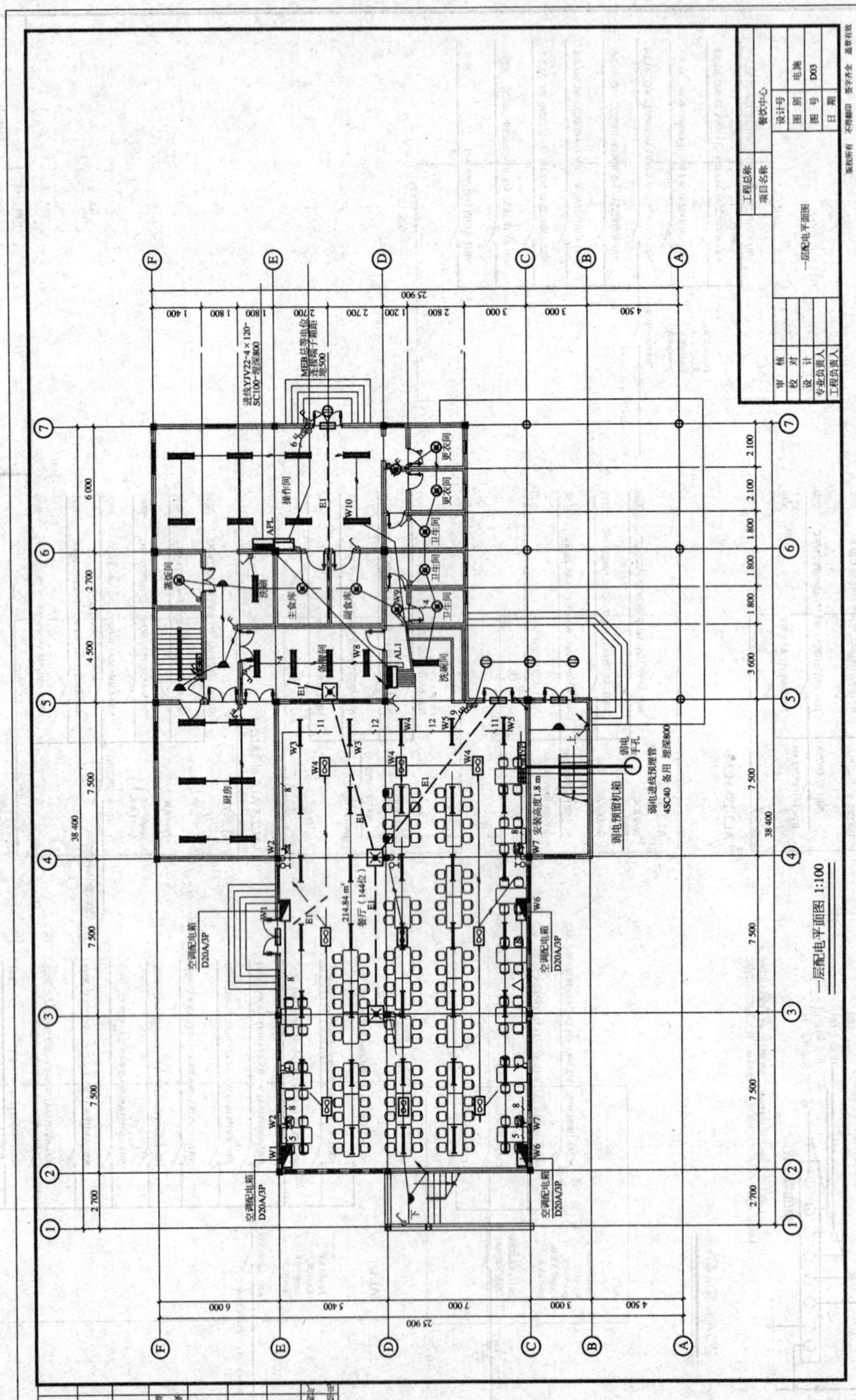
一层配电平面图 1:100
餐饮中心
一层配电平面图
电施
D03
厨房
餐厅（144位）
操作间
主食库
副食库
更衣间
卫生间
洗碗间
弱电预留机箱
空调配电箱 D20A/3P

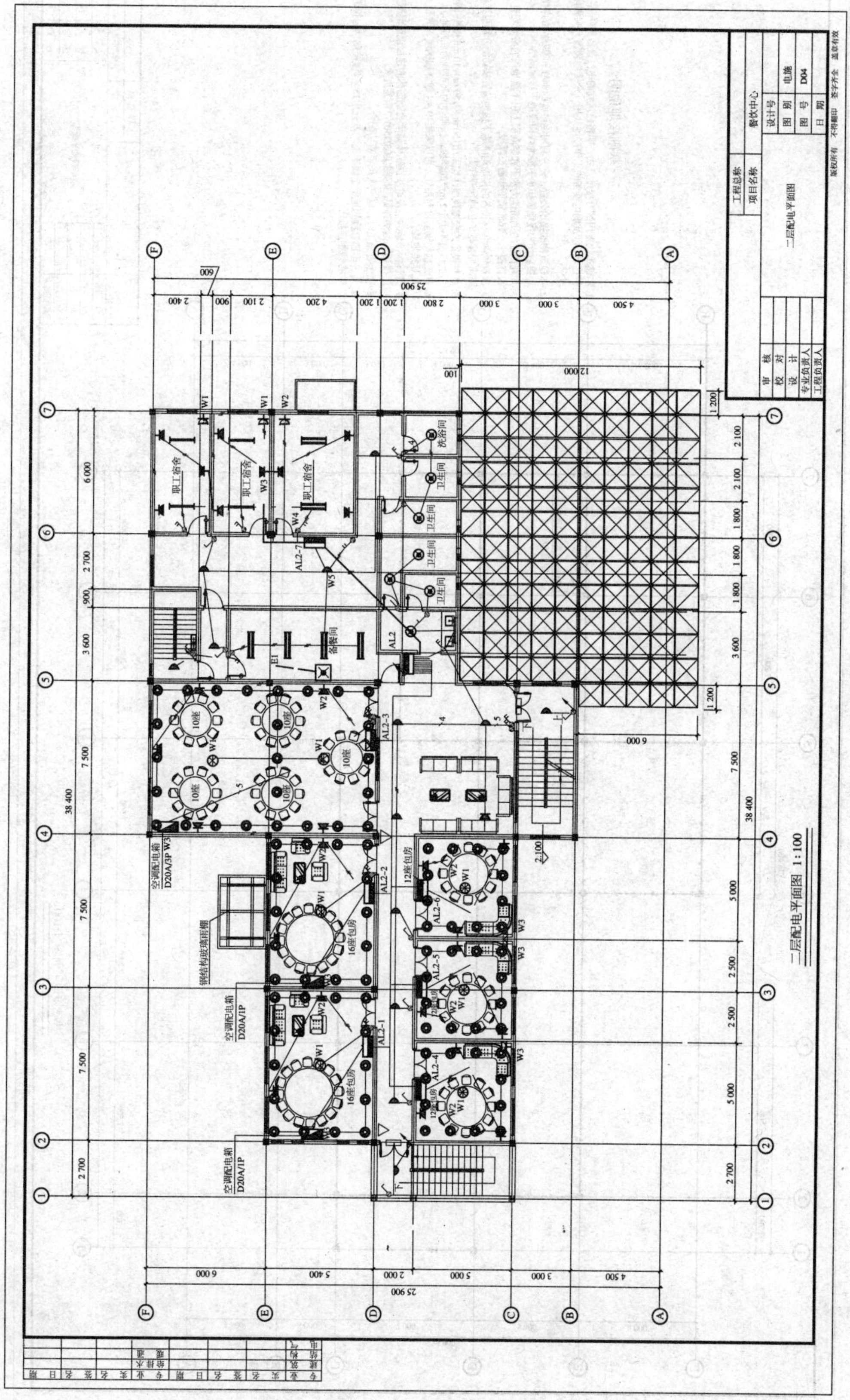
二层配电平面图 1:100
工程总称
项目名称
餐饮中心
设计号
图别
电施
图号
D04
日期
二层配电平面图
审核
校对
设计
专业负责人
工程负责人
职工宿舍
卫生间
洗浴间
备餐间
10座
16座包房
12座包房
空调配电箱
D20A/3P W3
D20A/1P
钢结构玻璃雨棚
38 400
25 900
12 000

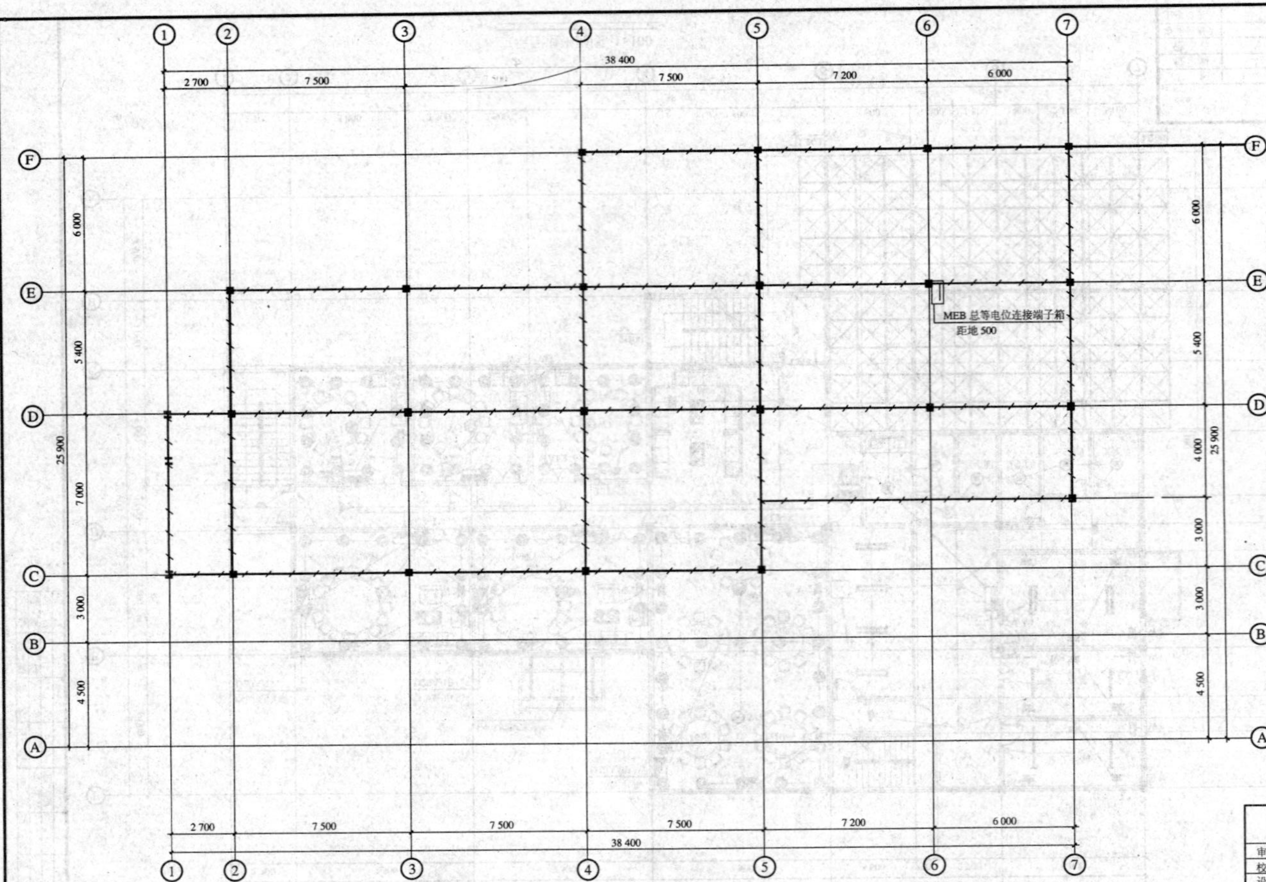

基础接地平面图 1:100

基础接地说明

1. 本建筑物采用综合接地方式，即将建筑物的电气设备的防雷接地、保护接地，以及弱电设备的工作接地共用 个接地装置，实测接地电阻不大于1 Ω。
2. 本建筑物的接地装置，充分利用钢结构的钢柱和基础内的钢筋，相互焊接后作为接地极和水平接地线构成地下接地网络。
3. 凡利用柱的钢筋作为水平和竖向引上引下接地线的必须均有不少于2根直径大于16的钢筋作通长焊接。
4. 建筑物内各种设备的接地均由地下接地装置按功能分别引至建筑物上部需要接地的接地预埋件上。
5. 各种设备的接地预埋件均采用150 m × 150 m × 10 m的镀锌钢板，并与引上线有不少于2 m点的焊接，预埋件的高度均为底距地。
6. 凡无结构钢筋可利用处，可以采用40 × 4 镀锌扁钢埋入混凝土内作为人工 接地线。
7. 建筑物接地施工及桩基钢筋体与承台钢筋体的连接钢筋混凝土中预埋连接板的做法详见国标图集03D501-3相关页次。
8. 在土建施工时，电气人员要密切配合。
9. 凡进出建筑物的地下金属管道均就近用25 × 4镀锌扁钢与接地预埋件或接地 线相连接。

		工程总称	
		项目名称	餐饮中心
审 核	基础接地平面图	设计号	
校 对		图 别	电施
设 计		图 号	D05
专业负责人		日 期	
工程负责人			

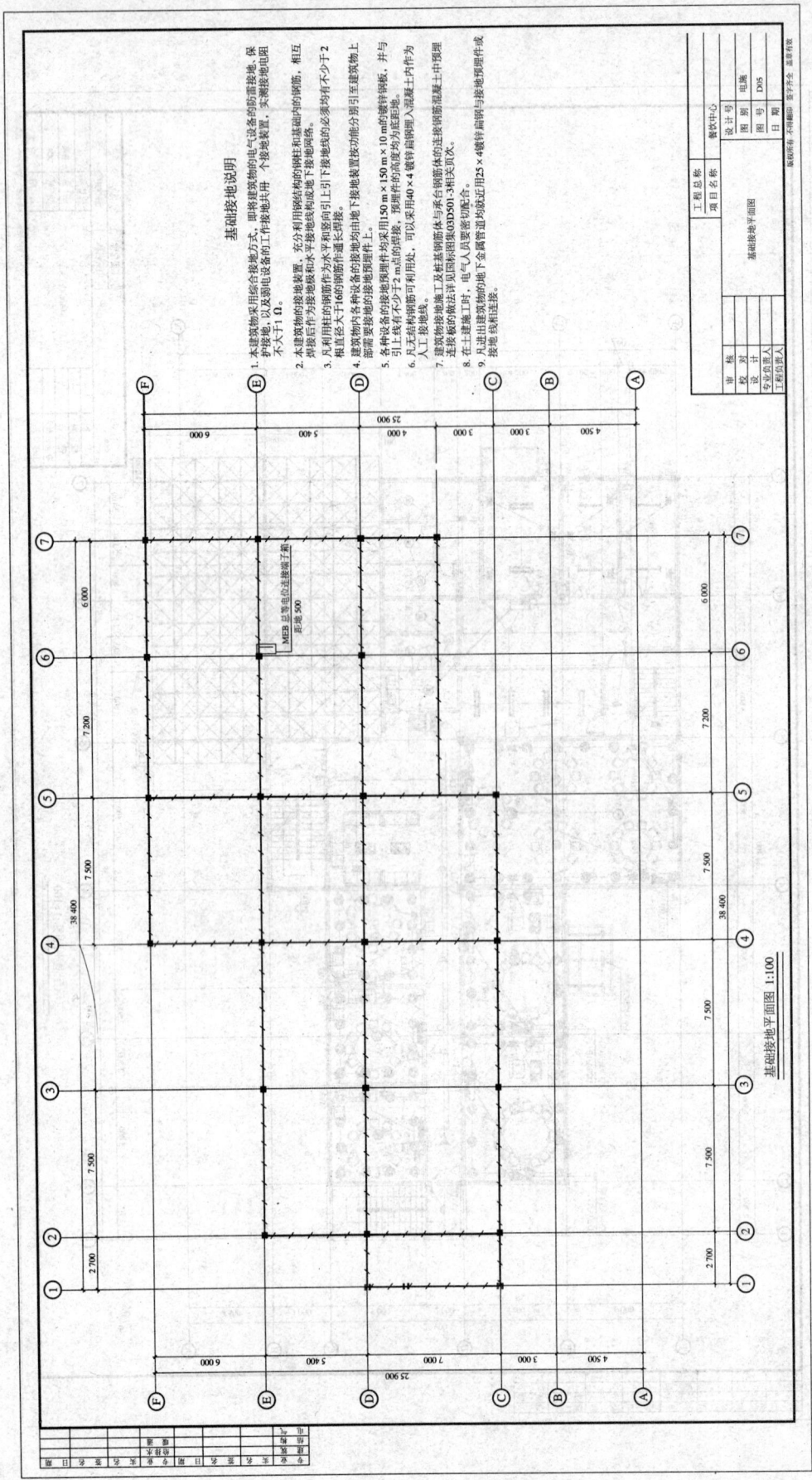

参 考 文 献

[1] 赵研. 建筑识图与构造 [M]. 北京：中国建筑工业出版社，2004.
[2] 中华人民共和国建设部. GB/T 50001—2001 房屋建筑制图统一标准 [S]. 北京：中国计划出版社，2002.
[3] 中华人民共和国建设部. GB/T 50103—2001 总图制图标准 [S]. 北京：中国计划出版社，2002.
[4] 中华人民共和国建设部. GB/T 50104—2001 建筑制图标准 [S]. 北京：中国计划出版社，2002.
[5] 中华人民共和国建设部. GB/T 50105—2001 建筑结构制图标准 [S]. 北京：中国计划出版社，2002.
[6] 中国建筑标准设计研究所. 03G101—1 混凝土结构施工图平面整体表示方法制图规则和构造详图 [S]. 北京：中国计划出版社，2003.
[7] 中华人民共和国建设部. GB/T 50106—2001 给排水制图标准 [S]. 北京：中国计划出版社，2002.
[8] 中华人民共和国建设部. GB/T 50114—2001 暖通空调制图标准 [S]. 北京：中国计划出版社，2002.
[9] 杨光成. 建筑电气工程图识读与绘制 [M]. 2 版. 北京：中国建筑工业出版社，2005.
[10] 朱林根. 21 世纪建筑电气设计手册 [M]. 北京：中国建筑工业出版社，2001.
[11] 朱林根. 现代住宅电气设计 [M]. 北京：中国建筑工业出版社，2004.